MATHEMATISCHE TAFELN

FÜR

MARKSCHEIDER UND BERGINGENIEURE

SOWIE

ZUM GEBRAUCHE FÜR BERGSCHULEN

VON

E. LÜLING.

MIT IN DEN TEXT GEDRUCKTEN FIGUREN.

FÜNFTE AUFLAGE.

BERLIN.
VERLAG VON JULIUS SPRINGER.
1902.

ISBN-13:978-3-642-90065-5 e-ISBN-13:978-3-642-91922-0
DOI: 10.1007/978-3-642-91922-0

Softcover reprint of the hardcover 5th edition 1902

Oberbergamts-Markscheider Ernst Lüling †.

Da der Verfasser der vorliegenden Tafeln das Erscheinen der vierten Auflage nicht mehr erleben sollte, die Drucklegung derselben vielmehr durch Vermittlung des „Deutschen Markscheider-Vereins", mit welchem den Verstorbenen die engsten Beziehungen verbanden, bewirkt worden ist, so erscheint es angemessen, wenn von dieser Seite aus dem Lebenslaufe eines Mannes, dessen Leistungen ihm einen ehrenvollen Platz in der Geschichte unseres Berufsfaches sichern, einige Worte gewidmet werden.

E. Lüling wurde im Jahre 1832 in Fürstenau im damaligen Königreich Hannover geboren. Nachdem er auf der Realschule und dem Gymnasium zu Saarbrücken die nöthige allgemeine Vorbildung errungen und seiner Militärpflicht als Einjährig-Freiwilliger im 34. Infanterie-Regiment genügt hatte, widmete er sich dem Landmesser-Berufe, erhielt am 27. September 1856 auf Grund einer vorzüglich bestandenen Prüfung das Zeugniss über die Qualifikation als Feldmesser und war als solcher bis Ende des Jahres 1857 beim Bau der Saarbrücken-Trier-Luxemburger Eisenbahn thätig. Dann wandte er sich dem unterirdischen Vermessungswesen zu und wurde am 8. März 1859, nachdem er die vorgeschriebene Prüfung mit gutem Erfolge abgelegt hatte, als Markscheider concessionirt. Er trat zunächst in die Dienste der Königlichen Bergwerksdirektion in Saarbrücken, bis er vom 15. April 1872 an commissarisch und vom 1. August 1873 an definitiv als Königlicher Oberbergamts-Markscheider in Bonn angestellt wurde. In dieser Stellung verblieb er, bis ein plötzlicher Tod ihn unerwartet am 1. Januar 1896 abrief. In die Periode seiner Thätigkeit als concessionirter Markscheider fällt auch seine durch die Feldzüge 1866 und 1870 bedingte militärische Wirksamkeit, deren er, Soldat mit Leib und Seele, sich bis an das Ende seines Lebens gern erinnerte. Bereits im Jahre 1858 zum Lieutenant im 4. Rheinischen Landwehr-Regiment No. 30 ernannt, führte er im Feldzuge 1866 eine Compagnie, ebenso im Kriege 1870, wo er sich besonders in der Schlacht an der Hallue am 23. und 24. Dezember auszeichnete und für seine Tapferkeit mit dem eisernen Kreuze dekorirt wurde. Im Jahre 1875 nahm er mit dem Charakter als Hauptmann seinen Abschied aus dem Militärverhältniss. Seine Wirksamkeit als Markscheider und Oberbergamts-Markscheider, als Mitglied der Bergreferendar- und der Markscheider-Prüfungscommission zeigten ihn ebensowohl als hervorragenden Techniker, wie als umsichtigen pflichteifrigen Beamten. Neben seiner vielseitigen dienstlichen Thätigkeit nahm er jede Gelegenheit wahr, sein Wissen zu vervollkommnen und besuchte noch in reiferen Jahren die Vorlesungen über die verschiedensten Fächer an der Universität Bonn. Von seinen wissenschaftlichen Arbeiten sind folgende veröffentlicht:

1. Karte des Oberbergamtsbezirks Bonn in 4 Sectionen,
2. Mathematische Tafeln,
3. Die Festlegung des astronomischen Meridians,
4. Die Messungen zur Ermittelung horizontaler Längen,
5. Die Theorie des Fernrohrs.

Ausserdem hat er eine Coordinatentafel für einzelne Bogensekunden im Manuskript druckfertig hinterlassen, während ein Lehrbuch der Markscheidekunst auf Grundlage der höheren Mathematik, welches er seit 2 Jahren in Arbeit hatte, durch seinen zu früh eingetretenen Tod nicht zum Abschluss gelangt ist.

Alles in Allem: Lüling war das Muster eines Markscheiders und als Mensch das Vorbild eines Ehrenmannes, eines edlen, ritterlichen Charakters. Mögen die nachfolgenden Blätter, welche das beste Zeugniss von dem Wissen und dem Fleifs des Verewigten geben, dazu beitragen, sein Andenken bei allen Fachgenossen zu wahren und in Kraft zu erhalten!

Der Vorstand des Deutschen Markscheider-Vereins.

Vorwort zur vierten Auflage.

Der Absatz der drei ersten verhältnissmäſsig starken Auflagen dieser Sammlung mathematischer Tafeln und ihre Benutzung in allen Welttheilen lässt es überflüssig erscheinen, ihre Nothwendigkeit und Zweckmäſsigkeit noch weiter zu begründen.

Die Bearbeitung der Tafel I wurde durch die Einführung des Metermaſses angeregt, obgleich die Werthe der Zahlen solcher Tafeln durch das den Messungen zu Grunde gelegte Maſs nicht beeinflusst werden, da dieselben für bestimmte Winkel nur bestimmte trigonometrische Funktionen (Sinus und Cosinus) und deren Produkte ohne Rücksicht auf die Art der Maſse angeben und deshalb für jedes beliebige Maſs zur Verwendung kommen können. Dass dessen ungeachtet das Metermaſs Einfluss auf die Ausdehnung der Tafel I gehabt hat, wird sich aus Folgendem ergeben.

Unter den Instrumenten, welche der Markscheider bei der Anwendung des Hängecompasses und des Gradbogens zur Messung der Längen benutzt, nimmt die aus gesponnenem Messingdraht angefertigte Kette eine hervorragende Stelle ein und wird auch ungeachtet der weit genauere Resultate liefernden Messlatten und Stahlmessbänder diese Stelle ohne Zweifel behaupten. Die Maximallänge der mit dieser Kette zu messenden Linien durfte vor Einführung des Metermaſses 10 Lachter nicht übersteigen, weil die Erfahrung lehrte, dass bei der Anwendung gröſserer Längen der sich bei dem Ausspannen der Kette bildende Bogen einen nachtheiligen Einfluss auf die Richtigkeit der Messungslinien ausübte, weshalb die früher gebräuchliche Kette in der Regel die Länge von 10 Lachtern hatte und auch einzelne der früher benutzten Tafeln auf die Längen von 1 bis 10 berechnet sind. Mit der Einführung des Metermaſses ist jedoch an die Stelle der 10 Lachter langen die 20 Meter lange Kette mit decimaler Theilung getreten, so dass in den sich aus dem Gebrauche der gesponnenen Kette ergebenden Observationen des Markscheiders jetzt die Längen von 1 m bis 20 m mit oder ohne Decimalstellen erscheinen. Nun können zwar auch die Sinus- und Cosinusprodukte für die Winkel von 0 bis 90° und die Längen von 11 bis 20 m nach weniger umfangreichen Tafeln, als den vorliegenden, aus mehreren Tafelwerthen zusammengestellt oder durch Multiplikation einzelner Werthe ermittelt werden; man ist aber Fehlern weit weniger ausgesetzt, wenn die Tafeln die gesuchten Werthe direkt ergeben, weshalb letztere in Tafel I für die Längen von 1 bis 20 m berechnet sind.

Die Maximallänge der mit der gesponnenen Kette zu messenden Linien kann unbeschadet der Richtigkeit der Resultate 20 m betragen, wenn bei den Messungen mit Compass und Gradbogen letzterer nur zur Ermittelung der Sohlen dient; hat dagegen die Beobachtung des Gradbogens bei der Anwendung der gesponnenen Kette den Zweck der Seigerteufenbestimmung, dann darf die Länge der Messungslinien 10 m nicht übersteigen. Wenn aber ein Visirinstrument verwandt wird, an das der Gradbogen parallel der Sehachse des Fernrohrs angehängt werden kann, dann darf den einzelnen Messungslinien eine Länge bis zu 20 m gegeben werden, auch wenn die Messung zum Zwecke der Seigerteufenbestimmung angestellt wird.

Eine sehr gebräuchliche, empfehlenswerthe Methode des Messens unter Tage mittelst des Hängecompasses und Gradbogens, bei deren Anwendung letzterer auch dann noch brauchbare Resultate zu Seigerteufenbestimmungen liefert, wenn die Maximallängen der Messungslinien 20 m betragen, dürfte hier um so mehr Erwähnung verdienen, als bei derselben die Ausdehnung der Tafel I auf die Längen von 1 bis 20 m zur vollen Geltung kommt.

Soll die Entfernung, Streichung und Neigung einer Linie ab, deren Endpunkte annähernd 20 m von einander liegen mögen, bestimmt werden, so spanne man von a nach b eine Hanfschnur von 1,5 bis 2,0 mm Stärke so straff als möglich aus, messe die Länge mit dem Messbande in der Weise, dass man dasselbe mit dem Endringe bei a einhängt, in der Richtung nach b etwa 10 m abmisst, diese 10 m an der Schnur durch eine Klammer oder feine Nadel markirt, alsdann den Endring des Messbandes in b einhängt und den Rest der Länge der ausgespannten Hanfschnur an der Klammer oder Nadel abliest. Wegen der Schwere des Messbandes ist es nämlich im allgemeinen nicht rathsam, dasselbe in der ganzen Länge von 20 m zur Verwendung zu bringen, falls der frei schwebenden Schnur entlang gemessen werden soll. Will man aber in dieser umständlichen Weise nicht messen, sondern die ganze Länge der Linie mit dem Bande direkt ermitteln, dann ist es jedenfalls erforderlich, das Messband in der Mitte um so viel zu heben, dass der Anfangspunkt, die Mitte und der Endpunkt des Bandes in einer möglichst geraden Linie liegen. Der Compass wird wie gewöhnlich an einem Ende der Schnur und der Gradbogen an der vorher markirten Mitte derselben angehängt; auch wird letzterer zur Kontrolle umgehängt. Dadurch, dass die Schnur weit straffer angespannt werden kann, als die Kette, weil bei sehr straffer Anspannung der Kette das Reifsen derselben zu befürchten stände, und dass erstere in Folge ihres im Vergleich zur Kette sehr geringen Gewichtes von der geraden Verbindungslinie ihrer Endpunkte nur unmerklich abweicht, werden die an derselben gemessenen Höhenwinkel zu Seigerteufenbestimmungen ebenso genau, als diejenigen, welche sich an der 10 m langen Kette ergeben, die Längenbestimmungen aber unstreitig genauer.

Um bei verschärfter Beobachtung des in Grade getheilten Compasses oder des Gradbogens auf 2,5 Minuten die Rechnung zu erleichtern, ist in Tafel I von Grad zu Grad die halbe Differenz der Sinus- und Cosinusprodukte für die Längen von 1 m bis 20 m angegeben worden. Da die Differenzen der Sinus- und Cosinusprodukte für die innerhalb der einzelnen Grade von 5 zu 5 Minuten wachsenden Winkel nicht in allen Fällen gleich bleiben, so ist zur Ermittelung derselben für jeden Grad der Unterschied zwischen den Werthen für 25 und 30 Minuten mafsgebend gewesen, wobei die letzte Decimalstelle um 1 erhöht wurde, wenn die Berechnung für die nächstfolgende Stelle 5 oder eine höhere Ziffer als 5 ergab, was übrigens auch bei allen Tafelwerthen durchgeführt ist. Es kann zwar bei dieser Einrichtung der Tafel der Werth der angegebenen halben Differenz in einzelnen Fällen, besonders bei den Sinusprodukten der sich 90 Grad und den Cosinusprodukten der sich 0 Grad nähernden Winkel von dem wirklichen Werthe derselben um eine Einheit in der vierten Decimalstelle abweichen, da der gröfste Unterschied zwischen zwei auf einander folgenden halben Differenzen 0,000 253 800 beträgt. Dieser Unterschied kommt jedoch wegen der Ermittelung der halben Differenzen zwischen den Werthen für 25 und 30 Minuten eines jeden Grades nur zur Hälfte in Betracht, so dass die Genauigkeit der Sinus- und Cosinusprodukte dadurch in den Millimetern nicht beeinträchtigt wird und die sich durch die Tafel ergebenden Rechnungsresultate darunter nicht leiden. Uebrigens findet man den genauen Werth der vierten Decimalstelle dadurch, dass man einen zwischen zwei entsprechenden, auf einander folgenden halben Differenzen liegenden Werth, dessen Gröfse sich nach den Winkelintervallen leicht bestimmen lässt, in die Rechnung einführt.

Es erschien dem Verfasser nicht zweckmäfsig, in der Tafel I die Sinus- und Cosinusprodukte für alle in Intervallen von 2,5 zu 2,5 Minuten wachsenden Winkel anzugeben, weil dieselbe dadurch einen doppelt so grofsen Umfang erhalten hätte, ohne grofse Vortheile zu bieten, indem die Observationen der Winkel von 2,5 zu 2,5 Minuten seltener sind, als die von 5 zu 5 Minuten, und eventuell das Addiren oder Subtrahiren der betreffenden halben Differenz bei einiger Uebung mit Schwierigkeiten oder erheblichem Zeitverlust nicht verbunden sein wird.

Ein weiterer Unterschied zwischen der Tafel I und den vorhandenen Tafeln dieser Art besteht darin, dass erstere zur schnellen Auffindung der absoluten Werthe und Vorzeichen der rechtwinkligen Coordinaten (Längen und Breiten) eingerichtet wurde, um durch wesentliche Erleichterungen im Berechnen derselben dem Kartiren nach Längen und Breiten mehr Eingang zu verschaffen, einem Verfahren, dessen Anwendung mit grofsen Vortheilen verknüpft ist. Es hat sich zwar die Ansicht verbreitet und wird sogar in Lehrbüchern der Markscheidekunst vertreten, dass die mit dem Compass gemessenen Winkel auch mit dem Compass, und zwar demselben, mit dem die Messung ausgeführt wurde, zugelegt, das heifst zu Papier gebracht werden müssten, weil auf diese Weise alle Fehler, welche die Messung in Folge der mangelhaften Theilung des Theilringes und in Folge der Excentricität des Stiftes ergeben habe, unschädlich gemacht würden, indem die Streichungen aller Messungslinien in bestimmter Lage gegen den Meridian so auf die Karten übertragen würden, wie dieselben bei der Messung ermittelt worden seien, während vorgenannte Fehler bei dem Kartiren nach Längen und Breiten in die Karten übergingen. Diese Ansicht wäre vollkommen richtig, wenn wir die Zulagen mit mathematischer Genauigkeit ausführen und die oben hervorgehobenen Fehler nicht vermeiden könnten. Da wir aber bei dem Zulegen mit dem Compass vollständig von der Güte der Zeichenapparate, der Sicherheit der Hand, der Schärfe des Auges, der Qualität des Papiers und wiederholt von der so vielen Einflüssen unterworfenen Magnetnadel abhängig sind, auch die physische Veränderlichkeit des Papiers nicht aufser Betracht bleiben darf, so würde die konstruktive Methode des Zulegens viel erheblichere Fehler mit sich bringen, als die Rechnung, selbst wenn bei letzterer obige Fehlerquellen vorhanden wären. Diese können aber vollständig aufser Betracht bleiben, denn bei der heutigen Vollkommenheit der Theilmaschinen in den Werkstätten der Mechaniker dürfen fehlerhafte Theilringe gar nicht mehr vorkommen, und ein Compass mit fehlerhaftem Theilring mufs sofort abgeworfen werden. Die Excentricitätsfehler aber werden dadurch beseitigt, dass man beide Spitzen der Nadel observirt und aus beiden Observationen das arithmetische Mittel nimmt. Es wird zwar auch in einigen Lehrbüchern empfohlen, bei der Messung und dem Zulegen mit dem Compass stets nur eine Spitze der Nadel, und zwar die Nordspitze zu observiren. Dieses Verfahren ist aber durchaus unrichtig, und es können die Excentricitätsfehler in gewissen Fällen gerade dadurch zur Wirkung gebracht werden, dass man dasselbe bei der Messung und der Zulage mit der Zulegeplatte zur Anwendung bringt. Denn wenn **nach** der Messung und **vor** der Zulage der Stift des bei der Messung verwandten Compasses geschliffen oder gereinigt werden müsste, oder wenn man genöthigt sein sollte, ältere Observationen zuzulegen, so würde es ein kaum anzunehmender Zufall sein, dass die Spitze des Stiftes zur Zeit der Zulage ganz dieselbe Stellung zum Theilringe im Compassgehäuse einnähme, wie zur Zeit der Messung, da bei der häufig nothwendigen Untersuchung der Spitze ein mehr oder weniger starkes Anziehen der Schraube des Stiftes die Lage der nicht centrischen Spitze verändern müsste. Nur für den Fall, dass man die observirten Streichungen mit unverändertem Compass zulegte, würden die Excentricitätsfehler bei der Zulage aufgehoben, die übrigen Fehlerquellen aber bestehen bleiben. Compasswinkel, die durch Observiren von nur einer Nadelspitze ermittelt werden, sind zur Berechnung und zum Zulegen mit dem Transporteur nur dann zu verwenden, wenn der Compass in allen Lagen an beiden Spitzen gleiche Ablesungen ergeben würde, andernfalls aber hierzu ganz werthlos, weil die meisten Streichungen, die sich durch das Ablesen einer einzigen Spitze der Nadel bei nicht centrischer Spitze des Stiftes ergeben, unrichtig sind. Es muss deshalb stets jede Spitze der Nadel, möglichst unter Benutzung der Handlupe, observirt und aus beiden Beobachtungen das arithmetische Mittel genommen werden, der Compass möge sich im Hängezeuge, am Visirinstrumente oder in der Zulegeplatte befinden.

Auch darin, dass die mit dem Compass ausgeführten Messungen nicht immer einen unbedingten Anspruch auf absolute Genauigkeit machen können, darf kein Grund gesucht werden, der Zulage vor der Berechnung den Vorzug zu geben, weil durch die Berechnung die Gewissheit gewonnen wird, dass die Ergebnisse derselben nur mit den Fehlern der Messung behaftet und dass die Messungsresultate durch die konstruktive Zulage nicht noch verschlechtert worden sind.

Aber nicht allein im Interesse der Richtigkeit, sondern auch in manchen Fällen im Interesse der Bequemlichkeit und der Zeitersparniss ist die Berechnung vorzuziehen, denn wenn der Markscheider auf Bergwerken, die von seinem Wohnorte weit entfernt sind, Messungen zu dringenden Gegenortsangaben oder Projektionen auszuführen hat, so kann er die Rechnung der Messung an Ort und Stelle folgen lassen, ohne sich erst nach einer geeigneten, oft schwer zu findenden Lokalität zur Ausführung der konstruktiven Zulage umsehen zu müssen, auch kann er die Messungsresultate sofort kartiren, wenn er sich mit Zirkel, Mafsstab und einem quadrirten Blatte Papier versehen hat.

Ein weiterer Vorzug der Coordinatenberechnung besteht darin, dass bestimmte unbekannte, zur Angabe von Gegenörtern oder zu sonstigen Zwecken erforderliche Winkel oder Seiten eines Polygons aus den Coordinaten der Polygonpunkte mit Leichtigkeit ermittelt werden können, ohne dass das Polygon vorher kartirt wird.

Ein Grund könnte noch gegen das Berechnen der Züge geltend gemacht werden, nämlich der Einfluss der Veränderungen, welche in der absoluten Lage der Magnetnadel während der Tageszeit eintreten, der sogenannten täglichen Variation der Magnetnadel. Derselbe wird bei der konstruktiven Zulage mit der Zulegeplatte für die Resultate zweifellos unschädlich gemacht, wenn die Zulage bald nach der Aufnahme und zu derselben Tageszeit erfolgt, in welcher gemessen worden ist. Aber auch für die Berechnung kann dieser Einfluss aufgehoben werden, wenn die Streichungen der gemessenen Linien unter Zugrundelegung der täglichen Schwankungen der Magnetnadel auf eine bestimmte Zeit, in welcher etwa die Deklination ermittelt worden ist, reducirt werden.

Es ist durchaus nicht die Absicht des Verfassers, die konstruktive Methode des Zulegens zu verdrängen, denn in sehr vielen Fällen und für sehr viele Betriebszwecke wird diese am schnellsten zum Ziele führen und auch, falls beide Nadelspitzen bei der Aufnahme und der Zulage observirt werden, eine genügende Genauigkeit gewähren; derselbe möchte nur anregen, dass in solchen Fällen, in welchen an die Leistungsfähigkeit des Compasses die höchste Anforderung gestellt wird, mit Rücksicht auf den Werth, den genaue Resultate markscheiderischer Operationen für den Bergbau haben, zur Berechnung der Züge geschritten werde.

An dieser Stelle muss noch einer Unregelmäſsigkeit gedacht werden, die bei der Benutzung der Tafeln zu vermeiden sein würde, indem manche Observationen für die Unterabtheilungen von hora 0 bis hora 1 die Stunde 12 enthalten, obwohl die Bezifferung des Compasses bei der Theilung desselben in 2mal 12 Stunden mit h. 12 abschlieſst, und die weitere Theilung mit h. 0 beginnt. Eine solche Observation hat keinen Sinn, führt nur zu Irrthümern und ist in den Tafeln nicht enthalten, weshalb man beispielsweise nicht h. 12. 3. 7, sondern h. 0. 3. 7 ablesen möge.

Obgleich die Abrundung der Werthe der Seigerteufen, Sohlen, Längen und Breiten auf drei Decimalstellen als ausreichend zu erachten ist, so wurde die Tafel I dennoch auf vier Stellen berechnet, weil zur richtigen Ermittelung der dritten Decimalstelle vierstellige Tafeln unbedingt erforderlich sind. Um dieses nachzuweisen, sei beispielsweise die Sohle einer 9,72 Meter langen und 19° 35′ gegen den Horizont geneigten Linie aus siebenstelligen Logarithmentafeln, aus der vorliegenden vierstelligen Tafel und aus einer dreistelligen Tafel zu berechnen, so ergiebt sich:

aus der Logarithmentafel:	aus der vierstelligen Tafel:	aus einer dreistelligen Tafel:
9,72 cos 19° 35′ = 9,1577479 m	für 9 = 8,4794	für 9 = 8,479
	„ 0,7 = 0,65951	„ 0,7 = 0,6595
	„ 0,02 = 0,018843	„ 0,02 = 0,01884
	für 9,72 = 9,157753 m	für 9,72 = 9,15734 m
oder auf drei Stellen abgerundet:		
9,158 m	9,158 m	9,157 m.

Es sei ferner der Streichsinus einer 10,74 Meter langen und 17° 15′ gegen den Meridian geneigten Linie zu berechnen, so ergiebt sich:

aus der Logarithmentafel:	aus der vierstelligen Tafel:	aus einer dreistelligen Tafel:
10,74 sin 17° 15′ = 3,1848566 m	für 10 = 2,9654	für 10 = 2,965
	„ 0,7 = 0,20758	„ 0,7 = 0,2076
	„ 0,04 = 0,011862	„ 0,04 = 0,01186
	für 10,74 = 3,184842 m	für 10,74 = 3,18446 m
oder auf drei Stellen abgerundet:		
3,185 m	3,185 m	3,184 m.

In beiden Fällen weicht das aus der dreistelligen Tafel berechnete Resultat von den Resultaten aus der vierstelligen Tafel und der Logarithmentafel um 1 Millimeter ab, während letztere bis auf vier Decimalstellen übereinstimmen.

Die Tafeln II und III enthalten die Werthe der Stunden und deren Theile in Graden, Minuten und Sekunden nach den beiden gebräuchlichsten Eintheilungen des Compasses und für jede beliebige Observation.

Die Tafeln IV bis IX dienen zur Verwandlung der Grade, Minuten und Sekunden in Stunden und deren Theile sowohl nach der Eintheilung in 128 als auch in 192 Theile.

Die Tafel X enthält die Tangenten und Cotangenten für die von Minute zu Minute wachsenden Winkel von 0 bis 90° und den Radius 1.

Die Tafeln XI und XII verwandeln die Lachter in Meter und die Meter in Lachter. Dieselben werden ihren Werth nie verlieren, da alle Messungszahlen in den vor Einführung des Metermaſses angefertigten Verleihungsrissen von Bergwerkseigenthum in Lachtern angegeben sind, und die Verleihungsrisse die Grundlagen aller Vermessungen und Verlochsteinungen desselben bilden. Diese Tafeln sind jedoch nur für diejenigen Landestheile gültig, in denen 1 Lachter = 2,0924 Meter (abgerundet) ist.

Da zweckmäſsig eingerichtete Formulare die Buchung und Berechnung der Observationen erleichtern, so sind den Tafeln zwei derselben beigegeben worden, die sich bisher in der Praxis bewährt haben und sich um so mehr zur Benutzung empfehlen, als gerade in der Markscheiderpraxis eine Uebereinstimmung in der Behandlung der Observationen im allgemeinen Interesse liegt, indem ein Markscheider sehr häufig die Arbeiten des anderen zu übernehmen hat, was mit Schwierigkeiten verbunden sein würde, wenn jeder nach Gutdünken seine Observationen buchte.

In den meisten Lehrbüchern der Polygonometrie sind die Bezeichnungen in den Köpfen der Formulare durch besondere Symbole ausgedrückt, und diese haben auch in allen Zweigen der geodätischen Technik Aufnahme gefunden, indem sie die Uebersicht erleichtern und durch Zusammenfassung in kurze Formeln die in den Kolonnen der Formulare auszuführenden mathematischen Operationen erläutern, weshalb auch in die hier beigegebenen Formulare solche Symbole aufgenommen und für einzelne in der allgemeinen Polygonometrie nicht bekannte Bezeichnungen neue Symbole eingeführt worden sind.

So bedeuten: o die observirte Streichung einer Linie,
l die Länge derselben,
γ den Vertikalwinkel, den die Linie, falls sie nicht söhlig ist, mit einer durch ihren Anfangspunkt gelegten Horizontalebene bildet,
s die Sohle der Linie,
t die Seigerteufe,
Δt die partiellen Seigerteufen,
δ die Gröſse der magnetischen Deklination.

Durch die Formel $\Delta t_n = l_n \sin \gamma_n$ in Kolonne 6 des Formulares auf Seite 62 wird beispielsweise ausgedrückt, dass man aus dem Produkt der Länge und dem Sinus des Vertikalwinkels die Seigerteufe erhält.

Das Formular auf Seite 62 dient zur Buchung der Observationen und enthält zwei Beispiele, das erste betrifft einen gewöhnlichen Markscheiderzug nach der Stundeneintheilung des Compasses in 128 Theile, und das zweite einen Zug mit reducirten Streichungen nach der Theilung des Compasses in Grade. Die Seite 63 enthält ein Formular zur Berechnung des letzteren Zuges nach Längen und Breiten, in dem die Symbole das hierbei anzuwendende Verfahren erläutern, sowie einige häufiger vorkommende Constanten, und auf Seite 64 ist eine Tabelle der Verhältnisszahlen für die Umrechnung der gebräuchlichsten in Preuſsen früher gültig gewesenen Längen- und Flächenmaſse in die durch die Maſs- und Gewichtsordnung für den norddeutschen Bund festgestellten neuen Maſse angegeben.

Den Erläuterungen der Tafeln folgen ein Auszug aus der Maſs- und Gewichtsordnung für den norddeutschen Bund und ein Verzeichniss der abgekürzten Bezeichnungen der Maſse und Gewichte.

Bonn, den 1. Januar 1896.

E. Lüling,
Markscheider und Feldmesser.
z. Z. Oberbergamts-Markscheider.

Inhalts-Verzeichniss.

Tabellen.

Erläuterungen.

1. Erklärung von Seigerteufe und Sohle.

Fig. 1.

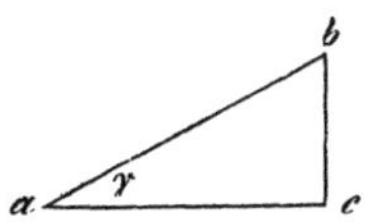

Fig. 1. Legt man durch den Anfangspunkt A einer aufsteigenden Linie AB eine Horizontalebene, fällt aus B auf diese Ebene das Perpendikel BC und verbindet A mit C, so ist ABC ein rechtwinkliges Dreieck in einer Vertikalebene, der Winkel BAC der Vertikalwinkel (γ), unter dem AB gegen die Horizontalebene geneigt ist, BC die Vertikalprojektion der Linie AB oder die Seigerteufe (t), welche in diesem Falle positiv ist, und AC die Horizontalprojektion der Linie AB oder die Sohle (s). Aus der Länge der Linie AB und dem Vertikalwinkel γ findet man BC und AC durch folgende trigonometrische Formeln.

1. $BC = t = AB \sin \gamma$.

2. $AC = s = AB \cos \gamma$.

Gleiches findet statt, wenn sich die Linie AB von A aus unter die Horizontalebene neigt; die Seigerteufe ist alsdann negativ.

2. Erklärung von Streichsinus und Streichcosinus.

Fig. 2.

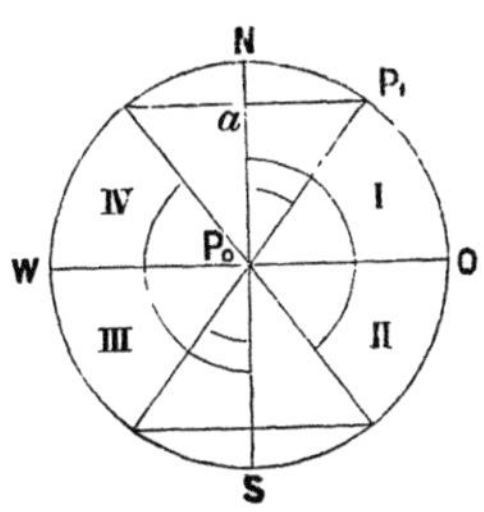

Fig. 2. Es sei NS die Magnetlinie (magnetischer Meridian) und OW in P_0 rechtwinklig auf NS, NOSW ein Kreis um P_0, und P_0N der Einfachheit halber = 1 gesetzt. Die Linien NS und OW theilen die Ebene um P_0 in vier Quadranten, welche nach Angabe der Figur als I. II. III IV. Quadrant numerirt werden, und von welchen jeder 90 Grad oder 6 Stunden umfasst. Durchläuft in diesem Kreise eine Linie P_0P_1 als rechter beweglicher Schenkel eines Winkels, dessen linker fester Schenkel P_0N sei, von P_0N aus, und von links nach rechts (im Sinne des Ganges des Uhrzeigers) die vier Quadranten, und denkt man sich von dem Punkte P_1 aus in allen in der Kreisperipherie nur möglichen Lagen desselben Senkrechte auf NS gezogen, wie dieses die Figur für einzelne Fälle ersichtlich macht, so wachsen die Werthe der Senkrechten und der Abstände ihrer Fufspunkte von P_0 nach bestimmten Regeln oder sie nehmen ab.

Den Winkel NP_0P_1 nennt man den Streichwinkel oder das Streichen der Linie P_0P_1, welches von der Magnetlinie aus von links nach rechts mit dem Compass gemessen wird, und zwar entweder von 0 bis 360° oder von hora 0 bis h. 24 ohne Angabe der Weltgegend, oder von 0 bis 180° beziehungsweise von h. 0. bis h. 12 mit Angabe der Weltgegend; in letzterem Falle werden die Streichwinkel im östlichen Halbkreise von P_0N aus, und im westlichen Halbkreise von P_0S aus gemessen, was in der Figur durch Bogen dargestellt ist. Die durchlaufende Stundentheilung von h. 0 bis h. 24 ist in Oesterreich gebräuchlich.

Die Senkrechte P_1a nennt man den Streichsinus (Sinus des Streichwinkels) oder die Länge oder auch die Ordinate, und den Abstand P_0a des Fufspunktes a der Senkrechten P_1a von P_0 den Streichcosinus (Cosinus des Streichwinkels) oder die Breite oder auch die Abscisse des Punktes P_1 in Bezug auf P_0. Die Ordinate und die Abscisse sind die Coordinaten des Punktes P_1, NS ist die Abscissenachse und OW die Ordinatenachse, beide zusammen sind die Coordinatenachsen. Durch die Coordinaten ist die Lage des Punktes P_1 in Bezug auf P_0 und das gegebene Achsensystem bestimmt.

Fällt P_0P_1 mit P_0N zusammen, so sind der Streichwinkel und die Ordinate = 0. Bewegt sich P_0P_1 nach rechts, wächst also der Streichwinkel, so wächst die Ordinate innerhalb des ersten Quadranten und wird an der Grenze desselben, wo P_0P_1 mit P_0O zusammenfällt, am gröfsten, nämlich = 1. Der Streichwinkel beträgt in diesem Falle Ost 90°. Tritt der bewegliche Schenkel P_0P_1 in den zweiten Quadranten, so nimmt die Ordinate continuirlich ab, so zwar, dass sie für entsprechende Winkel in umgekehrter Reihenfolge dieselben Werthe annimmt, wie im ersten Quadranten. Die Ordinate wird = 0, sobald P_0P_1 mit P_0S zusammenfällt, der Streichwinkel also Ost 180° ist. Tritt der bewegliche Schenkel in den dritten Quadranten, so wächst der absolute Werth der Ordinate wieder, dieselbe hat aber eine andere Lage gegen NS, als diejenige der Ordinaten im ersten und zweiten Quadranten. Nimmt man nun letztere als positiv an, so ist erstere negativ. Fällt P_oP_1 mit P_oW zusammen, ist also der Streichwinkel West 90°, so ist die Ordinate $= -1$. Tritt der bewegliche Schenkel in den vierten Quadranten, so bleibt die Ordinate negativ, der absolute Werth derselben nimmt aber wieder ab. Fällt der bewegliche Schenkel mit P_oN zusammen, so ist der Streichwinkel West 180° und die Ordinate, wie oben, $= 0$.

Betrachtet man in derselben Weise die Abscissen, so ergiebt sich Folgendes. Die Abscisse für den Nullwinkel, bei welchem also P_oP_1 mit P_oN zusammenfällt, ist $= 1$. Bewegt sich P_oP_1 nach rechts, wächst also der Streichwinkel, so nimmt die Abscisse innerhalb des ersten Quadranten ab und wird an der Grenze desselben, wo P_oP_1 mit P_oO zusammenfällt, $= 0$. Im zweiten Quadranten wächst der absolute Werth der Abscisse, dieselbe wird aber negativ, weil sie eine Lage gegen OW hat, welche derjenigen der Abscissen im ersten Quadranten, die man als positiv annimmt, entgegengesetzt ist. Ist der Streichwinkel Ost 180° geworden, so ist die Abscisse $= -1$. Im dritten Quadranten nimmt der absolute Werth der Abscisse wieder ab und bleibt negativ, bis der Streichwinkel West 90° ist; der Werth der Abscisse ist dann $= 0$. Im vierten Quadranten nimmt die Abscisse wieder zu und ist positiv; bei West 180° ist die Abscisse $= 1$.

Es sind also alle östlichen Längen und nördlichen Breiten positiv und alle westlichen Längen und südlichen Breiten negativ. Diese Regel heifst mit anderen Worten: die Ordinaten im ersten und zweiten Quadranten sind positiv, im dritten und vierten negativ, und die Abscissen im ersten und vierten Quadranten sind positiv, im zweiten und dritten negativ.

Bei der vorstehenden Untersuchung wurde die Länge $P_oN = 1$ angenommen, um die Werthe der Coordinaten des Punktes P_1 in ihren verschiedenen Lagen vergleichen zu können; es geht aus dieser Untersuchung hervor, dass dieselben stets zwischen den Grenzwerthen $+1$ und -1 liegen, und dass man die absoluten Werthe aller Coordinaten jedes Quadranten kennt, sobald man dieselben für einen Quadranten ermittelt hat, da sie in jedem Quadranten wiederkehren.

Aus der Länge der Linie P_oP_1, deren bisheriger Werth $= 1$ man fallen lässt, und ihrem Streichwinkel (ν) findet man den Streichsinus P_1a und den Streichcosinus P_oa durch folgende trigonometrische Formeln.

$$1.\quad P_1a = y = P_oP_1 \sin \nu.$$

$$2.\quad P_oa = x = P_oP_1 \cos \nu.$$

3. Berechnung der Coordinaten eines Compasszuges.

Fig. 3. Ebenso wie in Figur 2 der Punkt P_1 durch Coordinaten gegen ein Achsenkreuz festgelegt ist, so lassen sich auch die Polygonpunkte des Polygonzuges P_o, $P_1 \ldots P_5$, dessen Seiten in eine durch P_o gelegte horizontale Ebene projicirt seien, gegen ein solches Achsenkreuz festlegen und die Werthe der Coordinaten berechnen, wenn die horizontalen Längen und die Streichwinkel der Seiten bekannt sind. Man wähle aber als Abscissenachse nicht die veränderliche Magnetlinie, sondern, um unveränderliche Coordinaten zu erhalten, den unveränderlichen astronomischen Meridian, lege als solchen NS durch P_o, und rechtwinklig auf NS in P_o die Ost-Westlinie OW, fälle aus allen Endpunkten P_1, $P_2 \ldots P_5$ der Polygonseiten auf NS Perpendikel und ziehe durch P_1, $P_2 \ldots P_5$ Parallelen zu NS.

Fig. 3.

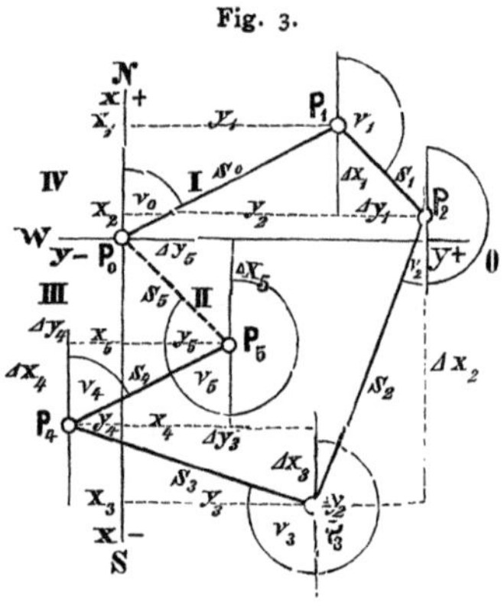

Alle bei der Ermittelung der Formeln für diese Berechnung in Betracht kommenden Linien und Winkel werden der Kürze halber nur mit einem Buchstaben bezeichnet und jeder derselben nach einem bestimmten System mit einem Index versehen.

Es gelten hierbei allgemein folgende Benennungen und Bezeichnungen:

s_o, $s_1 \ldots s_5$ sind die söhlig gemessenen Seiten oder die Sohlen der geneigt gemessenen Seiten des Zuges, und zwar ist s_o die Seite von P_o nach P_1, s_1 die Seite von P_1 nach P_2 etc.

ν_o, $\nu_1 \ldots \nu_5$ sind die auf den astronomischen Meridian bezogenen, sogenannten reducirten Streichwinkel der Polygonseiten s_o, $s_1 \ldots s_5$, und zwar ist ν_o der reducirte Streichwinkel zwischen P_oN und s_o, ν_1 der reducirte Streichwinkel zwischen der Parallele zu NS und s_1 etc. Die in der Figur 3 mit Bogen bezeichneten Streichwinkel beziehen sich in dieser Ausdehnung auf Compass-Observationen, die bis zu 360° oder bis zu 24 Stunden gehen; wenn jedoch die Compasswinkel nur bis zu

180° oder 12 Stunden mit den Weltgegenden „Ost" oder „West" observirt werden, was zur Vermeidung von Irrthümern sehr zu empfehlen und auch bei der vorliegenden Tafel unterstellt ist, dann haben die rechts der Parallelen mit der Nord-Südlinie liegenden Bogen der Winkel v_2, v_3 und v_5 keine Gültigkeit. Die reducirten Streichwinkel findet man bei westlicher Deklination durch Abzug der letzteren von den auf die Magnetlinie bezogenen observirten Streichwinkeln. Sind diese observirten Streichwinkel kleiner, als die magnetische Deklination, so verfahre man nach folgenden Regeln:

a) Für Observationen bis zu 180° oder 12 Stunden.

Man addire zu den observirten Streichwinkeln 180° oder 12 Stunden, ziehe sodann die Deklination ab und setze zu den sich hieraus ergebenden Winkeln die Weltgegend „West", wenn mit dem Compass „Ost" gefunden, dagegen „Ost", wenn „West" gefunden wurde.

b) Für Observationen bis zu 360° oder 24 Stunden.

Man addire zu den observirten Streichwinkeln 360° oder 24 Stunden und subtrahire alsdann die Deklination.

Bei östlicher Deklination findet man die reducirten Streichwinkel durch Addition der Deklination zu den observirten Streichwinkeln.

NS und OW sind die Coordinatenachsen, NS ist die Abscissen- und OW die Ordinatenachse, P_0N der positive und P_0S der negative Zweig der Abscissenachse, und P_0O der positive und P_0W der negative Zweig der Ordinatenachse.

P_0 ist der Nullpunkt der Coordinaten.

y_0, $y_1 \ldots y_5$ (die Perpendikel aus den Polygonpunkten auf NS) sind die Streichsinus oder Längen oder auch die Ordinaten der Polygonpunkte P_0, $P_1 \ldots P_5$, und zwar ist y_0 die Länge des Polygonpunktes P_0, y_1 die Länge des Polygonpunktes P_1, etc.

x_0, $x_1 \ldots x_5$ sind die Streichcosinus oder Breiten oder auch die Abscissen der Polygonpunkte P_0, $P_1 \ldots P_5$, und zwar ist x_0 die Breite des Polygonpunktes P_0, x_1 die Breite des Polygonpunktes P_1 etc. Diese Abstände haben gleiche Gröfse mit den rechtwinkligen Entfernungen der Polygonpunkte von der Ost-Westlinie. Wie aus der Figur ersichtlich ist, sind y_0 und $x_0 = 0$.

Δy_0, $\Delta y_1 \ldots \Delta y_5$ sind die Unterschiede der Längen zweier auf einander folgenden Polygonpunkte, und zwar ist Δy_0 der Unterschied zwischen y_0 und y_1, Δy_1 der Unterschied zwischen y_1 und y_2 etc.

Δx_0, $\Delta x_1 \ldots \Delta x_5$ sind die Unterschiede der Breiten zweier auf einander folgenden Polygonpunkte, und zwar ist Δx_0 der Unterschied zwischen x_0 und x_1, Δx_1 der Unterschied zwischen x_1 und x_2 etc.

Die für die algebraischen Werthe der Coordinaten des Punktes P_1 in Figur 2 ermittelten Regeln erstrecken sich auch auf die Figur 3. Es ist nämlich die Lage der Ordinaten y_1, y_2, y_3 und y_5 östlich der Linie NS der Lage der Ordinaten y_4 westlich der Linie NS entgegengesetzt, weshalb erstere positiv sind und letztere negativ ist. Auch haben die Abscissen x_1 und x_2 nördlich der Linie OW eine den Abscissen x_3, x_4 und x_5 südlich der Linie OW entgegengesetzte Lage, weshalb erstere positiv und letztere negativ sind.

Auch auf die Längen- und Breitenunterschiede erstrecken sich obige Regeln, was aus der Figur 3 hervorgeht, wenn man sich die durch P_0 gelegten Coordinatenachsen parallel mit sich selbst auf den Anfangspunkt jeder Polygonseite verschoben denkt, indem alsdann die Längen- und Breitenunterschiede gleichzeitig die Coordinaten der Endpunkte der Seiten in Bezug auf das betreffende Achsenkreuz sind. Da nun die Quadrantenlage und die Vorzeichen der Längen- und Breitenunterschiede durch die Streichung der Polygonseiten bedingt sind, so ergeben sich für erstere aus der Lage der Polygonseiten gegen das betreffende Achsenkreuz folgende Regeln:

Alle östlichen Streichungen von 0 bis 90° oder von h. 0 bis h. 6 liegen im ersten Quadranten, es sind also die Längenunterschiede + und die Breitenunterschiede +.

Alle östlichen Streichungen von 90 bis 180° oder von h. 6 bis h. 12 liegen im zweiten Quadranten, es sind also die Längenunterschiede + und die Breitenunterschiede —.

Alle westlichen Streichungen von 0 bis 90° oder von h. 0 bis h. 6 liegen im dritten Quadranten, es sind also die Längenunterschiede — und die Breitenunterschiede —.

Alle westlichen Streichungen von 90 bis 180° oder von h. 6 bis h. 12 liegen im vierten Quadranten, es sind also die Längenunterschiede — und die Breitenunterschiede +.

Um die Regeln über die Vorzeichen der Längen und Breiten und ihrer Unterschiede nicht stets im Gedächtniss haben zu müssen, sind dieselben in der Tafel I mit den Weltgegenden „Ost" und „West" in dem Kopfe und Fufse der Vertikalkolonnen der Winkel angegeben, und zwar gelten die Vorzeichen in dem Kopfe und Fufse der beiden linken Vertikalkolonnen jeder Seite für die Streichsinus oder Längen, die Vorzeichen in dem Kopfe und Fufse der beiden rechten Vertikalkolonnen jeder Seite für die Streichcosinus oder Breiten. Man ersieht daraus die aus der Trigonometrie bekannte Regel, dass zwei

Streichwinkel, die sich zu 180° ergänzen, Streichsinus oder Längen von gleichen absoluten Werthen und gleichen Vorzeichen, aber Streichcosinus oder Breiten von gleichen absoluten Werthen und entgegengesetzten Vorzeichen haben.

Die Gröſsen der Coordinatenunterschiede lassen sich auf trigonometrischem Wege ermitteln, denn die Polygonseiten und die Längen- und Breitenunterschiede bilden rechtwinklige Dreiecke, in welchen erstere die Hypotenusen und letztere die Katheten sind, und es ergeben sich die Coordinatenunterschiede nach folgenden trigonometrischen Formeln:

1. $y_1 = \Delta y_0 = s_0 \sin \nu_0$; $\Delta y_1 = s_1 \sin \nu_1$; $\Delta y_2 = s_2 \sin \nu_2$; $\Delta y_3 = s_3 \sin \nu_3$; $\Delta y_4 = s_4 \sin \nu_4$.
2. $x_1 = \Delta x_0 = s_0 \cos \nu_0$; $\Delta x_1 = s_1 \cos \nu_1$; $\Delta x_2 = s_2 \cos \nu_2$; $\Delta x_3 = s_3 \cos \nu_3$; $\Delta x_4 = s_4 \cos \nu_4$.

Die numerischen Werthe der Coordinaten, welche in Verbindung mit den Vorzeichen die Lage aller Polygonpunkte genau bestimmen, ergeben sich aus den Coordinatenunterschieden, wenn man berücksichtigt, dass die Coordinatenunterschiede Δy_0 und Δx_0 mit y_1 und x_1 identisch sind.

Es ist:

3. $y_1 = y_0 + \Delta y_0$; $y_2 = y_1 + \Delta y_1$; $y_3 = y_2 + \Delta y_2$; $y_4 = y_3 + \Delta y_3$; $y_5 = y_4 + \Delta y_4$.
4. $x_1 = x_0 + \Delta x_0$; $x_2 = x_1 + \Delta x_1$; $x_3 = x_2 + \Delta x_2$; $x_4 = x_3 + \Delta x_3$; $x_5 = x_4 + \Delta x_4$.

Bei der Addition dieser Werthe sind stets die Vorzeichen zu berücksichtigen, die sich aus den Regeln über die Vorzeichen der Längen- und Breitenunterschiede in den einzelnen Quadranten ergeben. Nach diesen Regeln sind für das Polygon in Figur 3 Δy_0, Δy_1, Δy_4 positiv, und Δy_2, Δy_3, Δy_5 negativ, sowie Δx_0, Δx_3, Δx_4, Δx_5 positiv und Δx_1, Δx_2 negativ. Die Vorzeichen der Coordinaten ergeben sich durch die nach den Formeln 3 und 4 vorzunehmende Addition.

Sind AB und γ in Fig. 1 $= s_0$ und ν_0 in Fig. 3, so sind auch BC und AC in Fig. 1 $= y_1$ und x_1 in Fig. 3. Hierauf gründet sich die Einrichtung der Tafel I, da zu gleichen Strecken und gleichen Winkeln einerseits auch gleiche Seigerteufen und Längen, andererseits auch gleiche Sohlen und Breiten gehören.

Die Tafel I hat nun den Zweck, die zeitraubenden und umständlichen, mittelst der Logarithmentafel vorzunehmenden Berechnungen von t, s, y und x zu beseitigen, und ergiebt die absoluten Werthe derselben entweder direkt oder durch einfache Addition.

Nach den Formeln 3 und 4 findet man durch fortgesetzte algebraische, das heiſst mit Rücksicht auf die Vorzeichen vorzunehmende Addition der Coordinatenunterschiede je zweier auf einander folgenden Punkte zu den Coordinaten des ersteren dieser Punkte die Coordinaten des Endpunktes eines Zuges, die in diesem Falle y_5 und x_5 sind. Durch das Beispiel auf Seite 63 wird das ganze Verfahren erläutert.

Ist das Polygon in Fig. 3 nicht geschlossen, und die Entfernung $P_0P_5 = s_5$ sowie der Streichwinkel ν_5 sollen bestimmt werden, so findet man diese Werthe nach folgenden Formeln:

5. $s_0 = \sqrt{(\text{Summe aller Längenunterschiede})^2 + (\text{Summe aller Breitenunterschiede})^2} = \sqrt{y_5^2 + x_5^2}$.

6. $\operatorname{tg} \nu_5 = \dfrac{\text{Summe aller Längenunterschiede}}{\text{Summe aller Breitenunterschiede}} = \dfrac{y_5}{x_5}$.

Hinsichtlich der Lage des Punktes P_5 sind nach den einzelnen Quadranten vier Fälle zu unterscheiden, die sich aber in folgende zwei zusammenfassen lassen; P_5 kann nämlich in den Winkelräumen der gleichnamigen Achsenhälften, also im ersten und dritten Quadranten, oder in den Winkelräumen der ungleichnamigen Achsenhälften, also im zweiten und vierten Quadranten liegen.

Im ersten Falle, in welchem die in die Formel 6 einzusetzenden algebraischen Summen der Coordinatenunterschiede gleiche Vorzeichen haben, $\frac{y_5}{x_5}$ also positiv ist, erhält man den reducirten Streichwinkel ν_5 für die Richtungen $P_0 P_5$ und $P_5 P_0$ direkt, wobei man bei der Eintheilung des Compasses in 2 mal 180° oder 2 mal 12 Stunden für die Richtung $P_0 P_5$ „Ost" und für die Richtung $P_5 P_0$ „West" zu setzen hat, wenn y_5 positiv, dagegen für die Richtung $P_0 P_5$ „West" und für die Richtung $P_5 P_0$ „Ost", wenn y_5 negativ ist. Für die Weltgegenden „Ost" oder „West" ist also nur das Vorzeichen von y_5, nicht das von x_5 maſsgebend.

Im zweiten Falle, in welchem die betreffenden Summen der Coordinatenunterschiede entgegengesetzte Vorzeichen haben, $\frac{y_5}{x_5}$ also negativ ist, ergiebt sich der Supplementwinkel zu ν_5, der dann von 180° oder 12 Stunden abzuziehen ist, wobei auch hier zur Ermittelung der Weltgegend die Regel für den ersten Fall zur Anwendung kommt.

Für Observationen bis zu 360° oder bis zu 24 Stunden addire man zu den nach der Formel 6 erhaltenen westlichen Streichungen 180° oder 12 Stunden, lasse aber die östlichen Streichungen unverändert bestehen; die Angabe der Weltgegend ist alsdann für beide Richtungen überflüssig.

Wird die Streichung gegen die Magnetlinie gesucht, so ist bei westlicher Deklination letztere zu dem reducirten Streichwinkel zu addiren. Ergiebt sich hierbei ein Ueberschuss über 180° oder 12 Stunden, beziehungsweise 360° oder 24 Stunden, so gelten folgende Regeln:

a) Für Observationen bis 180° oder 12 Stunden.
Ist die betreffende Summe gröfser als 180° oder 12 Stunden, so sind letztere abzuziehen, und die Weltgegend der reducirten Streichung ist in die entgegengesetzte zu verwandeln.

b) Für Observationen bis zu 360° oder 24 Stunden.
Ist die betreffende Summe gröfser als 360° oder 24 Stunden, so ist der Ueberschuss über diese der gesuchte Streichwinkel.

Aus den Vorzeichen der Coordinaten lässt sich der Quadrant bestimmen, in dem ein Polygonpunkt liegt. Es gelten hierfür folgende Regeln:

$$\text{Ist die Länge} \begin{Bmatrix}+\\+\\-\\-\end{Bmatrix} \text{und die Breite} \begin{Bmatrix}+\\-\\-\\+\end{Bmatrix} \text{so liegt der Polygonpunkt im} \begin{Bmatrix}\text{ersten}\\ \text{zweiten}\\ \text{dritten}\\ \text{vierten}\end{Bmatrix} \text{Quadranten.}$$

Eine eingehendere Erläuterung der Coordinatenberechnung entspricht nicht dem Zwecke dieses Buches.

4. Erläuterung und Gebrauch der Tafel I.

Die Zahlenwerthe in der Tafel I sind mit zehnstelligen Vlacq'schen Logarithmentafeln (Gouda 1628 auf neun Stellen berechnet und zur Bestimmung der vierten Stelle durchweg alle überschiefsenden Ziffern berücksichtigt worden. Es ergaben sich dabei in 62 Fällen Unterschiede von einer Einheit in der vierten Decimalstelle gegen eine vorher mit siebenstelligen Vega'schen Logarithmentafeln (Berlin 1875) angestellte Berechnung, die sämmtlich berichtigt wurden, so dass alle Werthe in Tafel I selbst in der vierten Stelle als absolut genau bezeichnet werden können.

Mittelst der Tafel I erhält man die Seigerteufen und Sohlen für die Längen der geneigten Linien von 1 bis 20 m und die von 2,5 zu 2,5 Minuten wachsenden vertikalen Neigungswinkel von 0 bis 90°, sowie die Streichsinus und Streichcosinus für die söhligen Längen von 1 bis 20 m und die von 2,5 zu 2,5 Minuten wachsenden horizontalen Neigungswinkel von 0 bis 180°. Wie schon erwähnt, wird vorausgesetzt, dass der Berechnung der rechtwinkligen Coordinaten nur Streichwinkel von 0 bis 180° mit den Weltgegenden „Ost" oder „West" zu Grunde gelegt werden. Sollen jedoch Observationen, welche ohne Angabe der Weltgegend bis zu 360° gehen. mittelst der Tafeln berechnet werden, so setze man vorher zu allen Streichungen unter 180° die Weltgegend „Ost", von allen Streichungen über 180° subtrahire man dagegen 180° und setze zu denselben die Weltgegend „West". Hierdurch gehen diese Observationen in solche über, die den Bedingungen der Tafeln entsprechen. Je zwei neben einander liegende Seiten der Tafel I gehören zusammen, und die beiden ersten und letzten Hauptvertikalkolonnen der Winkel der linken Seiten stimmen genau mit den entsprechenden Kolonnen der rechten Seiten überein. Zur Ermittelung der Seigerteufen und Sohlen dient die Tafel mit Ausschluss der ersten und letzten Hauptvertikalkolonne jeder Seite, zur Ermittelung der Streichsinus und Streichcosinus die ganze Tafel. Die beiden äufseren vertikalen Winkelkolonnen jeder Seite enthalten die Supplemente zu den Winkeln in den beiden inneren Vertikalkolonnen, von welchen letztere sich zu 90° ergänzen. Die übrigen Kolonnen enthalten die 1 bis 20fachen Werthe der Sinus und Cosinus der in den Vertikalkolonnen stehenden Winkel und jede Zahl in ersteren ist dem absoluten Werthe nach:

1) der vielfache Sinus oder die Seigerteufe für den auf gleicher Horizontallinie links stehenden Winkel der zweiten Hauptvertikalkolonne,
2) der Streichsinus oder die Länge für beide links stehenden Winkel,
3) der vielfache Cosinus oder die Sohle für den auf gleicher Horizontallinie rechts stehenden Winkel der vorletzten Hauptvertikalkolonne und
4) der Streichcosinus oder die Breite für beide rechts stehenden Winkel.

Die Bezeichnungen „vielfacher Sinus, Streichsinus, Länge, Seigerteufe" über den Zahlen 1 bis 20 gehören zu den Winkeln in den links stehenden Vertikalkolonnen, und die Bezeichnungen „vielfacher Cosinus, Streichcosinus, Breite, Sohle" unter den Zahlen 1 bis 20 gehören zu den Winkeln in den rechts stehenden Vertikalkolonnen.

In dem Kopfe und Fufse der Tafel I ist die sonst übliche Bezeichnung „Neigungswinkel" vermieden und durch die Bezeichnung „Vertikalwinkel" ersetzt worden, um eine Verwechselung mit den bei der Coordinatenberechnung vorkommenden Neigungswinkeln, die stets in söhligen Ebenen gedacht werden müssen, zu verhindern. Aus demselben Grunde ist auch in das Formular auf Seite 62 der Ausdruck „Vertikalwinkel" eingeführt worden.

Die Winkel aller Winkelkolonnen sind Streichwinkel, die Winkel der zweiten und vorletzten Hauptvertikalkolonne aber auch Vertikalwinkel.

Die in den Kolonnen für die Sinus- und Cosinusprodukte zwischen diesen Werthen stehenden Zahlen sind die halben Differenzen zwischen den unter denselben stehenden Tafelwerthen und bilden die 2., 3. und 4. Decimalstelle, die im Kopfe zu letzteren addirt oder von denselben subtrahirt werden, wenn Winkel bis zur Genauigkeit von 2,5 Minuten observirt worden sind. Man hat sich also die halben Differenzen durch Vorsetzen von Nullen auf vier Decimalstellen ergänzt zu denken, was dadurch erleichtert wird, dass den einzelnen Ziffern über den Tafelwerthen diejenigen Stellen angewiesen worden sind, die sie ihrem numerischen Werthe nach einzunehmen haben. So stehen beispielsweise die einzifferigen halben Differenzen über der vierten, und die dreizifferigen über der zweiten, dritten und vierten Decimalstelle.

Enthalten die gemessenen Längen Decimalstellen, so findet man die Werthe der Seigerteufen und Sohlen etc. dadurch, dass man die Werthe für jede einzelne Decimalstelle aus den Werthen für die gleichzifferigen ganzen Meter durch entsprechendes Versetzen der Kommata ermittelt und diese Werthe summirt.

Durch die folgenden Beispiele aus den in dem Formulare auf Seite 62 angegebenen Zügen wird das Vorstehende näher erläutert.

Beispiel 1.

Seite 62. No. 3. Wie grofs ist die Seigerteufe der 9,876 m langen und unter 1° 50′ geneigten Linie?

Man suche auf Seite 2 in der zweiten Vertikalkolonne 1° 50′ und verfolge die entsprechende Horizontalreihe bis zu den Seigerteufen für die Längen 9, 8, 7 und 6, welche nach entsprechender Versetzung der Kommata stufenförmig unter einander gesetzt und addirt werden.

Es ergiebt sich dann die Seigerteufe

für 9 = 0,2879
„ 8 = 0,2559, mithin für 0,8 = 0,02559
„ 7 = 0,2239, „ „ 0,07 = 0,00224
„ 6 = 0,1920, „ „ 0,006 = 0,00019
also die gesuchte Seigerteufe = 0,31592 m, oder auf 3 Stellen abgerundet = 0,316 m.

Es ist überflüssig, mehr als 5 Decimalstellen in Rechnung zu ziehen, nur gebrauche man die Vorsicht, die letzte in Rechnung gezogene Stelle um 1 zu vergröfsern, wenn die nächstfolgende 5 oder gröfser als 5 ist.

Beispiel 2.

Seite 63. No. 3. Wie grofs ist die Sohle der 9,876 m langen und unter 1° 50′ geneigten Linie?

Man suche auf Seite 36 in der vorletzten Vertikalkolonne den Vertikalwinkel 1° 50′ und verfolge die entsprechende Horizontalreihe bis zu den Sohlen für die Längen 9, 8, 7 und 6.

Es ergiebt sich dann die Sohle

für 9 = 8,9954
„ 8 = 7,9959, mithin für 0,8 = 0,79959
„ 7 = 6,9964, „ „ 0,07 = 0,06996
„ 6 = 5,9969, „ „ 0,006 = 0,00600
also die gesuchte Sohle = 9,87095 m = 9,871 m.

Beispiel 3.

Seite 62. No. 4. Wie grofs ist die Seigerteufe der 3,2 m langen und unter 2° 32′ 30″ geneigten Linie?

Es ist auf Seite 2 die Seigerteufe für 2° 30′ und 3 m Länge = 0,1309
Hierzu für 2′ 30″ die über 0,1309 stehende halbe Differenz = 22
Mithin ist die Seigerteufe für 2° 32′ 30″ und 3 m Länge = 0,1331
Die Seigerteufe für 2° 30′ und 0,2 m Länge ist = 0,00872
Hierzu für 2′ 30″ die über 0,0872 stehende halbe Differenz = 15
Mithin ist die Seigerteufe für 2° 32′ 30″ und 0,2 m Länge = 0,00887
Also die gesuchte Seigerteufe = 0,14197 m = 0,142 m

Wie schon bemerkt, gelten die halben Differenzen für alle unter denselben stehenden Werthe des betreffenden Grades mit seinen Unterabtheilungen und werden bei der Berechnung der Seigerteufen im Kopfe zu diesen Werthen addirt, so zwar, dass man nur die Stellen der halben Differenz addirt, welche über den in Rechnung zu ziehenden Decimalstellen stehen.

Beispiel 4.

Seite 62. No. 4. Wie grofs ist die Sohle der 3,2 m langen und unter 2° 32′ 30″ geneigten Linie?

Es ist auf Seite 36 die Sohle für 2° 30′ und 3 m Länge	= 2,9971	
Hiervon ab für 2′ 30″	= 1	
Mithin ist die Sohle für 2° 32′ 30″ und 3 m Länge		= 2,9970
Die Sohle für 2° 30′ und 0,2 m Länge ist	= 0,19981	
Hiervon ab für 2′ 30″	= 1	
Mithin ist die Sohle für 2° 32′ 30″ und 0,2 m Länge		= 0,19980
Also die gesuchte Sohle		= 3,19680 m = 3,197 m.

Bei der Berechnung der Sohlen werden die halben Differenzen von den Tafelwerthen des Winkels, der um 2′ 30″ kleiner als der gemessene ist, im Kopfe subtrahirt.

Beispiel 5.

Seite 63. No. 7. Wie grofs ist der Streichsinus für den Streichwinkel von 78° 45′ und 19,991 m Sohle?

Für diesen Streichwinkel ist auf Seite 33 der Streichsinus für	19	= 18,6349	
„ „ 32 „ „ „	0,9	= 0,88271	
„ „ 32 „ „ „	0,09	= 0,08827	
„ „ 32 „ „ „	0,001	= 0,00098	
Mithin ist der gesuchte Streichsinus		= 19,60686 m = 19,607 m.	

Beispiel 6.

Seite 63. No. 7. Wie grofs ist der Streichcosinus für den Streichwinkel von 78° 45′ und 19,991 m Sohle?

Für diesen Streichwinkel ist auf Seite 7 der Streichcosinus für	19	= 3,7067
„ „ 6 „ „ „	0,9	= 0,17558
„ „ 6 „ „ „	0,09	= 0,01756
„ „ 6 „ „ „	0,001	= 0,00020
Mithin ist der gesuchte Streichcosinus		= 3,90004 m = 3,900 m.

Beispiel 7.

Seite 63. No. 8. Wie grofs ist der Streichsinus für den Streichwinkel von 153° 17′ 30″ und 19,997 m Sohle?

Für diesen Streichwinkel ist

auf Seite 13 der Streichsinus für	19	= 8,5519	− 124 = 8,5395
„ „ 12 „ „ „	0,9	= 0,40509	— 59 = 0,40450
„ „ 12 „ „ „	0,09	= 0,04051	— 6 = 0,04045
„ „ 12 „ „ „	0,007	= 0,00315	— 0 = 0,00315
Mithin der gesuchte Streichsinus			= 8,98760 m = 8,988 m.

Hier wird die halbe Differenz subtrahirt, weil der Streichsinus von 153° 17′ 30″ kleiner ist, als der Streichsinus von 153° 15′. Wenn also die Tafelwerthe wachsen, so addire man die halbe Differenz zu dem kleineren Werthe; nehmen dagegen die Tafelwerthe ab, so subtrahire man dieselbe von dem gröfseren Werthe.

Beispiel 8.

Seite 63. No. 8. Wie grofs ist der Streichcosinus für den Streichwinkel von 153° 17′ 30″ und 19,997 m Sohle?

Für diesen Streichwinkel ist

auf Seite 27 der Streichcosinus für	19	= 16,9666	+ 62 = 16,9728
„ „ 26 „ „ „	0,9	= 0,80368	+ 29 = 0,80397
„ „ 26 „ „ „	0,09	= 0,08037	+ 3 = 0,08040
„ „ 26 „ „ „	0,007	= 0,00625	+ 0 = 0,00625
Mithin der gesuchte Streichcosinus			= 17,86342 m = 17,863 m.

Hier wird die halbe Differenz addirt, weil der Streichcosinus von 153° 17′ 30″ gröfser ist als der Streichcosinus von 153° 15′.

Der Anfänger möge diese acht Beispiele ganz durchrechnen, weil ein Beispiel sich auf das andere stützt.

Beispiel 9.

Seite 63. No. 6 und 10. Welche Vorzeichen haben die Streichsinus und Streichcosinus der Streichwinkel West 73° 7′ 30″ und Ost 124° 12′ 30″?

Der Streichsinus des Streichwinkels West 73° 7′ 30″ hat nach Seite 30 und der Streichcosinus desselben Winkels nach Seite 8 das negative Vorzeichen.

Der Streichsinus des Streichwinkels Ost 124° 12′ 30″ hat nach Seite 24 das positive und der Streichcosinus desselben Winkels nach Seite 14 das negative Vorzeichen.

Diese Vorzeichen stehen in dem Kopfe und Fufse der beiden ersten und letzten Vertikalkolonnen jeder Seite über und unter den betreffenden Winkeln.

Beispiel 10.

Fig. 4. Von einem Abgebepfahl A aus ist unter irgend einem Streichwinkel mittelst einer 19,2 m langen, söhligen Linie der Mittelpunkt eines Schachtes B anzugeben; bei der Aufstellung des Winkelinstrumentes auf dem Punkte A wird gefunden, dass das Terrain in der angegebenen Richtung 28° 45′ Gefälle hat; wie viele Meter müssen von A aus in der Richtung des Streichwinkels und unter dem gefundenen Fallwinkel abgemessen werden, damit die söhlige Entfernung zwischen den Punkten A und B 19,2 m betrage?

Fig. 4.

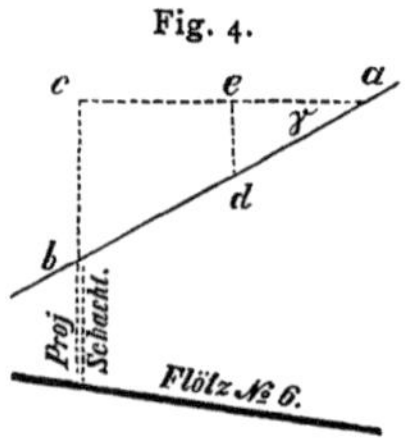

Es ist also die Sohle $AC = 19{,}2$ m und der Winkel $\gamma = 28°\,45'$; gesucht wird $AB = x$.

Man nehme AD etwa = 10 m an und ziehe DE parallel BC.

Nun ist auf Seite 26 die Sohle AE für die Länge AD von 10 m und den Vertikalwinkel von $28°\,45' = 8{,}7673$, und da $AD : AE = AB : AC$, so ist auch

$$10 : 8{,}7673 = x : 19{,}2, \text{ mithin } x = \frac{10 \cdot 19{,}2}{8{,}7673} = 21{,}900 \text{ m}.$$

Misst man also von A aus in der angegebenen Richtung eine 28° 45′ geneigte Länge von 21,9 m ab, so erhält man den gesuchten Mittelpunkt des Schachtes. Um die Instrumentenhöhe unberücksichtigt lassen zu können, verwende man auf dem Punkte B einen Visirstab, an welchem erstere markirt ist und einvisirt werden kann. Hat das Terrain verschiedene Neigungen, so muss die Operation stückweise vorgenommen werden.

In ähnlicher Weise verfahre man, wenn unter Tage derartige Angaben zu machen sind.

Beispiel 11.

Fig. 5. An die Linie AB soll im Punkte A irgend ein Winkel, beispielsweise der Winkel von 44° 10′ angelegt werden.

Fig. 5.

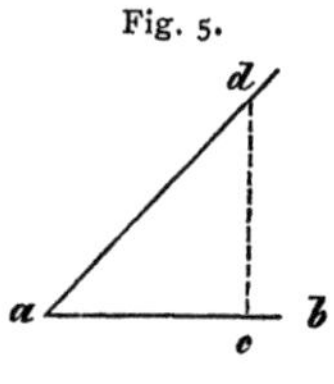

Man trage von A aus den Cosinus von 44° 10′ für eine beliebig grofse Länge als Hypotenuse, z. B. für 20 m auf AB nach einem verjüngten Mafsstab bis C ab; derselbe ist nach Seite 21 = 14,346 m.

Nun errichte man in C ein Perpendikel, trage auf diesem für die gleiche Länge von 20 m den Sinus von 44° 10′, der nach Seite 19 = 13,935 ist, bis zum Punkte D ab, und verbinde D mit A, dann ist der Winkel DAC = 44° 10′. Durch diese Art der Auftragung werden jedenfalls genauere Resultate erzielt, als durch die Benutzung des Transporteurs.

5. Erläuterung und Gebrauch der Tafeln II und III. (Seite 40—45.)

Diese Tafeln dienen zur Verwandlung der Stunden in Grade, sowie der Grade in Stunden und vermitteln unter Anderem die Berechnung der Längen und Breiten der Polygone oder Polygonzüge, deren Winkel mit dem Stundencompass gemessen sind, nach der Tafel I.

In der Tafel II stehen die Stunden in der obersten Horizontalkolonne und die Achtel- und Sechszehntel-Achtel-Stunden für die gewöhnliche Observation in den beiden ersten Vertikalkolonnen jeder Seite, die Sechszehntel-Achtel mit verschärfter Observation aber in der dritten Vertikalkolonne. Die Vertikalkolonnen unter den Stunden enthalten die Grade, zu welchen die Minuten und Sekunden in den beiden letzten Hauptvertikalkolonnen gehören. Die vorletzte Hauptvertikalkolonne jeder Seite enthält die Minuten und Sekunden für die gewöhnliche Observation und die letzte Hauptvertikalkolonne jeder Seite die Minuten und Sekunden für die verschärfte Observation. Wo sich die Vertikalkolonnen unter den Stunden und die Horizontalreihen der Unterabtheilungen derselben schneiden, da sind die

Grade und in einer der beiden letzten vertikalen Hauptkolonnen derselben Horizontalreihe die Minuten und Sekunden abzulesen. Ist die Stelle für die Grade frei, dann gelten die nächsten über derselben stehenden Grade.

Ueber einzelnen Minuten der letzten vertikalen Hauptkolonne bemerkt man einen horizontalen Strich. Derselbe zeigt an, dass zu diesen Minuten und den zu ihnen gehörenden Sekunden die nächstfolgenden Grade abzulesen sind.

Die Einrichtung der Tafel III ist dieselbe wie die der Tafel II, nur enthält erstere keine Kolonnen für eine verschärfte Observation, dagegen sind in den beiden ersten Hauptvertikalkolonnen die beiden gebräuchlichen Arten der Ablesung angegeben.

Beispiel 12.

Wie viele Grade, Minuten und Sekunden sind 9 Stünden 1 Achtel nnd 11 Sechszehntel-Achtel? (1 Stunde = 128 Theile.)

Nach obigen Erläuterungen sind 9 Stunden 1 Achtel und 11 Sechszehntel-Achtel auf Seite 40 = 138° 9′ 50,625″.

Beispiel 13.

Wie viele Grade, Minuten und Sekunden sind 9 Stunden 1 Achtel und 11,5 Sechszehntel-Achtel?
Nach obigen Erläuterungen sind h. 9. 1. 11,5 auf Seite 40 = 138° 13′ 21,5625″.

Beispiel 14.

Wie viele Grade, Minuten und Sekunden sind 5 Stunden 2 Achtel und 2,5 Sechszehntel-Achtel?
Nach der Erläuterung über den Strich auf den Köpfen einzelner Minuten in der letzten Hauptvertikalkolonne der Tafel II sind h. 5. 2. 2,5 auf Seite 40 = 79° 2′ 34,6875″.

Beispiel 15.

Wie viele Grade, Minuten und Sekunden sind 4 Stunden 14 Sechszehntel und 3 Zwölftel-Sechszehntel? (1 Stunde = 192 Theile.)
Es sind auf Seite 45 h. 4. 14. 3 = 73° 21′ 33,75″.

6. Erläuterung und Gebrauch der Tafeln IV bis IX. (Seite 46 und 47.)

Diese Tafeln dienen zur Verwandlung der Grade, Minuten und Sekunden in Stunden und deren Unterabtheilungen nach beiden Theilungen des Compasses. Die Tafeln IV und VII enthalten die Stunden und die Unterabtheilungen derselben für 1 bis 180 ganze Grade. Die Grade stehen in der ersten Vertikalkolonne jeder Hauptkolonne und die Stunden neben den Graden in der zweiten Vertikalkolonne. Die Werthe der Unterabtheilungen der Stunden stehen in den beiden letzten Vertikalkolonnen jeder Seite und müssen allen auf gleicher Horizontalreihe stehenden Stunden hinzugefügt werden.

Beispiel 16. (Seite 46.)

Wie viele Stunden, Achtel und Sechszehntel-Achtel sind 103° 46′ 30″?

Nach Tafel IV sind 103°	= h. 6. 6.	14,933
„ „ V „ 46′	=	6,542
„ „ VI „ 30″	=	0,071
mithin 103° 46′ 30″	= h. 6. 7.	5,546.

Beispiel 17. (Seite 47.)

Wie viele Stunden, Sechszehntel und Zwölftel-Sechszehntel sind 110° 38′ 45″.

Nach Tafel VII sind 110°	= h. 7. 5.	4,0
„ „ VIII „ 38′	=	8,107
„ „ IX „ 45″	=	0,160
mithin 110° 38′ 45	= h. 7. 6.	0,267.

Wenn es nicht auf grofse Genauigkeit ankommt, dann lassen sich die Verwandlungen der Grade, Minuten und Sekunden in Stunden und deren Unterabtheilungen nach beiden Theilungen des Compasses auch mittelst der Tafeln II und III ohne Addition vornehmen. Man suche alsdann den in diesen Tafeln dem zu verwandelnden Winkel sich am meisten nähernden Winkelwerth und lese die dazu gehörigen Stunden und Theile derselben ab.

7. Erläuterung und Gebrauch der Tafel X. (Seite 50 bis 55.)

Die Tafel X giebt die Tangenten und Cotangenten für die von Minute zu Minute wachsenden Winkel von 0 bis 90° an. In der oberen Horizontalreihe und der linken Vertikalkolonne der Seiten 50 bis 55 stehen die Grade und Minuten für die Tangenten und in der unteren Horizontalreihe und der rechten Vertikalkolonne derselben Seiten die Grade und Minuten für die Cotangenten. Die fünfzehn mittleren Vertikalkolonnen jeder Seite enthalten die Werthe der Tangenten und Cotangenten, und zwar ist jede Zahl dieser Kolonne

1) die Tangente für die in gleicher Vertikalkolonne über ihr stehenden Grade und die mit ihr auf gleicher Horizontallinie links stehenden Minuten,
2) die Cotangente für die in gleicher Vertikalkolonne unter ihr stehenden Grade und die mit ihr auf gleicher Horizontallinie rechts stehenden Minuten.

Die in gleicher Vertikalkolonne oben und unten stehenden Grade mit den zu denselben gehörigen auf gleicher Horizontallinie links und rechts stehenden Minuten ergänzen sich zu 90°. Die Werthe der Tangenten werden von oben herunter und die Werthe der Cotangenten von unten herauf gelesen

Fig. 6. Sind in einem rechtwinkligen Dreieck die Katheten bekannt, so findet man nach der Tafel X aus den Quotienten der Werthe der Katheten die denselben gegenüber liegenden Winkel.

Fig. 6.

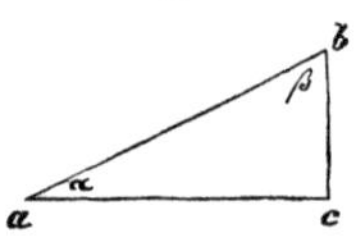

Sind AC und BC gegeben, so ist

$$\operatorname{tg}\alpha = \frac{BC}{AC} \text{ und } \operatorname{tg}\beta = \frac{AC}{BC},$$

oder auch

$$\operatorname{ctg}\alpha = \frac{AC}{BC} \text{ und } \operatorname{ctg}\beta = \frac{BC}{AC}.$$

Beispiel 18.

Fig. 7. Es sei die Gröfse eines Winkels $DAB = \alpha$ zu bestimmen.

Fig. 7.

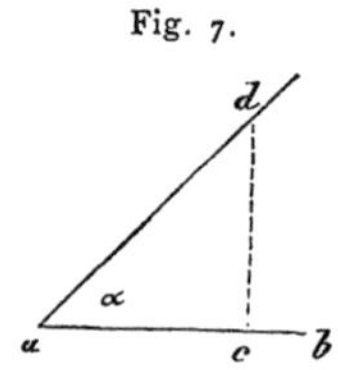

Man fälle aus dem willkürlich gewählten Punkte D des einen Winkelschenkels auf den anderen Winkelschenkel AB das Perpendikel DC und ermittele nach einem beliebigen verjüngten Mafsstab die Längen der Linien DC und AC. Es sei $DC = 13{,}94$ m und $AC = 14{,}35$ m, dann ist $\operatorname{tg}\alpha = \frac{13{,}94}{14{,}35} = 0{,}9714$.

Nun suche man in der Tafel X auf Seite 52 den dieser Zahl sich am meisten nähernden Tangentenwerth 0,9713, verfolge die Vertikalkolonne, in welcher letzterer steht, nach oben und die Horizontallinie nach links, so findet man den Winkel $\alpha = 44°\,10'$.

Beispiel 19.

Fig. 8. Es sei durch ein Zug, welcher zur Angabe eines Gegenortes zwischen den Punkten A und B ausgeführt ist, die Seigerteufe $BC = 3{,}192$ m und die Sohle $AC = 5{,}839$ m gefunden worden; wie grofs ist der Vertikalwinkel γ, unter welchem von A aus aufgefahren werden muss, um bei B durchschlägig zu werden?

Fig. 8.

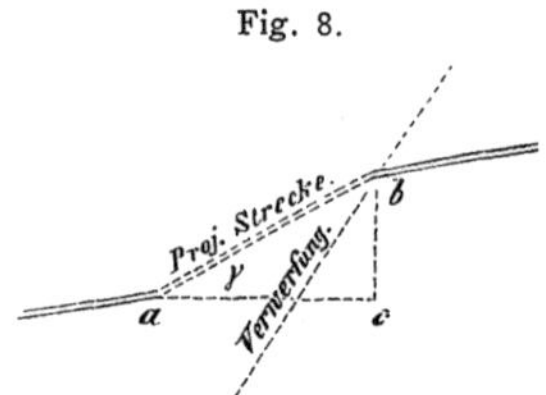

$$\operatorname{tg}\gamma = \frac{BC}{AC} = \frac{3{,}192}{5{,}839} = 0{,}5467.$$

Sucht man hierzu nach der Angabe im vorigen Beispiel den Winkelwerth, so findet man denselben auf Seite 51 = 28° 40'.

Beispiel 20.

Fig. 9.

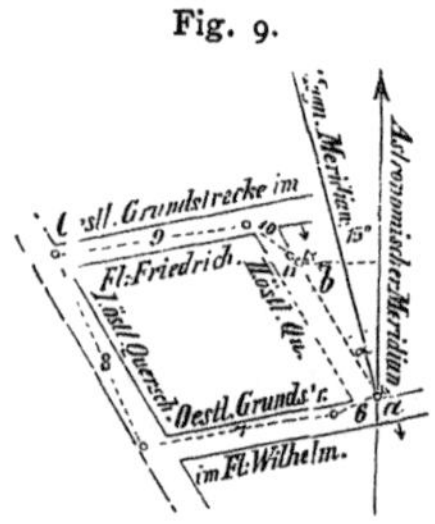

Fig. 9. In dem Beispiel auf Seite 63 ist die Magnetlinie (astronomischer Meridian) als Coordinatenachse, und der Anfangspunkt a des Zuges 6 als Nullpunkt der Coordinaten angenommen worden. Ist nun b das Ende des Zuges 11, und bezeichnet man die algebraische Summe aller Streichsinus mit S und aller Streichcosinus mit S_1, so bilden S und S_1 die Katheten eines rechtwinkligen Dreiecks in der durch den Punkt a gelegten Horizontalebene, und es ergiebt sich der Winkel α, den die Hypotenuse ab dieses rechtwinkligen Dreiecks mit dem astronomischen Meridian bildet, aus der Formel

$$\text{tg}\,\alpha = \frac{S}{S_1} = \frac{-\ 7,779}{+\ 13,058} = -\ 9,5957.$$

Den dem absoluten Tangentenwerthe 0,5957 entsprechenden Winkel findet man auf Seite 52 $= 30°\,47'$, und die Streichung der Linie ab gegen den magnetischen Meridian ist in diesem Falle $=$ West $(180° - 30°\,47' + 15°) =$ West $164°\,13'$ oder auch für den Fall des Observirens bis zu $360°$ $= 164°\,13' + 180° = 344°\,13'$ ohne Weltgegend, unter welchem Winkel die projektirte Verbindungsstrecke ab von a aus aufzufahren sein würde. Von b aus nach a würde der Streichwinkel Ost $164°\,13'$ oder für den zweiten Fall des Observirens $= 164°\,13'$ sein.

Beispiel 21.

Fig. 10.

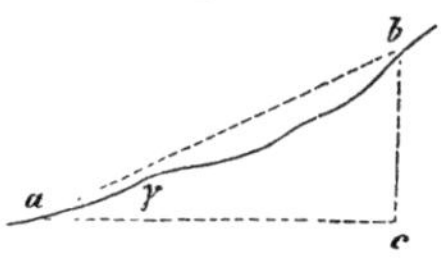

Fig. 10. Die söhlige Entfernung von A nach B sei gleich 64,231 m und der Vertikalwinkel $BAC = 24°\,6'$; wie grofs ist die Seigerteufe BC?

$$\text{tg}\,\gamma = \frac{BC}{AC},\ \text{mithin}\ BC = AC\ \text{tg}\,\gamma = 64,231\ \text{tg}\,24°\,6'.$$

Sucht man nun in Tafel X auf Seite 51 den Werth der Tangente von $24°\,6'$, so findet man 0,4473, mithin ist $BC = 64,231 \times 0,4473 = 28,731$ m.

Beispiel 22.

Die söhlig gemessene Länge eines gleichmäfsig fallenden Grabens betrage 128,34 m und die Höhendifferenz seiner Endpunkte 1,086 m; wie grofs ist sein Fallwinkel γ?

$$\text{Es ist tg}\,\gamma = \frac{1,086}{128,340} = 0,0085.$$

Der nächste Werth ist in der Tafel X auf Seite $50 = 0,0084$, und der dazu gehörige Winkel $0°\,29'$.

Beispiel 23.

Fig. 11.

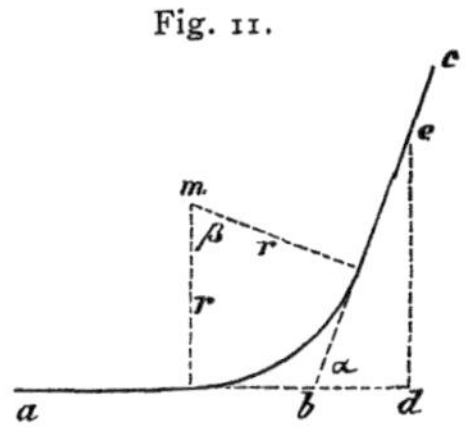

Fig. 11. Die verlängerten Mittellinien AB und BC zweier Wege sollen durch eine Kurve, deren Radius r ist, verbunden werden; wie grofs ist der Mittelpunktswinkel β?

Man verlängere AB beliebig, z. B. um $BD = 6,40$ m und errichte in D mittelst der Kreuzscheibe oder des Winkelspiegels das Perpendikel DE, dessen Länge sich auf 16,83 m ergeben möge.

$$\text{Dann ist}\ \measuredangle\,\beta = \measuredangle\,\alpha,\ \text{und ctg}\,\alpha = \frac{6,40}{16,83} = 0,3803.$$

Sucht man nun in der Tafel X den Werth 0,3803, so findet man auf Seite 51 als nächsten Werth 0,3802. Verfolgt man die Vertikalkolonne, in der dieser Werth steht, nach unten und die Horizontallinie nach rechts, so findet man den gesuchten Winkel $= 69°\,11'$.

Man kann auch den Winkel für den Cotangentenwerth 0,3803 durch Interpolation genauer fin den Es liegt 0,3803 zwischen den in der Tafel auf einander folgenden Werthen 0,3805 und 0,3802, zu denen die Winkel $69°\,10'$ und $69°\,11'$ gehören. Die Differenz 3 zwischen beiden Cotangenten entspricht der Winkeldifferenz von 1 Minute. Nun liegt zwischen 0,3805 und 0,3803 die Differenz 2, mithin ist: $3:1 = 2:x$, oder $x = 0,67'$.

Diese $0,67'$ sind zu $69°\,10'$ zu addiren, mithin ist der wirkliche Winkel für den Cotangentenwerth $0,3803 = 69°\,10,67' = 69°\,10'\,40''$.

8. Erläuterung und Gebrauch der Tafeln XI und XII. (Seite 58—61.)

Diese Tafeln dienen zur Verwandlung der Lachter in Meter und der Meter in Lachter, und sind beide ganz gleichmäfsig eingerichtet. In der ersten Vertikalkolonne jeder Seite stehen die von 10 zu 10 wachsenden Lachter resp. Meter und in der obersten Horizontalreihe die zu diesen gehörenden Einer. Wo sich die Horizontalreihen und die Vertikalkolonnen schneiden, da ist der Werth der Meter und Lachter für die entsprechenden Lachter resp. Meter.

Folgende Beispiele erläutern den Gebrauch.

Beispiel 24.

Wie viele Meter sind 325 Lachter?

Man suche auf Seite 58 in der ersten **Vertikalkolonne** 320 und in der obersten Horizontalreihe 5. Wo sich beide schneiden, findet man 680,016 **Meter.**

Beispiel 25.

Wie viele Lachter sind 7,78 Meter?

Man suche auf Seite 61 in der ersten Vertikalkolonne 770 und in der obersten Horizontalreihe 8. Wo sich beide schneiden, findet man für 778 Meter als gleich grofsen Werth 371,829 Lachter, mithin sind 7,78 Meter = 3,718 Lachter, wobei also das Komma im Werthe der Lachter um ebenso viele Stellen nach links gerückt wird, als im Werthe der Meter.

Beispiel 26.

Wie viele Meter sind 387,567 Lachter?

Man suche in der bereits erläuterten Weise den Meterwerth für 387 Lachter und entnehme die Meterwerthe für die Decimalstellen aus der obersten Horizontalreihe der Seite 58 durch entsprechendes Versetzen der Kommata.

Es sind 387	Lachter =			809,742 m
„ „ 5	„ = 10,462,	mithin	0,5 =	1,0462
„ „ 6	„ = 12,554,	„	0,06 =	0,12554
„ „ 7	„ = 14,646,	„	0,007 =	0,01465
also 387,567	Lachter =			810,92839 m oder = 810,928 m.

Beispiele aus der Praxis des Bergbaus.

Beispiel 27.
Projektion der Streichungslinie einer Lagerstätte.

Fig. 12. Es soll die Lage der Streichungslinie OM einer Lagerstätte MN, deren Fallwinkel α ist, in einer um n Meter tieferen Sohle dargestellt werden.

Fig. 12.

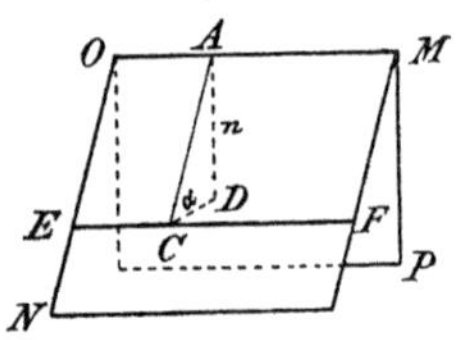

Auflösung durch Rechnung. Man lege durch MO die Seigerebene OP, ziehe aus einem beliebigen Punkte A der Linie MO in dieser Ebene die Vertikale AD = n, lege durch AD eine Ebene ADC rechtwinklig auf MO, welche die Ebene der Lagerstätte in AC schneidet, errichte in dieser Ebene aus D auf DA das Perpendikel DC und ziehe durch C die Linie EF parallel OM, dann ist EF die gesuchte Streichungslinie, CD ihr söhliger Abstand von der Vertikalen AD, und der Winkel ACD der Fallwinkel α der Lagerstätte.

Es ist also $$\operatorname{tg}\alpha = \frac{n}{CD}, \text{ mithin } CD = \frac{n}{\operatorname{tg}\alpha} = n \operatorname{ctg} a.$$

Ist n = 35 m und $\alpha = 40°$, so ist CD = 35 ctg 40°.

Nach Seite 53 ist ctg 40° = 1,1918, mithin CD = 35 · 1,1918 = 41,71 m.

Der rechtwinklige söhlige Abstand der Streichungslinie EF der Lagerstätte MN in der um n Meter tieferen Sohle von der Vertikalprojektion der Linie MO in dieser Sohle beträgt also 41,71 m.

Auflösung durch Konstruktion*). Fig. 13. Von einem beliebigen Punkte A der Streichungslinie OM schneide man auf OM die Länge n der gegebenen Seigerteufe = AB ab, lege in B an BA das Komplement $90 - \alpha$ des Fallwinkels α der Lagerstätte, so dass die Richtung BC entsteht, ziehe AC rechtwinklig auf AB und durch den Schnittpunkt C der beiden Linien AC und BC mit OM die Parallele EF, so ist diese die verlangte Streichungslinie.

Fig. 13.

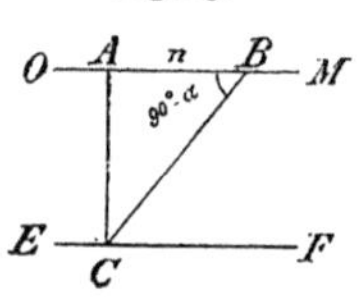

Beweis. Denkt man sich das Dreieck ABC in AC vertikal aufgerichtet und durch B eine Parallele mit OM gezogen, so ist diese die Richtung der ursprünglichen Streichungslinie OM, und der Winkel ACB der Fallwinkel α der Lagerstätte.

---

*) Obschon die Konstruktion dieser Aufgabe und der folgenden hier, streng genommen, nicht zu erscheinen braucht, da sie mit den Zahlenwerthen dieser Tafeln nichts gemein hat, so schien ihre Darstellung der Vollständigkeit und ihrer häufigen Anwendung wegen doch zweckmäfsig zu sein.

Beispiel 28.

Ermittelung des Streichens einer diagonalen Strecke in einem Flötze aus dessen Streichen und Einfallen und dem Fallwinkel der Diagonale.

Fig. 14 und 15. Auf einem Flötze mit gegebenem Streichen und Fallen ist eine diagonale Strecke unter einem bestimmten Winkel aufzufahren.

Es soll das Streichen der Diagonale ermittelt werden.

Auflösung durch Rechnung. Es sind zur Auflösung dieser Aufgabe folgende vier Ebenen dargestellt worden.

Fig. 14.

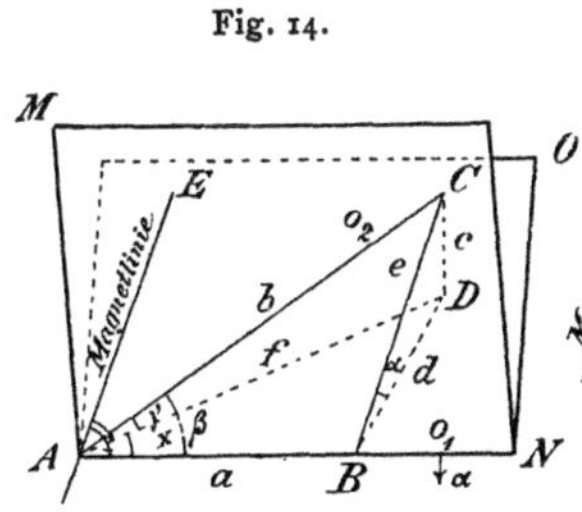

Fig. 15.

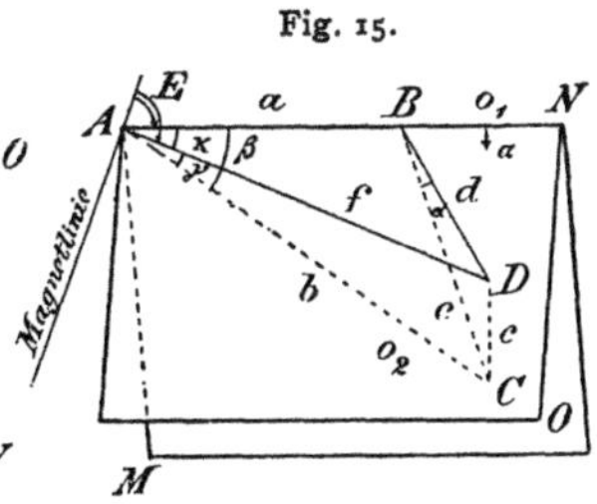

1. Die flache (geneigte) Ebene MN als das Liegende eines Flötzes mit dem Fallwinkel α.

2. Die söhlige Ebene AO, welche die Ebene MN in der Linie AN schneidet. AN ist daher die Richtung der Streichungslinie des Flötzes MN.

3. Die seigere Ebene ACD, welche die Ebene MN in der diagonalen Linie AC und die Ebene AO in der söhligen Linie AD schneidet. Der Winkel CAD $= \gamma$ ist daher der Fallwinkel der Diagonale AC. In Fig. 14 steigt die Diagonale von A aus an, und in Fig. 15 fällt sie von A aus ein.

4. Die seigere Ebene BCD rechtwinklig zu AN, welche die Ebene MN in der flachen Linie BC, die Ebene AO in der söhligen Linie BD und die Ebene ACD in der seigeren Linie CD schneidet. Da DB rechtwinklig zu AN ist, so bildet der Winkel CBD den Fallwinkel α des Flötzes.

Gegeben sind die Streichwinkel o_1 der Linie AN, also der Winkel EAN, welchen AN mit der magnetischen Nordrichtung AE bildet, und die Winkel α und γ.

Gesucht wird der Streichwinkel o_2 der Linie AC, also der Winkel EAD, oder auch der söhlige Winkel x als Differenz der beiden Streichwinkel o_1 und o_2.

Um Verwechselungen mit den reducirten Streichwinkeln ν_n und den sonstigen Winkeln gegenüber Unklarheiten in den Figuren zu vermeiden, sind alle Streichungen o_n an die Linien geschrieben worden, für welche sie gelten, dieselben mögen söhlig oder geneigt sein.

Es ergeben sich folgende Gleichungen:

$$\sin x = \frac{d}{f}. \tag{1}$$

$$\operatorname{tg} \alpha = \frac{c}{d}, \text{ mithin } d = \frac{c}{\operatorname{tg} \alpha}. \tag{2}$$

$$\operatorname{tg} \gamma = \frac{c}{f}, \text{ mithin } f = \frac{c}{\operatorname{tg} \gamma}. \tag{3}$$

Setzt man in (1) die Werthe aus (2) und (3), so ist

$$\sin x = \frac{c}{\operatorname{tg} \alpha} : \frac{c}{\operatorname{tg} \gamma} = \frac{\operatorname{tg} \gamma}{\operatorname{tg} \alpha} = \operatorname{tg} \gamma \operatorname{ctg} \alpha. \tag{4}$$

Hat die Lagerstätte MN ein Fallen von 26° 40′, und die Diagonale AC eine Neigung von 11° 15′, so ist nach (4)

$$\sin x = \operatorname{tg} 11^\circ 15' \operatorname{ctg} 26^\circ 40'.$$

Nach Seite 50 ist tg 11° 15′ = 0,1989 und nach Seite 54 ctg 26° 40′ = 1,9912, mithin

$$\sin x = 0{,}1989 \cdot 1{,}9912 = 0{,}3960.$$

Zu dem Sinus 0,3960 gehört nach Seite 10 ein Winkel von 23° 20′ (23° 19′ 57″). Da sich jede der Streichrichtungen AN und AD auf die Magnetlinie bezieht, so ist

$$\pm (o_1 - o_2) = x. \tag{5}$$

Das obere Zeichen gilt für Fig. 14 und das untere für Fig. 15.

Aus (5) folgt

$$o_2 = o_1 \mp x. \tag{6}$$

Ist der Streichwinkel o_1 der Lagerstätte z. B. = Ost 70° 10′, so ist der Streichwinkel o_2 der Diagonale in Fig. 13 = Ost 70° 10′ — 23° 20′ = Ost 46° 50′, und in Fig. 14 = Ost 70° 10′ + 23° 20′ = Ost 93° 30′.

Auflösung durch Konstruktion. Fig. 16 und 17. An eine beliebige Linie AE lege man im Punkte A den Fallwinkel γ der Diagonale entweder oberhalb in Fig. 16 oder unterhalb in Fig. 17, je nachdem die Diagonale steigen oder fallen soll, so dass die Richtung AC entsteht, errichte in einem beliebigen Punkte D der Linie AE das Perpendikel DC, lege in C an CD das Komplement $90° - \alpha$ des Fallwinkels α der Lagerstätte, so dass sich CE bildet, schlage um D mit DE einen Kreisbogen EB, konstruire über AD einen Halbkreis, welcher den Bogen EB in B schneidet und ziehe AB, alsdann ist der Winkel BAD = x, AB das Streichen des Flötzes, und AD das Streichen der Diagonale.

Fig. 16.

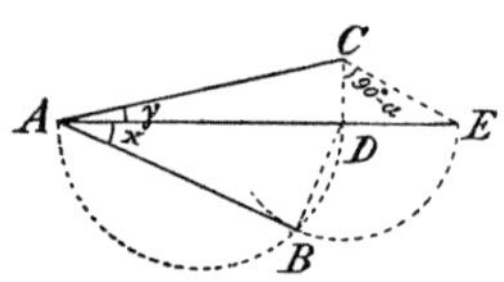

Fig. 17.

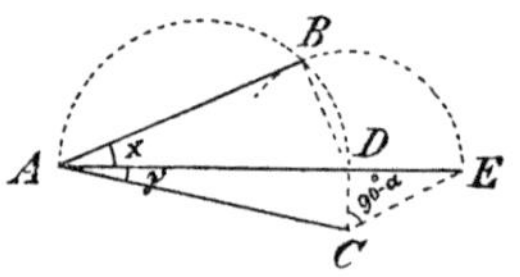

Beweis. Denkt man sich das Dreieck CAE in AE vertikal gerichtet, und zwar in Fig. 16 aufwärts und in Fig. 17 abwärts, und das Dreieck CDE um CD so gedreht, dass DE in DB liegt, dann sind die Bedingungen der Aufgabe erfüllt. Es ist dann AB das Streichen des Flötzes und AD das Streichen der Diagonale.

Macht man die Konstruktion auf starkem Papier, schneidet die Figur ABDEC aus und die Linien AD und CD, in Fig. 16 auf der Rückseite und in Fig. 17 auf der Vorderseite bis zur halben Papierstärke ein und stellt die Dreiecke in vorstehender Anordnung zusammen, so erhält man eine anschauliche körperliche Darstellung der Aufgabe.

Auflösung 2 durch Rechnung. Die Formel (4) kann auch mit Hülfe der sphärischen Trigonometrie gefunden werden, wie folgt.

Fig. 18.

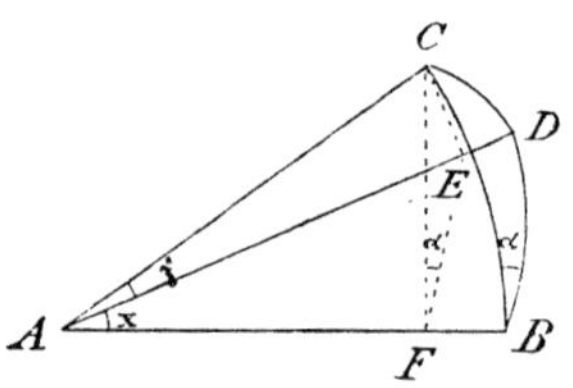

Fig. 18. Um die körperliche Ecke CADB der Fig. 14 sei eine Kugel gelegt und aus C seien auf AB und AD die Perpendikel CF bezw. CE gefällt, dann ist ∡ CEF ein Rechter und ∡ α das Einfallen des Flötzes; die übrigen Winkel haben in beiden Figuren gleiche Bedeutung.

Es ergeben sich nun folgende Gleichungen:

$$\operatorname{tg}\alpha = \frac{\mathrm{CE}}{\mathrm{EF}} = \frac{\sin\gamma}{\mathrm{AE}\sin \mathrm{x}} = \frac{\sin\gamma}{\cos\gamma\sin \mathrm{x}} = \frac{\operatorname{tg}\gamma}{\sin \mathrm{x}},$$

$$\sin \mathrm{x} = \frac{\operatorname{tg}\gamma}{\operatorname{tg}\alpha} = \operatorname{tg}\gamma \operatorname{ctg}\alpha.$$

Diese Gleichung stimmt mit (4) überein.

Beispiel 29.

Ermittelung des Fallwinkels einer diagonalen Strecke in einem Flötze aus dessen Streichen und Einfallen und dem Streichen der Diagonale.

Fig. 14 und 15. Auf einem Flötze MN mit gegebenem Streichen o_1 und Einfallen α ist eine Diagonale AC in einer bestimmten Streichungsrichtung o_2 aufzufahren. Es soll der Fallwinkel γ der Diagonale ermittelt werden.

Auflösung durch Rechnung. Nach (5) ist wieder $\pm(o_1 - o_2) = \mathrm{x}$. (7)
Das obere Zeichen gilt auch hier für Fig. 14, das untere für Fig. 15.

Nach (4) ist $$\sin \mathrm{x} = \frac{\operatorname{tg}\gamma}{\operatorname{tg}\alpha}, \text{ mithin } \operatorname{tg}\gamma = \sin \mathrm{x} \operatorname{tg}\alpha. \quad (8)$$

Ist, wie im vorigen Beispiel, $\mathrm{x} = 23°\,20'$ und $\alpha = 26°\,40'$, so ist

$$\operatorname{tg}\gamma = \sin 23°\,20' \operatorname{tg} 26°\,40'.$$

Nach Seite 10 ist $\sin 23°\,20' = 0{,}3961$, und nach Seite 51 $\operatorname{tg} 26°\,40' = 0{,}5022$, mithin

$$\operatorname{tg}\gamma = 0{,}3961 \cdot 0{,}5022 = 0{,}1989.$$

Zur Tangente 0,1989 gehört nach Seite 50 ein Winkel von 11° 15′ (11° 15′ 1″). Die Neigung der Diagonale beträgt also in beiden Fällen 11° 15′.

Auflösung durch Konstruktion. Fig. 19 und 20. Man lege an die Linie AB, welche das Streichen des Flötzes darstellt, im Punkte A den Winkel x an, entweder oberhalb in Fig. 19 oder unterhalb in Fig. 20, je nachdem die Diagonale von A aus steigen oder fallen soll, errichte in einem beliebigen Punkte B das Perpendikel BD, lege in B an BD den Fallwinkel α des Flötzes, errichte in D auf DB das Perpendikel DE, schlage um D mit DE den Kreisbogen EC, errichte in D auf DA das Perpendikel DC und ziehe AC, dann ist der Winkel CAD der gesuchte Fallwinkel der Diagonale.

Fig. 19.

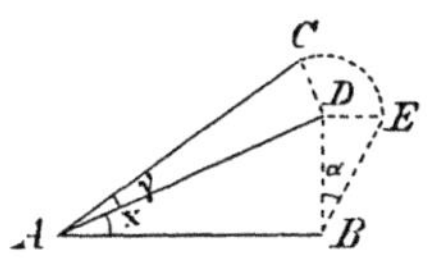

Fig. 20.

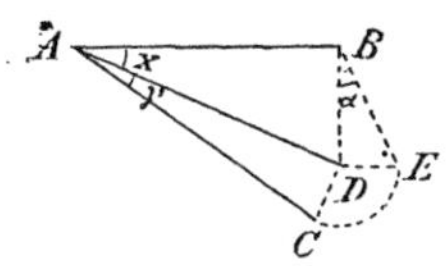

Beweis. Man denke sich die Dreiecke DBE und ADC um BD bezw. AD gedreht und vertikal gerichtet, und zwar in Fig. 19 aufwärts und in Fig. 20 abwärts, so dass DC mit DE zusammenfällt, dann ergiebt sich ohne Weiteres, dass die Bedingungen der Aufgabe erfüllt sind.

Beispiel 30.

Ermittelung des Streichens eines Flötzes aus seinem Einfallen und dem Streichen und Fallen einer in ihm getriebenen diagonalen Strecke.

Fig. 14 und 15. Aus dem Einfallen α eines Flötzes MN sowie dem Streichen o_2 und dem Fallwinkel γ einer Diagonale in diesem Flötze soll das Streichen o_1 desselben bestimmt werden.

Auflösung durch Rechnung. Hierzu ist es nothwendig, den Winkel x zu berechnen.

Nach (4) ist $$\sin x = \operatorname{tg} \gamma \operatorname{ctg} \alpha. \qquad (9)$$

Hat die Lagerstätte MN ein Fallen von 26° 40′, und die Diagonale AC eine Neigung von 11° 15′, so ist
$$\sin x = \operatorname{tg} 11^\circ 15' \operatorname{ctg} 26^\circ 40'.$$

Nach Seite 50 ist $\operatorname{tg} 11^\circ 15' = 0{,}1989$, und nach Seite 54 $\operatorname{ctg} 26^\circ 40' = 1{,}9912$, mithin
$$\sin x = 0{,}1989 \cdot 1{,}9912 = 0{,}3960.$$

Zu dem Sinus 0,3960 gehört nach Seite 10 ein Winkel von 23° 20′ (23° 19′ 57″).

Nach (5) ist $$\pm (o_1 - o_2) = x,$$
mithin $$o_1 = o_2 \pm x. \qquad (10)$$

Ist o_2 in Fig. 14 = Ost 46° 50′ und in Fig. 15 = Ost 93° 30′, so ist das Streichen des Flötzes im ersten Falle = Ost (46° 50′ + 23° 20′) und im zweiten Falle = Ost (93° 30′ — 23° 20′), also in beiden Fällen = Ost 70° 10′.

Auflösung durch Konstruktion. Fig. 16 und 17. Man lege an AE, welches das Streichen der Diagonale sei, im Punkte A den Winkel γ und zwar oberhalb in Fig. 16 und unterhalb in Fig. 17, errichte in einem beliebigen Punkte D das Perpendikel DC, lege in C an CD das Komplement $90^\circ - \alpha$, so dass der andere Schenkel CE in E die Linie AE schneidet, schlage um D mit DE einen Kreisbogen und konstruire über AD einen Halbkreis, verbinde den Schnittpunkt B beider Kreisbogen mit A, so ist AB das Streichen des Flötzes.

Beweis. Verfährt man wieder, wie im Beispiel 28, so sind die Bedingungen der Aufgabe erfüllt. Der Winkel BAE mufs daher die gesuchte Differenz zwischen den Streichwinkeln des Flötzes und der Diagonale, und deshalb AB die Richtung der Streichungslinie des Flötzes sein.

Beispiel 31.

Ermittelung des Fallens eines Flötzes aus seinem Streichen und dem Streichen und Fallen einer in ihm getriebenen diagonalen Strecke.

Fig. 14 und 15. Aus dem Streichen o_1 eines Flötzes MN, sowie dem Streichen o_2 und der Neigung γ einer Diagonale AC in diesem Flötze soll dessen Einfallen α bestimmt werden.

Auflösung durch Rechnung. Nach (5) ist $\pm (o_1 - o_2) = x$.

Ist in Fig. 14 o_1 = Ost 70° 10′ und $o_2 = 46^\circ 50'$, und in Fig. 15 $o_1 = 70^\circ 10'$, dagegen $o_2 = 93^\circ 30'$, so ist $x = 23^\circ 20'$.

Es ist nach (4) $$\sin x = \frac{\operatorname{tg} \gamma}{\operatorname{tg} \alpha}, \text{ mithin } \operatorname{tg} \alpha = \frac{\operatorname{tg} \gamma}{\sin x}. \qquad (11)$$

Ist der Winkel $\gamma = 11^\circ 15'$, so ist $$\operatorname{tg} \alpha = \frac{\operatorname{tg} 11^\circ 15'}{\sin 23^\circ 20'}.$$

Nach Seite 50 ist $\operatorname{tg} 11^\circ 15' = 0{,}1989$, und nach Seite 10 $\sin 23^\circ 20' = 0{,}3961$, mithin
$$\operatorname{tg} \alpha = \frac{0{,}1989}{0{,}3961} = 0{,}5022.$$

Zu der Tangente 0,5022 gehört nach Seite 51 ein Winkel 26° 40′ (26° 39′ 57″). Das Flötz MN fällt also mit 26° 40′ ein.

Auflösung durch Konstruktion. Fig. 21 und 22. Man lege an AE, welches das Streichen der Diagonale sei, in einem beliebigen Punkte A den Winkel γ, und zwar oberhalb in Fig. 21 und unterhalb in Fig. 22, und auf der anderen Seite von AE den Winkel x, errichte in einem beliebigen Punkte D der Linie AE das Perpendikel DC und fälle aus demselben Punkte D auf AB das Perpendikel DB, schlage um D mit DB den Bogen BE und ziehe CE, dann ist Winkel CED der gesuchte Fallwinkel α des Flötzes.

Fig. 21.

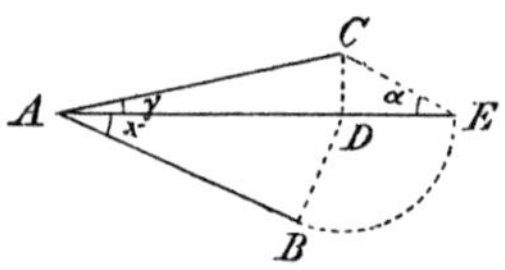

Fig. 22.

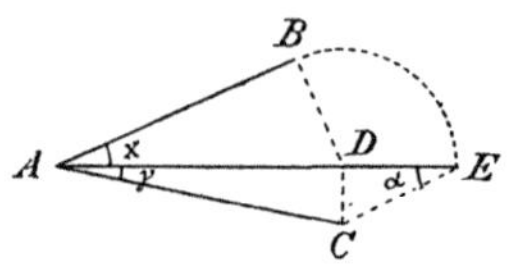

Beweis. Denkt man sich das Dreieck ACE in AE vertikal gerichtet, und zwar in Fig. 21 aufwärts und in Fig. 22 abwärts, und das Dreieck CED um CD so gedreht, dass DE in DB liegt, so sind alle Bedingungen der Aufgabe erfüllt, es muſs mithin α der Fallwinkel der Lagerstätte sein.

Beispiel 32.

Berechnung des kubischen Inhalts von einem Feldestheile einer geneigten Lagerstätte.

Fig. 14 und 15. Es soll das in dem schiefen Dreieck ABC der Lagerstätte MN anstehende Feld berechnet werden.

Gegeben sind der Fallwinkel α einer Lagerstätte MN, der Fallwinkel γ der Diagonale AC in ihr und die Länge AB = a.

Gesucht wird der schiefe Winkel β zwischen AB und AC.

Auflösung durch Rechnung.

Es ist
$$\sin\beta = \frac{e}{b} = \frac{c}{b\sin\alpha} = \frac{b\sin\gamma}{b\sin\alpha} = \frac{\sin\gamma}{\sin\alpha}. \qquad (12)$$

Bezeichnet J den Flächeninhalt des Dreiecks ABC, so ist ferner
$$J = \frac{1}{2}\,ae = \frac{1}{2}\,a^2\,\mathrm{tg}\,\beta. \qquad (13)$$

Hat die Lagerstätte ein Fallen von 26° 40′, und die Diagonale eine Neigung von 11° 15′, so ist nach (12)
$$\sin\beta = \frac{\sin 11^\circ\,15'}{\sin 26^\circ\,40'}.$$

Nun ist nach Seite 6 sin 11° 15′ = 0,1951 und nach Seite 12 sin 26° 40′ = 0,4488, mithin
$$\sin\beta = \frac{0{,}1951}{0{,}4488} = 0{,}4347.$$

Zu dem Sinus 0,4347 gehört nach Seite 12 ein Winkel von 25° 45′ (25° 45′ 57″). Hat AB eine Länge von 200 m und die Lagerstätte eine Mächtigkeit von 1,5 m, so ist nach (13)
$$J = \frac{1}{2}\,200^2\,\mathrm{tg}\,25^\circ\,45' = \frac{1}{2}\,200^2 \cdot 0{,}4823 = 9646 \text{ qm},$$
und der kubische Inhalt des Dreiecks ABC der Lagerstätte = 1,5 · 9646 = 14469 cbm.

Konstruktion des Winkels β. Fig. 23 und 24. An die beliebige Linie AD trage man im Punkte A den Fallwinkel γ der Diagonale, oberhalb in Fig. 23 und unterhalb in Fig. 24, fälle aus einem beliebigen Punkte C der Linie AC ein Perpendikel CD auf AD, trage im Punkte C den Komplementwinkel von α an CD, verlängere AD bis E, schlage um C mit CE einen Kreisbogen EB, konstruire über AC einen Halbkreis und verbinde den Schnittpunkt B mit A, dann ist der Winkel BAC der gesuchte Winkel β.

Fig. 23.

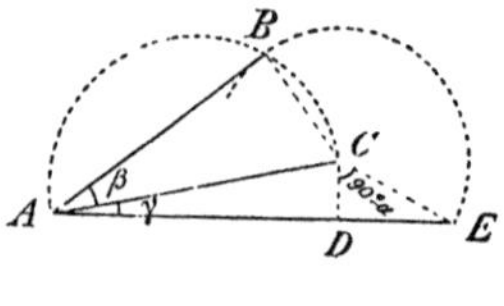

Fig. 24.

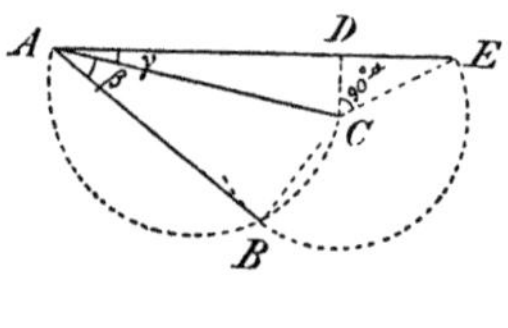

Beweis. Denkt man sich die Figur ABCE ausgeschnitten, das Dreieck ACD in AD vertikal gerichtet, und zwar in Fig. 23 aufwärts und in Fig. 24 abwärts, das Dreieck CDE um CD und das Dreieck ABC um AC in Fig. 23 abwärts und in Fig. 24 aufwärts so gedreht, dass BC mit CE zusammenfällt, dann sind alle Bedingungen der Aufgabe erfüllt. Es muſs aber bewiesen werden, dass bei dem Zusammenlegen das sich bildende Dreieck ABD bei B rechtwinklig wird, d. h. es muſs sein:

$$AD^2 = AB^2 + DE^2 \text{ oder } AB^2 = AD^2 - DE^2.$$

Das ist aber thatsächlich der Fall, denn es ist

$$AB^2 = AC^2 - BC^2 = AD^2 + CD^2 - BC^2 = AD^2 + CE^2 - DE^2 - CE^2 = AD^2 - DE^2.$$

Beispiel 33.

Angabe von Abbaustrecken in einem Flötze.

Fig. 25. Aus einer in gerader Linie streichenden söhligen Strecke AB eines Flötzes sollen diagonale, parallele Abbaustrecken in einem bestimmten rechtwinkligen Abstande DE gleichliegender Stöfse aufgefahren werden. Wie grofs ist die Differenz x des Streichens der Strecke AB und des Streichens AC einer der Abbaustrecken, sowie der Abstand AF zweier benachbarten gleichliegenden Stöfse der Abbaustrecken in der Grundstrecke. Die Figur ist grundrisslich dargestellt.

Fig. 25.

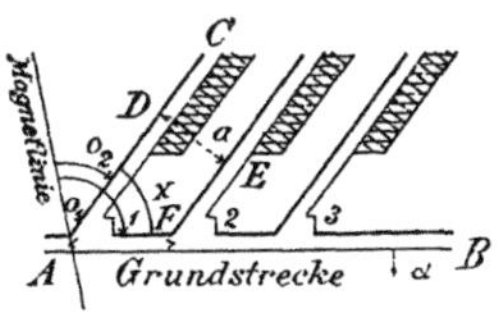

Gegeben sind das Streichen o_1 einer Grundstrecke, der Fallwinkel α des Flötzes, das Ansteigen γ der Abbaustrecken und der rechtwinklige Abstand $DE = a$ zweier benachbarten, gleichliegenden Stöfse der Abbaustrecke. Gesucht werden der Winkel x und der Abstand AF.

Nach (4) ist $$\sin x = \operatorname{tg} \gamma \operatorname{ctg} \alpha. \tag{14}$$

Auch ist $$AF \sin x = a, \text{ mithin } AF = \frac{a}{\sin x}. \tag{15}$$

Nimmt man nun $\alpha = 14^\circ 40'$, $\gamma = 11^\circ 10'$ und $a = 11$ m, so ist nach (14)

$$\sin x = \operatorname{tg} 11^\circ 10' \operatorname{ctg} 14^\circ 40'.$$

Nach Seite 50 ist $\operatorname{tg} 11^\circ 10' = 0{,}1974$ und nach Seite 55 $\operatorname{ctg} 14^\circ 40' = 3{,}8208$, mithin

$$\sin x = 0{,}1974 \cdot 3{,}8208 = 0{,}7542.$$

Zu dem Sinus 0,7542 gehört nach Seite 20 ein Winkel von $48^\circ 57' 30''$ ($48^\circ 57' 31''$).

Nach (15) ist $$AF = \frac{11}{\sin 48^\circ 57' 30''} = \frac{11}{0{,}7542} = 14{,}58 \text{ m}.$$

Hat die Linie AB der Grundstrecke ein Streichen von Ost $100^\circ 30'$, so ist das Streichen o_2 der Abbaustrecken = Ost $(100^\circ 30' - 48^\circ 57' 30'')$ = Ost $51^\circ 32' 30''$, und die Abbaustrecken sind in der Grundstrecke in einem Abstande von 14,58 m von einander anzusetzen.

Die Konstruktion dieser Aufgabe deckt sich mit derjenigen im Beispiel 28.

Da eine söhlige Strecke wohl selten in ihrer ganzen Länge gerade ist, so beziehe man die Berechnung auf irgend ein gerade liegendes Stück derselben, trage das berechnete Streichen einer Abbaustrecke auf dem betreffenden Specialgrundrifs des Flötzes auf und ziehe dann in dem gegebenen Abstande a Parallelen mit der berechneten Streichlinie der Abbaustrecke. Die sich so ergebenden Abstände gleich liegender Stöfse der Abbaustrecken in der söhligen Strecke müssen dann entweder auf dem Risse abgegriffen oder nach den Erläuterungen im Beispiel 33 berechnet werden.

Beispiel 34.

Ermittelung des Streichens und Fallens einer Lagerstätte durch drei Bohrlöcher.

Fig. 26. Eine Lagerstätte MN sei durch drei Bohrlöcher, deren Fufspunkte in der Lagerstätte die Punkte A, B, C darstellen, aufgeschlossen worden. Durch C sei eine söhlige Ebene OP gelegt, und $AD = h$ die seigere Höhe von A, und $BE = h_1$ die seigere Höhe von B über dieser Ebene. AB und DE sind bis zu dem in der Ebene OP gelegenen Schnittpunkte F verlängert, C ist mit F durch eine gerade Linie verbunden, auf diese aus D ein Perpendikel DG gefällt und AG gezogen worden, dann ist CF das Streichen und $AGD = \gamma$ der Fallwinkel der Lagerstätte.

Fig. 26.

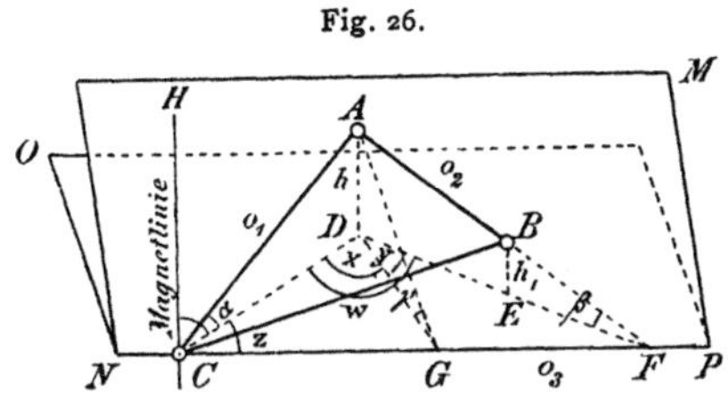

Gegeben sind das Streichen von $CA = o_1$ und von $AB = o_2$, die söhligen Längen von CA und AB, also CD bezw. DE, sowie h und h_1.

Die Höhen h und h_1 ergeben sich aus den durch Nivellements zu ermittelnden gegenseitigen Höhenlagen der Ansitzpunkte der Bohrlöcher und ihren Teufen bis zur Lagerstätte.

Gesucht wird das Streichen von $CF = o_3$ der Lagerstätte und ihr Fallwinkel γ.

Auflösung durch Rechnung. Es sei $\measuredangle$ CDF = w der Unterschied zwischen den Streichungen o_1 und o_2, $\measuredangle$ CDG = x und $\measuredangle$ GDF = y, dann ist

$$x + y = w = o_1 + 180° - o_2. \tag{16}$$

Nun verhält sich

$$h - h_1 : h = DE : DF.$$

$$DF = \frac{h \cdot DE}{h - h_1}. \tag{17}$$

Auch ist

$$\operatorname{tg} \alpha = \frac{h}{CD} \text{ und } \operatorname{tg} \beta = \frac{h}{DF}, \text{ mithin } \frac{\operatorname{tg} \alpha}{\operatorname{tg} \beta} = \frac{DF}{CD}. \tag{18}$$

$$\cos x = \frac{DG}{CD} \text{ und } \cos y = \frac{DG}{DF}, \text{ mithin } \frac{\cos x}{\cos y} = \frac{DF}{CD}. \tag{19}$$

Aus (18) und (19) folgt

$$\frac{\operatorname{tg} \alpha}{\operatorname{tg} \beta} = \frac{\cos x}{\cos y}. \tag{20}$$

Aus (20) folgt

$$\frac{\operatorname{tg}\alpha}{\operatorname{tg}\beta} + 1 = \frac{\cos x}{\cos y} + 1, \text{ mithin } \frac{\operatorname{tg}\alpha + \operatorname{tg}\beta}{\operatorname{tg}\beta} = \frac{\cos x + \cos y}{\cos y} \tag{21}$$

und

$$\frac{\operatorname{tg}\alpha}{\operatorname{tg}\beta} - 1 = \frac{\cos x}{\cos y} - 1, \text{ mithin } \frac{\operatorname{tg}\alpha - \operatorname{tg}\beta}{\operatorname{tg}\beta} = \frac{\cos x - \cos y}{\cos y}. \tag{22}$$

Aus (21) und (22) folgt

$$\frac{\operatorname{tg}\alpha + \operatorname{tg}\beta}{\operatorname{tg}\alpha - \operatorname{tg}\beta} = \frac{\cos x + \cos y}{\cos x - \cos y}$$

oder auch

$$\frac{\frac{\sin\alpha}{\cos\alpha} + \frac{\sin\beta}{\cos\beta}}{\frac{\sin\alpha}{\cos\alpha} - \frac{\sin\beta}{\cos\beta}} = \frac{\sin\alpha\cos\beta + \cos\alpha\sin\beta}{\sin\alpha\cos\beta - \cos\alpha\sin\beta} = \frac{\sin(\alpha+\beta)}{\sin(\alpha-\beta)} = \frac{\cos x + \cos y}{\cos x - \cos y}. \tag{23}$$

Nun setze man $x = s + t$ und $y = s - t$, dann ist $s = \frac{x+y}{2}$ und $t = \frac{x-y}{2}$.

Substituirt man diese Werthe in (23), dann ist

$$\frac{\sin(\alpha+\beta)}{\sin(\alpha-\beta)} = \frac{\cos(s+t) + \cos(s-t)}{\cos(s+t) - \cos(s-t)} = \frac{\cos s \cos t - \sin s \sin t + \cos s \cos t + \sin s \sin t}{\cos s \cos t - \sin s \sin t - \cos s \cos t - \sin s \sin t}$$

$$= \frac{2 \cos s \cos t}{-2 \sin s \sin t} = -\operatorname{ctg} s \operatorname{ctg} t = -\operatorname{ctg}\frac{x+y}{2}\operatorname{ctg}\frac{x-y}{2},$$

also auch

$$\operatorname{ctg}\frac{x-y}{2} = -\frac{\sin(\alpha+\beta)\operatorname{tg}\frac{x+y}{2}}{\sin(\alpha-\beta)} = \frac{\sin(\alpha+\beta)}{\sin(\beta-\alpha)}\operatorname{tg}\frac{x+y}{2} \tag{24}$$

und auch

$$\operatorname{ctg}\frac{y-x}{2} = \frac{\sin(\alpha+\beta)}{\sin(\alpha-\beta)}\operatorname{tg}\frac{x+y}{2}. \tag{25}$$

Die Formel (24) wird gebraucht, wenn β gröſser als α ist, die Formel (25), wenn das Umgekehrte stattfindet.

Es ist also $x + y = w$ bekannt, und $x - y$ oder $y - x$ ergeben sich aus (24) oder (25).

Aus (16) und (24) oder (25) findet man

$$x = \frac{(x+y)}{2} + \frac{(x-y)}{2} \text{ oder} = \frac{(x+y)}{2} - \frac{(y-x)}{2} \tag{26}$$

und

$$y = \frac{(x+y)}{2} - \frac{(x-y)}{2} \text{ oder} = \frac{(x+y)}{2} + \frac{(y-x)}{2}. \tag{27}$$

Auch ist

$$z = 90° - x. \tag{28}$$

Der Fallwinkel kann nach jeder der beiden folgenden Formeln gefunden werden.

$$\operatorname{tg}\gamma = \frac{h}{CD \cos x}, \tag{29}$$

$$\operatorname{tg}\gamma = \frac{h}{DF \cos y}. \tag{30}$$

Es sei CD = 100,8 m, DE = 75,3 m, h = 49,2 m, h_1 = 24,1 m, das Streichen $o_1 = 58° 20'$, und $o_2 = 111° 40'$.

Nach (16) ist $x + y = w = 58° 20' + 180° - 111° 40' = 126° 40'$.

Nach (17) ist $DF = \frac{49{,}2 \cdot 75{,}3}{25{,}1} = 147{,}6$.

Nach (18) ist $\operatorname{tg} \alpha = \frac{49,2}{100,8} = 0,4881$, wozu nach Seite 51 ein Winkel von 26° 1′ (26° 1′ 0″) gehört.

Auch ist nach (18) $\operatorname{tg} \beta = \frac{49,2}{147,6} = 0,3333$, wozu nach Seite 51 ein Winkel von 18° 26′ (18° 26′ 6″) gehört.

Nach (25) ist $\operatorname{ctg} \frac{y-x}{2} = \frac{\sin 44° 27' \operatorname{tg} 63° 20'}{\sin 7° 35'} = \frac{0,7004 \cdot 1,9912}{0,1320} = 10,5654.$

Zur Cotangente 10,5654 gehört nach Seite 55 ein Winkel von 5° 24′ (5° 24′ 23″).

Nun ist $y + x = 126° 40'$

und $\frac{y-x}{2} = 5° 24'$, mithin $y - x = \underline{10° 48'}$

$2x = 115° 52'$ und $x = 57° 56'$ (57° 55′ 37″),

$2y = 137° 28'$ und $y = 68° 44'$ (68° 44′ 23″).

Nach (28) ist $z = 90° - 57° 56' = 32° 4'$ (32° 4′ 23″).

Nach (29) ist $\operatorname{tg} \gamma = \frac{49,2}{100,8 \cos 57° 56'} = \frac{49,2}{100,8 \cdot 0,5312} = 0,9189.$

Zur Tangente 0,9189 gehört nach Seite 52 ein Winkel von 42° 35′ (42° 35′ 21″).

Nach (30) ist $\operatorname{tg} \gamma = \frac{49,2}{147,6 \cos 68° 44'} = \frac{49,2}{147,6 \cdot 0,3624} = 0,9198.$

Zur Tangente 0,9198 gehört nach Seite 52 ein Winkel von 42° 36′ (42° 35′ 22″). Es ist mithin der gesuchte Winkel z = 32° 4′, und der Fallwinkel γ im Mittel = 42° 35′ 30″.

Da nach der Voraussetzung das Streichen o_1 von CA, also der Winkel HCD = 58° 20′ ist, so wird das Streichen o_3 von CF = 58° 20′ + 32° 4′ = 90° 24′.

Wäre BE = 0, so läge B mit C in gleicher Sohle, und nach (17) würde DF = DE sein. Es wäre also in (18) $\operatorname{tg} \beta = \frac{h}{DE}$ und in (19) $\cos y = \frac{DG}{DE}$, alle übrigen Formeln blieben aber bestehen.

Wäre nicht nur $h_1 = 0$, sondern auch noch CD = DE, so würde $\alpha = \beta$ und in (24) oder (25) $\sin(\beta - \alpha)$ bezw. $\sin(\alpha - \beta) = \sin 0 = 0$, und die rechte Seite jeder dieser beiden Gleichungen $= \infty$ also $\operatorname{ctg} \pm \frac{x-y}{2} = \infty$ sein. Das ist aber nur möglich, wenn x = y, also $\operatorname{ctg} \pm \frac{x-y}{2} = \operatorname{ctg} 0$ ist, denn die Cotangente von 0° ist $= \mp \infty$.

Fig. 27.

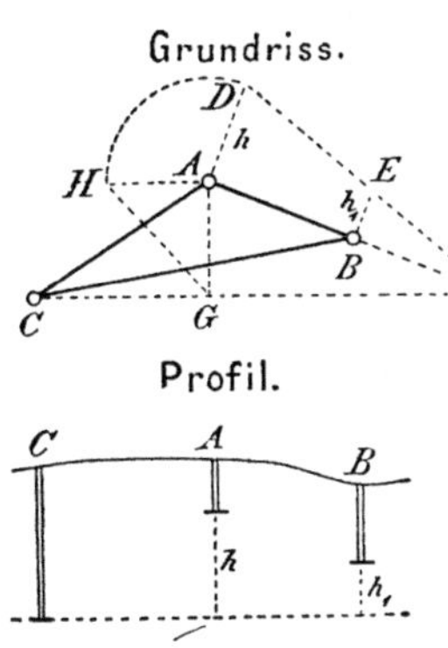

Auflösung durch Konstruktion. Fig. 27. Durch ABC seien die Bohrlöcher im Grundriss und Profil dargestellt, und h und h_1 die Unterschiede der Teufen der Bohrlöcher.

Man errichte AD = h und BE = h_1 rechtwinklig auf AB, ziehe DE und verlängere AB und DE bis zum Schnittpunkte F, ziehe CF fälle aus A auf CF das Perpendikel AG, errichte auf AG das Perpendikel AH = h und ziehe HG, dann ist CF das Streichen der Lagerstätte, und der Winkel AGH = γ ihr Fallwinkel.

Beweis. Man denke sich die Dreiecke ADF und AGH in AF bezw. AG vertikal aufgerichtet, so dass AD mit AH zusammenfällt, dann ist allen Bedingungen der Aufgabe entsprochen worden, mithin ist eine durch CDF gelegte Ebene die Ebene der Lagerstätte, CF ihre Streichungslinie und ∡ AGH ihr Fallwinkel.

Fig. 28.

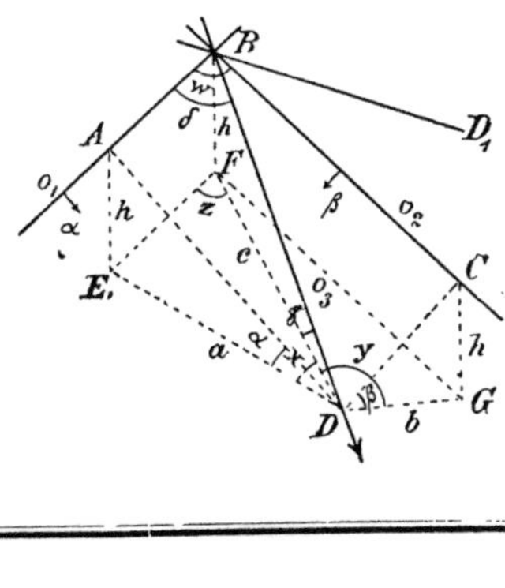

Beispiel 35.

Ermittelung des Streichens und Fallens einer Kreuzlinie.

Fig. 28. Es ist das Streichen BA bezw. BC und das Fallen α bezw. β zweier sich durchsetzenden Gänge oder irgend einer Lagerstätte und einer Verwerfungskluft gegeben, es soll das Streichen und Fallen der Kreuzlinie beider Gänge oder der Lagerstätte und der Verwerfungskluft ermittelt werden.

Auflösung durch Rechnung. Ist ABD die Ebene des Liegenden einer Lagerstätte und α ihr Einfallen, ist ferner BCD die Ebene des Liegenden einer zweiten Lagerstätte oder einer Verwerfungskluft mit dem Einfallen β, und BD die Linie, in welcher sich die beiden Ebenen schneiden, so ist diese die Kreuzlinie.

Zur Ermittelung des Streichens und Fallens der Kreuzlinie sind folgende Konstruktionen erforderlich.

Man nehme in der Kreuzlinie BD einen beliebigen Punkt D an, lege durch ihn eine söhlige Ebene DEFG, fälle auf diese aus B die Höhe BF = h und ziehe DF, dann ist FD die Richtung des Streichens und der Winkel BDF = γ der Fallwinkel der Kreuzlinie.

Zieht man nun FE in der Ebene DEFG parallel BA und FG parallel BC, fällt aus D auf FE das Perpendikel DE, errichtet in E die Höhe EA = h und zieht AD, dann ist der Winkel ADE der Fallwinkel α der Ebene ABD. Fällt man des Weiteren aus D auf FG das Perpendikel DG, errichtet in G die Höhe GC = h und zieht CD, dann ist der Winkel CDG der Fallwinkel β der Ebene BCD.

Ist o_1 der Streichwinkel der Linie AB und o_2 der Streichwinkel der Linie BC, dann kann der Winkel ABC = w berechnet werden. Kann man nun den Winkel EFD = z ermitteln, so wird durch ihn das Streichen o_3 der Kreuzlinie bestimmt.

In der söhligen Ebene DEFG sei der Winkel EDF = x, der Winkel FDG = y und der Winkel EFG = ∠ABC = w.

Gegeben sind die Winkel α, β und w.

Gesucht werden die Winkel z und γ.

Es bilden sich nun folgende Gleichungen.

$$\operatorname{tg}\alpha = \frac{h}{a} \text{ und } \operatorname{tg}\beta = \frac{h}{b}, \text{ mithin } \frac{\operatorname{tg}\alpha}{\operatorname{tg}\beta} = \frac{b}{a}, \tag{31}$$

$$\cos\alpha = \frac{a}{c} \text{ und } \cos y = \frac{b}{c}, \text{ mithin } \frac{\cos y}{\cos x} = \frac{b}{a}. \tag{32}$$

Aus (31) und (32) folgt
$$\frac{\operatorname{tg}\alpha}{\operatorname{tg}\beta} = \frac{\cos y}{\cos x}. \tag{33}$$

Aus (33) folgt
$$\frac{\operatorname{tg}\alpha}{\operatorname{tg}\beta} + 1 = \frac{\cos y}{\cos x} + 1, \text{ mithin } \frac{\operatorname{tg}\alpha + \operatorname{tg}\beta}{\operatorname{tg}\beta} = \frac{\cos y + \cos x}{\cos x} \tag{34}$$

und
$$\frac{\operatorname{tg}\alpha}{\operatorname{tg}\beta} - 1 = \frac{\cos y}{\cos x} - 1, \text{ mithin } \frac{\operatorname{tg}\alpha - \operatorname{tg}\beta}{\operatorname{tg}\beta} = \frac{\cos y - \cos x}{\cos x} \tag{35}$$

Aus (34) und (35) folgt
$$\frac{\operatorname{tg}\alpha + \operatorname{tg}\beta}{\operatorname{tg}\alpha - \operatorname{tg}\beta} = \frac{\cos y + \cos x}{\cos y - \cos x}$$

oder auch
$$\frac{\frac{\sin\alpha}{\cos\alpha} + \frac{\sin\beta}{\cos\beta}}{\frac{\sin\alpha}{\cos\alpha} - \frac{\sin\beta}{\cos\beta}} = \frac{\sin\alpha\cos\beta + \cos\alpha\sin\beta}{\sin\alpha\cos\beta - \cos\alpha\sin\beta} = \frac{\sin(\alpha+\beta)}{\sin(\alpha-\beta)} = \frac{\cos y + \cos x}{\cos y - \cos x}. \tag{36}$$

Nun setze man x = t + u und y = t − u, dann ist $t = \frac{x+y}{2}$ und $u = \frac{x-y}{2}$.

Substituirt man diese Werthe in (36), so wird

$$\frac{\sin(\alpha+\beta)}{\sin(\alpha-\beta)} = \frac{\cos(t-u) + \cos(t+u)}{\cos(t-u) - \cos(t+u)} = \frac{\cos t\cos u + \sin t\sin u + \cos t\cos u - \sin t\sin u}{\cos t\cos u + \sin t\sin u - \cos t\cos u + \sin t\sin u}$$

$$\frac{\sin(\alpha+\beta)}{\sin(\alpha-\beta)} = \operatorname{ctg} t \operatorname{ctg} u = \operatorname{ctg}\frac{x+y}{2}\operatorname{ctg}\frac{x-y}{2},$$

also auch
$$\operatorname{ctg}\frac{x-y}{2} = \frac{\sin(\alpha+\beta)}{\sin(\alpha-\beta)\operatorname{ctg}\frac{x+y}{2}} = \frac{\sin(\alpha+\beta)}{\sin(\alpha-\beta)}\operatorname{tg}\frac{x+y}{2}.$$

Nun ist
$$\angle EFG = \angle ABC = w, \text{ und } x + y = 180° - w, \tag{37}$$

also auch
$$\frac{x+y}{2} = 90° - \frac{w}{2}, \text{ mithin auch } \operatorname{tg}\frac{x+y}{2} = \operatorname{ctg}\frac{w}{2}$$

und
$$\operatorname{ctg}\frac{x-y}{2} = \frac{\sin(\alpha+\beta)}{\sin(\alpha-\beta)}\operatorname{ctg}\frac{w}{2}. \tag{38}$$

Es ist also x + y = 180° − w bekannt, und x − y ergiebt sich aus (38).

Hieraus findet man
$$x = \frac{x+y}{2} + \frac{x-y}{2} = \frac{x+y}{2} - \frac{y-x}{2} \tag{39}$$

und
$$y = \frac{x+y}{2} - \frac{x-y}{2} = \frac{x+y}{2} + \frac{y-x}{2}. \tag{40}$$

Aus o_1 und o_2 ergiebt sich $\quad w = o_1 - o_2 + 180°.$ (41)

Es ist ferner $\quad z = 90° - x$ (42)

und auch $\quad z = w - (90° - y) = w + y - 90°.$

Beweis für (41). Fig. 29. $\quad (o_1 - o_2) + \beta = 180°$

und hieraus $\quad o_2 = o_1 + \beta - 180°.$

Fig. 29.

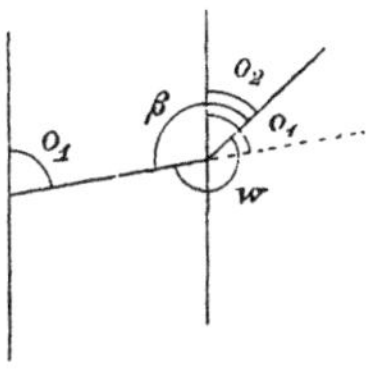

Ist $o_1 + \beta < 180'$, so addirt man 360° zu $o_1 + \beta$, mithin

$$o_2 = o_1 + \beta + 180°. \tag{43}$$

Ist $o_1 + \beta - 180° > 360°$, so zieht man 360° von $o_1 + \beta - 180°$ ab, deshalb allgemein $\quad o_2 = o_1 + \beta \mp 180°.$

Hieraus folgt $\quad \beta = o_2 - o_1 \pm 180°.$

Des Weiteren ist $w = 360° - \beta = 360° - (o_2 - o_1 \pm 180°) = 360° + o_1 - o_2 \mp 180° = o_1 - o_2 + 180°.$

Die letzte Gleichung stimmt mit (41) überein.

Bezeichnet man das Streichen von BD mit o_3, so ist

$$o_3 = o_1 + \measuredangle ABD - 180° = o_1 + (360° - z) - 180° = o_1 + 180° - z. \tag{44}$$

Der Fallwinkel der Kreuzlinie kann nach jeder der beiden folgenden Gleichungen gefunden werden.

$$\operatorname{tg} \gamma = \frac{h}{c} = \frac{a \operatorname{tg} \alpha}{\frac{a}{\cos x}} = \cos x \operatorname{tg} \alpha. \tag{45}$$

$$\operatorname{tg} \gamma = \frac{h}{c} = \frac{b \operatorname{tg} \beta}{\frac{b}{\cos y}} = \cos y \operatorname{tg} \beta. \tag{46}$$

Um die verschiedenen Fälle ins Auge zu fassen, welche bei der Berechnung der Kreuzlinie möglich sind, hat man von den möglichen Veränderungen der gegebenen Werthe auszugehen. Gegeben sind aber lediglich die Winkel α, β und w.

Der Winkel α kann gleich, gröfser oder kleiner als β sein, oder einer derselben oder beide können nach einer von der Figur abweichenden Richtung einfallen. Letzteres ist dadurch leicht zu berücksichtigen, dass man den dem Einfallen in der Fig. 28 entgegengesetzt fallenden Winkel negativ in die Rechnung einsetzt, denn ebensowohl wie diese negativen Winkel im horizontalen Sinne zulässig, sind sie auch im vertikalen Sinne gestattet, was sich übrigens auch aus den Zahlenbeispielen ergeben wird. Auch können α oder β oder beide zugleich $= 0°$ oder $= 90°$ sein.

Die Gröfse des Winkels w hat auf die Formel (38) gar keinen Einfluss, so lange sie zwischen 0° und 180° liegt, denn alsdann ist $\operatorname{ctg} \frac{w}{2}$ immer positiv.

Ist aber $w = 180°$, dann ist überhaupt keine Kreuzlinie möglich, denn setzt man in (38) $w = 180°$, so wird $\operatorname{ctg} \frac{w}{2} = 0$ und mithin $\operatorname{ctg} \frac{x - y}{2} = 0$. Der Winkel w kommt also bei der Untersuchung der Formel (38) gar nicht in Betracht.

Wird in Gleichung (38) $\alpha = \beta$, aber jeder Winkel gröfser als 0° und kleiner als 90°, so ist auch $x = y$, denn $\sin(\alpha - \beta)$ ist dann $= 0$, mithin die rechte Seite der Gleichung $= \infty$. Es kann aber $\operatorname{ctg} \frac{x - y}{2}$ in diesem Falle nur $= \infty$ sein, wenn $x - y = 0$, also $x = y$ ist, denn die Cotangente von 0 ist $= \mp \infty$.

Wird in Gleichung (38) $\alpha > \beta$, so ist auch $x > y$, denn die rechte Seite von (38) wird dann positiv, mithin auch die linke, es kann aber $\operatorname{ctg} \frac{x - y}{2}$ nur dann positiv sein, wenn $x > y$ ist.

Wird in Gleichung (38) $\alpha < \beta$, so ist auch $x < y$, denn die rechte Seite von (38) wird dann negativ, mithin auch die linke, es kann aber $\operatorname{ctg} \frac{x - y}{2}$ nur dann negativ sein, wenn $x < y$ ist.

Ist α oder $\beta = 0$, so wird nach (45) und (46) $\gamma = 0$, denn in jedem dieser Fälle wird die rechte Seite einer der beiden Gleichungen gleich Null, die Kreuzlinie liegt also söhlig.

Ist α und $\beta = 0$, so ist eine Kreuzlinie nicht möglich.

Ist α oder $\beta = 90°$, so ergiebt die Gleichung (38) keine Unregelmäfsigkeiten, das Streichen der Kreuzlinie ist dann das der seigeren Lagerstätte oder der seigeren Verwerfungskluft.

Ist α und $\beta = 90^\circ$, so ist die Kreuzlinie seiger, ihr Streichen daher $= 0$, und ihr Fallen $= 90^\circ$. Ist $\beta > \alpha$, so gebe man der Gleichung (38) zur Vermeidung negativer Winkel die Form

$$\operatorname{ctg}\frac{y - x}{2} = \frac{\sin(\alpha + \beta)}{\sin(\beta - \alpha)}\operatorname{ctg}\frac{w}{2}, \tag{47}$$

was unbeschadet der Richtigkeit geschehen kann, weil dann nur die Gleichung (38) auf beiden Seiten mit -1 multiplizirt worden ist. Einige Beispiele werden die Benutzung der Formeln erläutern.

1. Es sei $\alpha = 54^\circ 20'$, $\beta = 70^\circ 20'$, $w = 95^\circ 10'$.

Dann ist nach (47)

$$\operatorname{ctg}\frac{y - x}{2} = \frac{\sin 124^\circ 40' \operatorname{ctg} 47^\circ 35'}{\sin 16^\circ 0'} = \frac{0{,}8225 \cdot 0{,}9137}{0{,}2756} = 2{,}7268.$$

Zu der Cotangente 2,7268 gehört ein Winkel von $20^\circ 8'$ ($20^\circ 8' 35''$).

Mithin ist $y - x = 40^\circ 16'$.

Nach (37) ist $y + x = 84^\circ 50'$

$2y = 125^\circ 06'$, mithin $y = 62^\circ 33'$ ($62^\circ 33' 35''$),

$2x = 44^\circ 34'$, mithin $x = 22^\circ 17'$ ($22^\circ 16' 25''$).

Nach (42) ist $z = 90^\circ - x = 90^\circ - 22^\circ 17' = 67^\circ 43'$ ($67^\circ 43' 35''$),

und nach (43) $z = w + y - 90^\circ = 95^\circ 10' + 62^\circ 33' - 90^\circ = 67^\circ 43'$ ($67^\circ 43' 35''$).

Hat AB ein Streichen von $45^\circ 10'$, so ist das Streichen von BD nach (44) $= 45^\circ 10' + 180^\circ - 67^\circ 43 = 157^\circ 27'$ ($157^\circ 26' 25''$).

Nach (45) ist $\operatorname{tg}\gamma = \cos 22^\circ 17' \operatorname{tg} 54^\circ 20' = 0{,}9253 \cdot 1{,}3934 = 1{,}2893$.

Zu der Tangente 1,2893 gehört ein Winkel von $52^\circ 12'$ ($52^\circ 12' 16''$).

Nach (46) ist $\operatorname{tg}\gamma = \cos 62^\circ 33' \operatorname{tg} 70^\circ 20' = 0{,}4611 \cdot 2{,}7980 = 1{,}2902$.

Zu der Tangente 1,2902 gehört ein Winkel von $52^\circ 13'$ ($52^\circ 13' 18''$).

2. Sind unter 1. α und β negativ, so stimmt die Berechnung mit 1 überein, indem dann die in der Formel (47) erscheinenden Minuszeichen sich gegenseitig aufheben würden.

3. Es sei $\alpha = 54^\circ 20'$, $\beta = -70^\circ 20'$, $w = 95^\circ 10'$.

Dann ist nach (38)

$$\operatorname{ctg}\frac{x - y}{2} = \frac{\sin - 16^\circ 0' \operatorname{ctg} 47^\circ 35'}{\sin 124^\circ 40'} = -\frac{\sin 16^\circ 0' \operatorname{ctg} 47^\circ 35'}{\sin 124^\circ 40'} = -\frac{0{,}2756 \cdot 0{,}9137}{0{,}8225} = -0{,}3062.$$

Zu der Cotangente $-0{,}3062$ gehört ein Winkel von $-72^\circ 58' 30''$ ($72^\circ 58' 32''$).

Mithin ist $x - y = -145^\circ 57'$.

Nach (37) ist $x + y = 84^\circ 50'$

$2x = -61^\circ 07'$, mithin $x = -30^\circ 33' 30''$ ($30^\circ 33' 32''$),

$2y = 230^\circ 47'$, mithin $y = 115^\circ 23' 30''$ ($115^\circ 23' 32''$).

$z = 90^\circ - x = 90^\circ + 30^\circ 33' 30'' = 120^\circ 33' 30''$ ($120^\circ 33' 32''$).

Nach (45) ist $\operatorname{tg}\gamma = \cos x \operatorname{tg}\alpha = \cos(-30^\circ 33' 30'') \operatorname{tg} 54^\circ 20' = \cos 30^\circ 33' 30'' \operatorname{tg} 54^\circ 20' = 0{,}8612 \cdot 1{,}3934 = 1{,}2000$.

Zu der Tangente 1,2000 gehört ein Winkel von $50^\circ 12'$.

4. Es sei $\alpha = -54^\circ 20'$, $\beta = 70^\circ 20'$, $w = 95^\circ 10'$.

Dann ist nach (47) $\operatorname{ctg}\frac{y - x}{2} = \frac{\sin 16^\circ 0' \operatorname{ctg} 47^\circ 35'}{\sin 124^\circ 4' 0''}$.

Auf beiden Seiten mit -1 multiplicirt, giebt

$$\operatorname{ctg}\frac{x - y}{2} = -\frac{\sin 16^\circ 0' \operatorname{ctg} 47^\circ 35'}{\sin 124^\circ 4' 0''}.$$

Dieser Fall stimmt also mit 3. vollständig überein, so dass sich für x, y, z Resultate ergeben, welche mit 3. gleichwerthig sind.

Für den unter 3. angegebenen Fall ist die Kreuzlinie in Fig. 28 durch die Linie BD_1 dargestellt; es fällt also dann die Ebene BCD_1 unter dem Winkel β nach der dem Falle 1 entgegengesetzten Seite ein.

Auflösung durch Konstruktion. 1. Fig. 30. AB und BC seien die Streichungslinien zweier Gänge oder irgend einer Lagerstätte und einer Verwerfungskluft mit dem Fallwinkel α bezw. β.

Fig. 30.

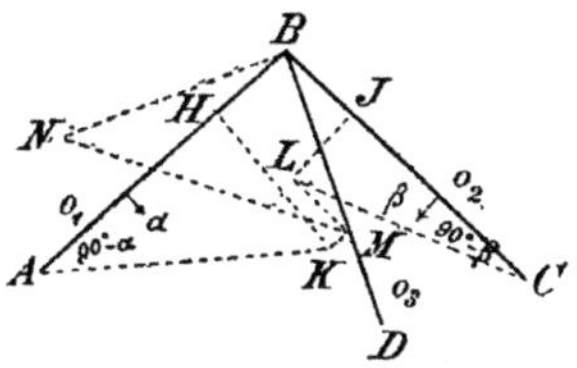

Man lege in dem beliebigen Punkte A der Streichungslinie AB den Komplementwinkel $90° - \alpha$ von α und in dem beliebigen Punkte C der Streichungslinie BC den Komplementwinkel $90° - \beta$ von β an, schneide von A aus in der Richtung AB und von C aus in der Richtung CB zwei beliebige, gleich grofse Längen AH und CJ ab, errichte die Perpendikel HK und JL, ziehe durch K mit AB die Parallele KM und durch L mit BC die Parallele LM und verbinde den Schnittpunkt M beider Parallelen mit B, dann ist BM die verlangte Kreuzlinie.

2. Eine andere noch einfachere Konstruktion ist folgende.

Fig. 31.

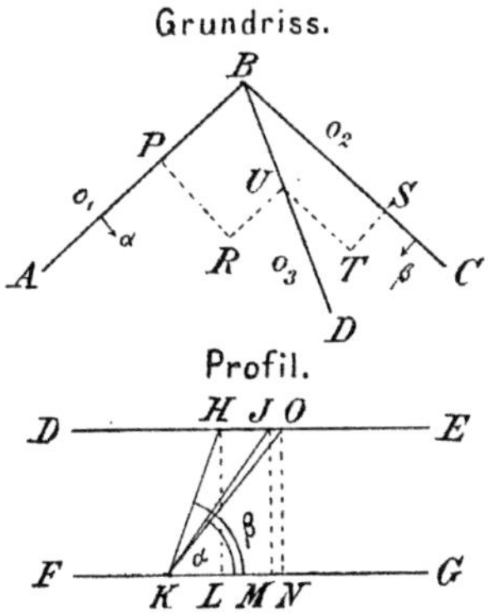

Fig. 31. AB und BC seien wieder die beiden oben bezeichneten Streichungslinien. Man lege zwischen zwei in beliebigem Abstande parallelen Linien DE und FG die Winkel $JKM = \alpha$ und $HKL = \beta$, und ziehe die Perpendikel HL und JM, dann sind KM und KL die Sohlen der Winkel α und β für ein und dieselbe Seigerteufe HL. Legt man nun $PR = KM$ und $ST = KL$ rechtwinklig an AB bezw. BC von beliebigen Punkten dieser Linie aus, zieht durch R eine Parallele mit AB und durch T eine Parallele mit CB und verbindet den Schnittpunkt U beider Parallelen mit B, so ist BU die gesuchte Kreuzlinie. Es schneiden sich also in ein und derselben Sohle die Streichungslinien beider Ebenen in der Kreuzlinie.

Schneidet man noch von K aus $BU = KN$ auf FG ab, errichtet das Perpendikel NO und zieht KO, so ist der Winkel OKN der Fallwinkel γ der Kreuzlinie. Die Beweise für beide Konstruktionen ergeben sich ohne weitere Erklärungen.

Auflösung 2 durch Rechnung. Diese Aufgabe kann auch auf sphärisch trigonometrischem Wege gelöst werden.

Fig. 32.

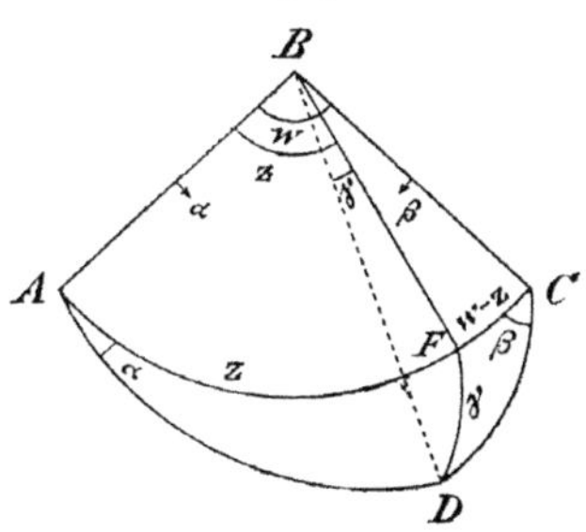

Fig 32. Man lege durch die Kreuzlinie BD der Fig. 28 eine Seigerebene FBD und um B mit beliebigem Radius eine Kugel, so dass die spärischen Dreiecke ACD, CDF und ADF enstehen, von welchen die beiden letzten bei F rechtwinklig sind, indem die Seigerebene FBD auf der söhligen Ebene ABC rechtwinklig steht. Dann ist $\measuredangle ABC = w$, $\measuredangle ABF = z$, $\measuredangle CAD = \alpha$, $\measuredangle ACD = \beta$ und $\measuredangle FBD = \gamma$, wobei die Winkel w, z, α, β, γ mit den entprechenden Winkeln der Fig. 28 gleiche Bedeutung haben.

Nun bilden sich folgende Gleichungen.

$$1)\ \operatorname{tg}\beta = \frac{\operatorname{tg}\gamma}{\sin(w-z)} \text{ und } 2)\ \operatorname{tg}\alpha = \frac{\operatorname{tg}\gamma}{\sin z}$$

und hieraus durch Gleichsetzung

$$\operatorname{tg}\beta \sin w \cos z - \operatorname{tg}\beta \cos w \sin z = \operatorname{tg}\alpha \sin z$$

oder auch

$$3)\ \operatorname{ctg} z = \frac{\operatorname{tg}\alpha + \operatorname{tg}\beta\cos w}{\operatorname{tg}\beta \sin w} = \frac{\operatorname{tg}\alpha}{\operatorname{tg}\beta\sin w} + \operatorname{ctg} w.$$

Die Formel 3) gilt für alle Fälle.

Fallen α oder β oder beide Winkel zugleich entgegengesetzt ein, wie in Fig. 32, so werden ihre Funktionen nach früheren Ausführungen negativ in die Formel 3) eingesetzt.

Ist z. B. $\alpha = -54°20'$, $\beta = 70°20'$ und $w = 95°10'$, so wird

$$\operatorname{ctg} z = -\frac{\operatorname{tg} 54°20'}{\operatorname{tg} 70°20' \sin 95°10'} + \operatorname{ctg} 95°10' = -\frac{1{,}3934}{2{,}7980 \cdot 0{,}9959} - 0{,}0904 = -0{,}5906.$$

Die Cotangente von $95°10'$ ist negativ.

Zur Cotangente von $-0{,}5906$ gehört nach Seite 52 ein Winkel von $120°34'$.

Ist $\alpha = -54°20'$, $\beta = -70°20'$ und $w = 95°10'$, so wird

$$\operatorname{ctg} z = \frac{-\operatorname{tg} 54°20'}{-\operatorname{tg} 70°20' \sin 95°10'} + \operatorname{ctg} 95°10' = \frac{1{,}3934}{2{,}7980 \cdot 0{,}9959} - 0{,}0904 = 0{,}4098.$$

Die Minuszeichen im Zähler und Nenner des ersten Gliedes der rechten Seite der Gleichung heben sich auf.

Zur Cotangente 0,4098 gehört nach Seite 51 ein Winkel von $67°43'$.

Aus 2 folgt: 4) $\operatorname{tg}\gamma = \operatorname{tg}\alpha \sin z = \operatorname{tg}\alpha \cos x$. Die letzte Gleichung folgt aus Fig. 28.

Die Formel 3) ist nicht logarithmisch und zum Gebrauche nicht zu empfehlen. Die Formel 4) stimmt mit (45) überein.

Beispiel 36.

Ermittelung des Fallens zweier sich durchsetzenden Gänge aus ihrem Streichen sowie dem Streichen, dem Fallwinkel und der Richtung des Einfallens ihrer Kreuzlinie.

Fig. 28. Es sind das Streichen o_1 und o_2 zweier sich durchsetzenden Gänge AB und BC und das Streichen o_3 und das Fallen γ ihrer Kreuzlinie gegeben, auch ist die Richtung des Fallens der Kreuzlinie durch den Pfeil angedeudet.

Es wird das Einfallen α des Ganges AB und das Einfallen β des Ganges BC gesucht.

Auflösung durch Rechnung. Es ergeben sich folgende Gleichungen.

Nach (41) ist
$$o_1 - o_2 + 180° = w \tag{48}$$

und nach derselben Gleichung
$$o_1 - o_3 + 180° = z. \tag{49}$$

Nach (42) ist
$$x = 90° - z \tag{50}$$

und nach (43)
$$y = z + 90° - w. \tag{51}$$

Des Weiteren ist nach (45)
$$\operatorname{tg}\alpha = \frac{\operatorname{tg}\gamma}{\cos x} \tag{52}$$

und nach (46)
$$\operatorname{tg}\beta = \frac{\operatorname{tg}\gamma}{\cos y}. \tag{53}$$

Setzt man $o_1 = 45°10'$, $o_2 = 130°0'$, $o_3 = 157°27'$, $\gamma = 52°12'$, so ist nach vorstehenden Gleichungen

$$w = 45°10' + 180° - 130°0' = 95°10',$$
$$z = 45°10' + 180° - 157°27' = 67°43',$$
$$x = 90°0' - 67°43' = 22°17',$$
$$y = 67°43' + 90° - 95°10' = 62°33',$$

$$\operatorname{tg}\alpha = \frac{\operatorname{tg} 52°12'}{\cos 22°17'} = \frac{1,2892}{0,9253} = 1,3933, \text{ mithin } \alpha = 54°20' \ (54°19'52''),$$

$$\operatorname{tg}\beta = \frac{\operatorname{tg} 52°12'}{\cos 62°33'} = \frac{1,2892}{0,4611} = 2,7959, \text{ mithin } \beta = 70°19' \ (70°19'28'').$$

Die Voraussetzungen der Aufgabe ergeben die Richtungen des Einfallens der Gänge, da diese von ersteren abhängig sind.

Setzt man $o_1 = 45°10'$, $o_2 = 130°0'$, $o_3 = 104°36'30''$, $\gamma = 50°12'$, so ist nach (48) bis (53)

$$w = 45°10' - 130°0' + 180°0' = 95°10',$$
$$z = 45°10' - 104°36'30'' + 180°0' = 120°33'30'',$$
$$x = 90° - 120°33'30'' = -30°33'30'',$$
$$y = 120°33'30'' + 90° - 95°10' = 115°23'30'',$$

$$\operatorname{tg}\alpha = \frac{\operatorname{tg} 50°12'}{\cos - 30°33'30''} = \frac{\operatorname{tg} 50°12'}{+\cos 30°33'30''} = \frac{1,2002}{0,8613} = 1,3935 = 54°20',$$

$$\operatorname{tg}\beta = \frac{\operatorname{tg} 50°12'}{\cos 115°23'30''} = \frac{1,2002}{-0,4288} = -2,7990 = -70°20'.$$

Die Fallwinkel α und β fallen also nach gleicher Richtung ein. (Fig. 34.)

Auflösung durch Konstruktion. Fig. 33 und 34. Es seien AB und BC die Streichungslinien der beiden Gänge, und BD die Streichungslinie ihrer Kreuzlinie.

Fig. 33 und 34.

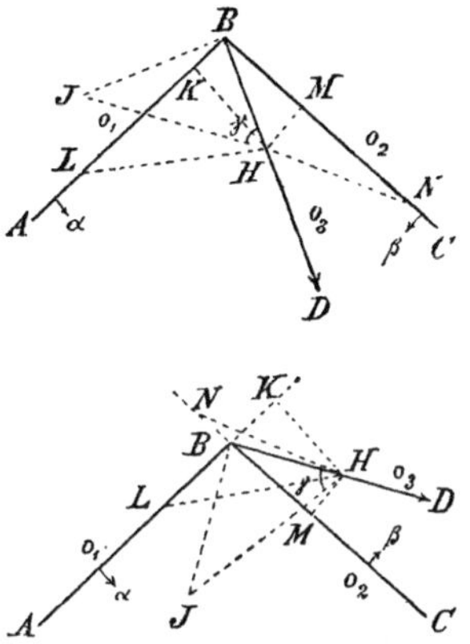

Man lege in einem beliebigen Punkte H der Kreuzlinie BD ihren Fallwinkel $\gamma = \measuredangle BHJ$ an und errichte in B auf BH das Perpendikel BJ bis zum Schnittpunkt J mit dem Winkelschenkel HJ, dann ist BJ die Seigerteufe des Winkels γ für die Sohle BH.

Nun fälle man aus H auf BA oder die Verlängerung von BA das Perpendikel HK, mache $KL = BJ$ und ziehe HL, fälle aus H auf BC das Perpendikel HM, mache $MN = BJ$ und ziehe HN, dann sind $\measuredangle KHL = \alpha$ und $\measuredangle MHN = \beta$ die Fallwinkel der Gänge.

Beweis. Denkt man sich die Ebene ABC in horizontaler Lage und die Dreiecke HBJ, HKL, HMN in bezw. HB, HK, HM vertikal aufgerichtet und um $BJ = KL = MN$ vertikal gesenkt, so ergiebt sich, dass die Aufgabe gelöst ist.

Beispiel 37.

Ermittelung des Streichens zweier sich durchsetzenden Gänge aus dem Streichen, dem Fallwinkel und der Richtung des Einfallens ihrer Kreuzlinie, sowie den Fallwinkeln und den Richtungen des Einfallens beider Gänge.

Fig. 28. Es sind das Streichen o_3, der Fallwinkel γ und die Richtung des Einfallens der Kreuzlinie BD sowie das Fallen α und β sowie die Richtung des Fallens zweier Gänge gegeben.

Es sollen die Streichungen o_1 und o_2 beider Gänge gesucht werden.

Auflösung durch Rechnung. Es ergeben sich folgende Gleichungen.

Nach (45) ist $$\cos x = \frac{\operatorname{tg} \gamma}{\operatorname{tg} \alpha}, \quad 54)$$

nach (46) $$\cos y = \frac{\operatorname{tg} \gamma}{\operatorname{tg} \beta}, \quad (55)$$

nach (42) $$z = 90^\circ - x, \quad (56)$$

nach (43) $$w = z + 90^\circ - y, \quad (57)$$

nach (44) $$o_1 = o_3 + z - 180^\circ, \quad (58)$$

nach (41) $$o_2 = o_1 + 180^\circ - w. \quad (59)$$

Setzt man $o_3 = 157^\circ 27'$, $\gamma = 52^\circ 12'$, $\alpha = 54^\circ 20'$, $\beta = 70^\circ 20'$, so ist nach vorstehenden Gleichungen

$$\cos x = \frac{\operatorname{tg} 52^\circ 12'}{\operatorname{tg} 54^\circ 20'} = \frac{1{,}2892}{1{,}3934} = 0{,}9252 = 22^\circ 17' 30'' \; (22^\circ 17' 40''),$$

$$\cos y = \frac{\operatorname{tg} 52^\circ 12'}{\operatorname{tg} 70^\circ 20'} = \frac{1{,}2892}{2{,}7980} = 0{,}4608 = 62^\circ 34' \; (62^\circ 33' 52''),$$

Fig. 35 und 36.

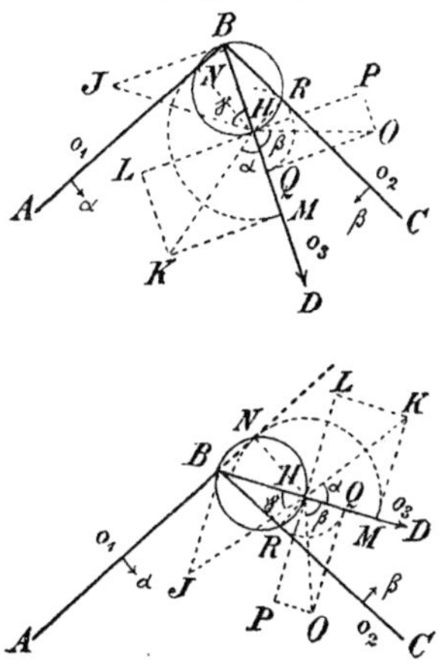

$$z = 90^\circ - 22^\circ 17' = 67^\circ 43',$$

$$w = 67^\circ 43' + 90^\circ - 62^\circ 33' = 95^\circ 10',$$

$$o_1 = 157^\circ 27' + 67^\circ 43' - 180^\circ = 45^\circ 10',$$

$$o_2 = 45^\circ 10' + 180^\circ - 95^\circ 10' = 130^\circ 0'.$$

Fällt jeder der beiden Gänge oder nur einer derselben in entgegengesetzter Richtung, wie die Gänge in Fig. 28, so werden die Werthe ihrer Fallwinkel negativ.

Auflösung durch Konstruktion. Fig. 35 und 36. Es sei BD das Streichen der Kreuzlinie und die Richtung ihres Einfallens durch den Pfeil angedeutet. Man lege in einem beliebigen Punkte H der Kreuzlinie ihren Fallwinkel γ an $HB = \measuredangle BHJ$ an, errichte in B auf BH das Perpendikel BJ bis zum Schnittpunkt J mit dem Winkelschenkel HJ, lege in H an HD den Winkel α nach der Seite an, nach welcher die Gangebene ansteigt, errichte in H auf HD das Perpendikel $HL = BJ$, ziehe LK parallel HD und KM parallel LH, dann ist HM die Sohle für den Fallwinkel α und die Seigerteufe BJ. Schlägt man über BH einen Halbkreis und aus H mit HM einen Kreisbogen, welcher den Halbkreis in N schneidet, und zieht BN, so ist diese Linie das Streichen des einen Ganges. Nun lege man in H an HD den Winkel $\beta = \measuredangle OHQ$ auch nach der Seite an, nach welcher die Gangebene ansteigt, errichte in H das Perpendikel HP = BJ, ziehe PO parallel HQ und OQ parallel PH, dann ist HQ die Sohle für den Fallwinkel β und die Seigerteufe BJ. Schlägt man nun über BH einen zweiten Halbkreis und aus H mit HQ einen Kreisbogen, welcher den Halbkreis in R schneidet und zieht BR, dann ist diese Linie das Streichen des zweiten Ganges.

Obwohl die Gänge AB und BC gleich grofse Fallwinkel haben, so sind die Fallwinkel ihrer Kreuzlinien in den Fig. 35 und 36 wegen der verschiedenartigen Richtung des Einfallens des Ganges BC verschieden, was im Beispiel 35 unter 1 und 3 nachgewiesen worden ist.

Beweis. Denkt man sich die Ebene ABC in horizontaler Lage, die Dreiecke BHJ, HMK, HQO in bezw. BH, HM, HQ vertikal aufgerichtet, die Dreiecke HMK und HQO so gedreht, dass HM in HN, und HQ in HR liegt, und die Dreiecke um BJ = HL = HP vertikal gesenkt, so ergiebt sich die Richtigkeit der Auflösung sofort.

Wenn das Streichen und Fallen, sowie die Richtung des Einfallens einer Kreuzlinie, die Richtung des Streichens des einen ihrer Gänge und die Richtung und Gröfse des Fallens des zweiten ihrer Gänge gegeben sind, und es sollen der Fallwinkel des ersten Ganges und das Streichen des zweiten Ganges gesucht werden, so ist diese Aufgabe lediglich Kombination der Beispiele 36 und 37 und nach diesen ohne Schwierigkeit zu lösen.

Beispiel 38.

Ermittelung des schiefen Winkels, welchen eine Kreuzlinie mit der Streichungslinie eines ihrer Gänge macht.

Fig. 28. Es ist die Differenz z des Streichens eines Ganges AB mit dem Einfallen α sowie einer Kreuzlinie BD mit dem Einfallen γ gegeben. Gesucht wird der schiefe Winkel $ABD = \delta$.

Unter Bezugnahme auf die früher erläuterte Konstruktion der Figur ist

$$\sin\delta = \frac{AD}{BD} = \frac{h:\sin\alpha}{h:\sin\gamma} = \frac{\sin\gamma}{\sin\alpha}. \qquad (60)$$

Auch ist
$$\sin\delta = \frac{AD}{BD} = \frac{a:\cos\alpha}{c:\cos\gamma} = \frac{a\cos\gamma}{c\cos\alpha} = \frac{\cos\gamma\sin z}{\cos\alpha}. \qquad (61)$$

Die Gröfse z braucht in der Formel (60) nicht zu erscheinen, denn durch γ und α ist z bestimmt, was durch (12) nachgewiesen wird.

Setzt man $\alpha = 54^\circ 20'$ und $\gamma = 52^\circ 12'$, so ist

nach (60)
$$\sin\delta = \frac{\sin 52^\circ 12'}{\sin 54^\circ 20'} = \frac{0{,}7902}{0{,}8124} = 0{,}9727.$$

Zu dem Sinus 0,9727 gehört ein Winkel von $76^\circ 35'$.

Nach (61) ist
$$\sin\delta = \frac{\cos 52^\circ 12' \sin 67^\circ 43'}{\cos 54^\circ 20'} = \frac{0{,}6128 \cdot 0{,}9253}{0{,}5831} = 0{,}9724.$$

Zu dem Sinus 0,9724 gehört ein Winkel von $76^\circ 30'$.

Die Konstruktion dieser Aufgabe deckt sich mit derjenigen in Beispiel 32.

Beispiel 39.

Ermittelung der söhligen Verwurfslänge eines Ganges aus dem Streichen und Fallen zweier sich durchsetzenden Gänge und der seigeren Verwurfshöhe des Verwerfers.

Fig. 38.

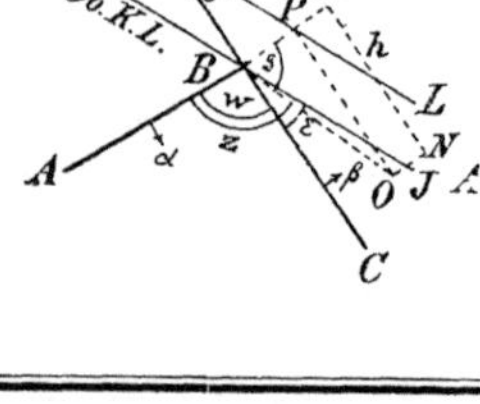

Fig. 37.

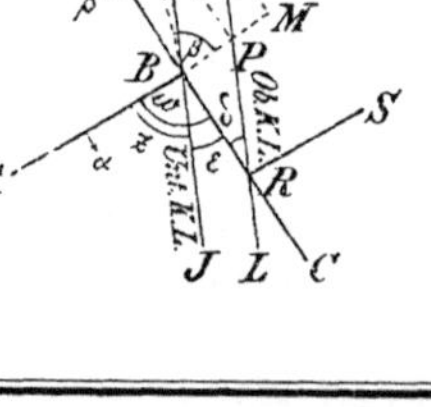

Fig. 37 und 38. Es sei AB das Streichen und α das Fallen eines Ganges sowie die gerade Linie CD das Streichen und β das Fallen eines zweiten Ganges, welcher den ersten verwirft. Man weifs, dass die seigere Verwurfshöhe des Ganges CD = h ist.

Gesucht wird die söhlige Länge BR, in welcher das verworfene Gangstück an dem Verwerfer wieder ansetzt.

Auflösung durch Konstruktion. Man ziehe die Kreuzlinie HJ nach Angabe von Beispiel 35 durch B, errichte BM rechtwinklig auf BC nach der Seite von CD hin, auf welcher das zu suchende Gangstück liegen muss, lege in B an BM den Winkel OBM $= \beta$ und in einem beliebigen Punkte M der Linie BM rechtwinklig zu MB die Höhe MN $=$ h, ziehe NO parallel MB, fälle das Perpendikel OP auf BM und ziehe durch P die Linie LK parallel JH, dann ist der Schnittpunkt R dieser Linie mit CD der Ansitzpunkt des gesuchten Gangstücks.

Beweis. Derselbe ergiebt sich sofort, wenn man sich das Dreieck BOP in BP vertikal gestellt denkt, und zwar in Fig. 37 nach oben und in Fig. 38 nach unten. Der Punkt O ist dann in Fig. 37 ein Punkt der oberen und in Fig. 38 ein Punkt der unteren Kreuzlinie, und da er um h vertikal von BM absteht, so muss auch R in der Sohle von B liegen.

Auflösung durch Rechnung. Der Winkel ABJ ist der Winkel z im Beispiel 35, und da der Winkel ABC $=$ w als Differenz der Streichwinkel von AB und BC gegeben ist, so ist auch $\measuredangle\, \varepsilon = \measuredangle\, \delta$ bekannt.

Es ist
$$\varepsilon = \mp (z - w). \tag{62}$$
Das obere Zeichen gilt für Fig. 37 und das untere für Fig. 38.

Nun ist
$$\operatorname{tg} \delta = \frac{BP}{BR}, \text{ mithin } BR = \frac{BP}{\operatorname{tg} \delta}.$$

Auch ist
$$\operatorname{tg} \beta = \frac{h}{BP}, \text{ mithin } BP = \frac{h}{\operatorname{tg} \beta}.$$

Es ist also
$$BR = \frac{h}{\operatorname{tg} \delta \operatorname{tg} \beta} = h \operatorname{ctg} \delta \operatorname{ctg} \beta. \tag{63}$$

Aus (63) folgt, dafs die Gröfse der seitlichen Verwerfung von der seigeren Verwurfshöhe und dem Einfallen des Verwerfers sowie dem Winkel, welchen die Kreuzlinie mit der Streichungslinie des Verwerfers bildet, abhängig ist.

Es sei nach Beispiel 35 $\alpha = 54^\circ 20'$, $\beta = \pm 70^\circ 20'$, $w = 95^\circ 10'$ und $h = 22$ m, dann ist z im ersten Falle $= 67^\circ 43'$ und im zweiten Falle $= 120^\circ 33' 30''$, und ε im ersten Falle $= 27^\circ 27'$ und im zweiten Falle $= 25^\circ 23' 30''$. Das Zeichen $+$ in dem Werthe für β bezieht sich auf Fig. 37 und das Zeichen $-$ auf Fig. 38.

Nach (63) ist im ersten Falle $BR = 22 \operatorname{ctg} 27^\circ 27' \operatorname{ctg} 70^\circ 20' = 22 \cdot 1{,}9251 \cdot 0{,}3574 = 15{,}14$ (15,14) und im zweiten Falle $= -22 \operatorname{ctg} 25^\circ 23' 30'' \operatorname{ctg} 70^\circ 20' = -22 \cdot 2{,}1068 \cdot 0{,}3574 = -16{,}57$ (16,57).

Die verschiedenen Zeichen in den Resultaten deuten an, dass die Strecken BR in beiden Figuren von B aus nach entgegengesetzten Richtungen abgehen.

Wenn nicht die Seigerhöhe des Verwerfers, sondern die flache Sprunghöhe oder die söhlige Sprungweite gegeben sind, so lässt sich erstere nach Fig. 13 leicht ermitteln, denn es ist
$$DE = CE \sin \alpha,$$
$$DE = CD \operatorname{tg} \alpha.$$
Es kann also auch in solchen Fällen die Lösung der Aufgabe nach Beispiel 39 erfolgen.

Beispiel 40.

Konstruktion eines Profils durch geneigte Ebenen.

Fig. 39. Es sei AB ein Gang, CD eine verwerfende Kluft und EF das verworfene Gangstück. Es soll zur Darstellung der Verwurfsverhältnisse des Ganges rechtwinklig gegen das Streichen der Linie AB, mit welcher EF parallel sei, in der Richtung GH ein Profil konstruirt und in diesem der Verwerfer unter seinem wirklichen Vertikalwinkel dargestellt werden. Dieser Winkel möge die Bezeichnung Profilwinkel führen.

Fig. 39.

Grundriss.

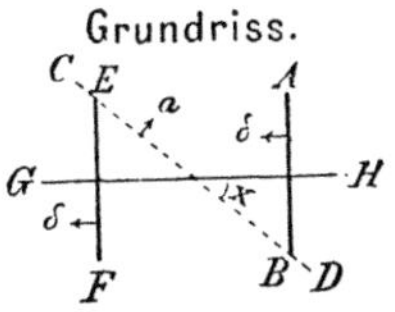

Profil.

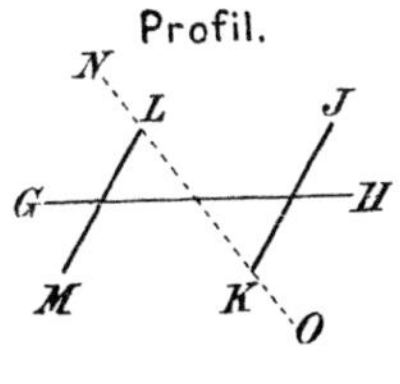

Gegeben sind der Fallwinkel δ des Ganges, der Fallwinkel α des Verwerfers und die Differenz x zwischen dem Streichen des Verwerfers CD und der Richtung der Profillinie GH. Der Winkel x sei als Horizontalwinkel bezeichnet.

Gesucht wird der Profilwinkel γ des Verwerfers.

Auflösung durch Rechnung. Der Gang AB wird sich in der Profillinie GH unter seinem wirklichen Fallwinkel darstellen, weil die Profilebene den Gang rechtwinklig zur Streichungslinie AB schneidet. Der Verwerfer wird aber durch die Profilebene unter einem kleineren Winkel geschnitten, als sein

Fallwinkel, weil der Fallwinkel der gröſste ist, welchen eine geneigte Ebene mit der Horizontalebene bildet.

Die Aufgabe stimmt mit derjenigen in Beispiel 29 überein. Der Verwerfer tritt an die Stelle der Lagerstätte MN in Fig. 14, die seigere Profilebene an die Stelle der durch die Diagonale gelegten Seigerebene ACD, und der Winkel γ ist der Fallwinkel der Diagonale AC.

Es ist daher nach (8)

$$\operatorname{tg} \gamma = \sin x \operatorname{tg} \alpha. \tag{64}$$

Hat der Verwerfer einen Fallwinkel von 64°, und ist $x = 40°$, so ist

$$\operatorname{tg} \gamma = \sin 40° \operatorname{tg} 64° = 0{,}6428 \cdot 2{,}0503 = 1{,}3179.$$

Zu der Tangente 1,3179 gehört ein Winkel von 52° 49′ (52° 48′ 34″), unter welchem der Verwerfer in der Profillinie darzustellen ist.

Setzt man $\delta = 60°$, so entsteht das Profil in der Fig. 39.

Ist in (64) $x = 90°$, so wird $\sin x = 1$ und $\gamma = \alpha$.

Ist in (64) $x = 0°$, so wird $\sin x = 0$ und $\gamma = 0$.

Ist also der Horizontalwinkel $x = 90°$, so wird der Verwerfer unter seinem Fallwinkel geschnitten, und ist der Horizontalwinkel $= 0$, so wird der Verwerfer in einer horizontalen Linie geschnitten.

Wird $x > 90°$, so wird aus (64)

$$\operatorname{tg} \gamma = \sin (180° - x) \operatorname{tg} \alpha. \tag{65}$$

Man rechne dann also mit dem Supplementwinkel von x.

Fällt α in entgegengesetzter Richtung, wie in Fig. 67, so behandele man α als negativen Winkel. Alsdann wird aus (64)

$$\operatorname{tg} \gamma = \sin (-x) \operatorname{tg} \alpha = - \sin x \operatorname{tg} \alpha. \tag{66}$$

Fig. 40.

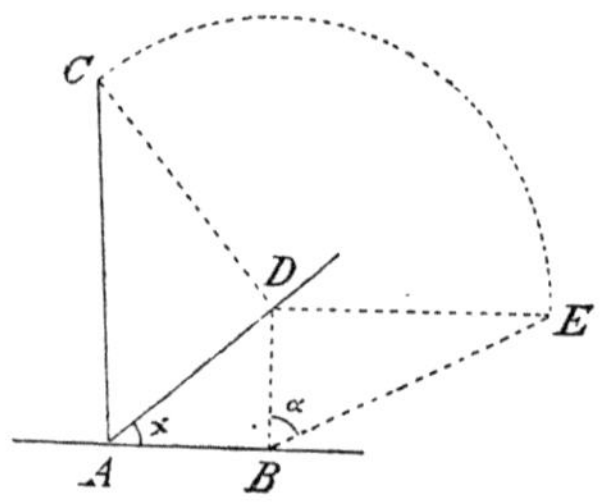

Der numerische Werth wird sich also nicht ändern, sondern nur die Lage des Vertikalwinkels der Linie CD.

Auflösung durch Konstruktion. Fig. 40. Die Konstruktion ist vollständig derjenigen in Fig. 19 analog. Man lege an eine beliebige Linie AB den Horizontalwinkel x, so dass AD entsteht, errichte in dem beliebigen Punkte B dieser Linie das Perpendikel BD, lege in B an BD den Winkel α, so dass sich BE ergiebt, errichte in D auf DB das Perpendikel DE, schlage um D mit DE den Bogen EC, errichte in D auf DA das Perpendikel DC und ziehe AC, dann ist $\measuredangle CAD = \gamma$.

Auszug aus der Maſs- und Gewichtsordnung für den Norddeutschen Bund. Vom 17. August 1868 (Bundes-Gesetzblatt des Norddeutschen Bundes für 1868. No. 28.)

Artikel 1.

Die Grundlage des Maſses und Gewichtes ist das Meter oder der Stab mit decimaler Theilung und Vervielfachung.

Artikel 2.

Als Urmaſs gilt derjenige Platinstab, welcher im Besitze der Königlich Preuſsischen Regierung sich befindet, im Jahre 1863 durch eine von dieser und der Kaiserlich Französischen Regierung bestellte Kommission mit dem in dem Kaiserlichen Archive zu Paris aufbewahrten *mètres des archives* verglichen und bei der Temperatur des schmelzenden Eises gleich 1,00000301 Meter befunden worden ist.

Artikel 3.

Es gelten folgende Maſse:

A. Längenmaſse.

Die Einheit bildet das Meter oder der Stab.
Der hundertste Theil des Meters heiſst das Centimeter oder der Neu-Zoll.
Der tausendste Theil des Meters heiſst das Millimeter oder der Strich.
Zehn Meter heiſsen das Dekameter oder die Kette.
Tausend Meter heiſsen das Kilometer.

B. Flächenmafse.

Die Einheit bildet das Quadratmeter oder der Quadratstab.
Hundert Quadratmeter heifsen das Ar.
Zehntausend Quadratmeter heifsen das Hektar.

C. Körpermafse.

Die Grundlage bildet das Kubikmeter oder der Kubikstab.
Die Einheit ist der tausendste Theil des Kubikmeters und heifst das Liter oder die Kanne.
Das halbe Liter heifst der Schoppen.
Hundert Liter oder der zehnte Theil des Kubikmeters heifst das Hektoliter oder das Fass.
Fünfzig Liter sind ein Scheffel.

Artikel 4.

Als Entfernungsmafs dient die Meile von 7500 Metern.

Artikel 5.

Als Urgewicht gilt das im Besitze der Königlich Preufsischen Regierung befindliche Platinkilogramm, welches mit No. 1 bezeichnet, im Jahre 1860 durch eine von der Königlich Preufsischen und der Kaiserlich Französischen Regierung niedergesetzte Kommission mit dem in dem Kaiserlichen Archive zu Paris aufbewahrten *kilogramme prototype* verglichen und gleich 0,999999842 Kilogramm befunden worden ist.

Artikel 6.

Die Einheit des Gewichts bildet das Kilogramm (gleich 2 Pfund). Es ist das Gewicht eines Liters destillirten Wassers bei + 4 Grad des hunderttheiligen Thermometers.

Das Kilogramm wird in 1000 Gramme getheilt, mit decimalen Unterabtheilungen.

Zehn Gramme heifsen das Dekagramm oder das Neu-Loth.

Der zehnte Theil eines Gramms heifst das Decigramm, der hundertste das Centigramm, der tausendste das Milligramm.

Ein halbes Kilogramm heifst das Pfund.

50 Kilogramm oder 100 Pfund heifsen der Zentner.

1000 Kilogramm oder 2000 Pfund heifsen die Tonne.

Artikel 9.

Nach beglaubigten Kopien des Urmafses (Artikel 2.) und des Urgewichts (Artikel 5.) werden die Normalmafse und Normalgewichte hergestellt und richtig erhalten.

Artikel 10.

Zum Zumessen und Zuwägen im öffentlichen Verkehre dürfen nur in Gemäfsheit dieser Mafs- und Gewichtsordnung gehörig gestempelte Mafse, Gewichte und Wagen angewendet werden.

Der Gebrauch unrichtiger Mafse, Gewichte und Wagen ist untersagt, auch wenn dieselben im Uebrigen den Bestimmungen dieser Mafs- und Gewichtsordnung entsprechen. Die näheren Bestimmungen über die äufsersten Grenzen der im öffentlichen Verkehr noch zu duldenden Abweichungen von der absoluten Richtigkeit erfolgen nach Vernehmung der im Artikel 18 bezeichneten technischen Behörde durch den Bundesrath.

Artikel 14.

Zur Eichung und Stempelung sind nur diejenigen Mafse und Gewichte zuzulassen, welche den in Artikel 3 und 6 dieser Mafs- und Gewichtsordnung bekannten Gröfsen, oder ihrer Hälfte, sowie ihrem Zwei-, Fünf-, Zehn- und Zwanzigfachen entsprechen. Zulässig ist ferner die Eichung und Stempelung der Viertel-Hektoliter, sowie fortgesetzter Halbirungen des Liter.

Artikel 15.

Das Geschäft der Eichung und Stempelung wird ausschliefslich durch Eichungsämter ausgeübt, deren Personal von der Obrigkeit bestellt wird. Diese Aemter werden mit den erforderlichen, nach den Normalmafsen und Gewichten (Artikel 9.) hergestellten Eichungsnormalen, beziehungsweise mit den erforderlichen Normalapparaten versehen. Die für die Eichung und Stempelung zu erhebenden Gebühren werden durch eine allgemeine Taxe geregelt. (Artikel 18.)

Artikel 16.

Die Errichtung der Eichungsämter (Artikel 15.) steht den Bundesregierungen zu und erfolgt nach den Landesgesetzen. Dieselben können auf einen einzelnen Zweig des Eichungsgeschäfts beschränkt sein, oder mehrere Zweige desselben umfassen.

Artikel 17.

Die Bundesregierungen haben, jede für sich oder mehrere gemeinschaftlich, zum Zweck der Aufsicht über die Geschäftsführung und die ordnungsmäſsige Unterhaltung der Eichungsämter die erforderlichen Anordnungen zu treffen. In gleicher Weise liegt ihnen die Fürsorge für eine periodisch wiederkehrende Vergleichung der im Gebrauche der Eichungsämter befindlichen Eichungsnormale (Artikel 15.) mit den Normalmaſsen und Gewichten ob.

Artikel 18.

Es wird eine Normal-Eichungskommission vom Bunde bestellt und unterhalten. Dieselbe hat ihren Sitz in Berlin.

Die Normal-Eichungskommission hat darüber zn wachen, dass im gesammten Bundesgebiete das Eichungswesen nach übereinstimmenden Regeln und dem Interesse des Verkehrs entsprechend gehandhabt werde. Ihr liegt die Anfertigung und Verabfolgung der Normale (Artikel 9.), so weit nöthig auch der Eichungsnormale (Artikel 15.) an die Eichungsstellen des Bundes ob, und ist sie daher mit den für ihren Geschäftsbetrieb nöthigen Instrumenten und Apparaten auszurüsten.

Die Normal-Eichungskommission hat die näheren Vorschriften über Material, Gestalt, Bezeichnung und sonstige Beschaffenheit der Maſse und Gewichte, ferner über die von Seiten der Eichungsstellen innezuhaltenden Fehlergrenzen zu erlassen. Sie bestimmt, welche Arten von Wagen im öffentlichen Verkehr oder nur zu besonderen gewerblichen Zwecken angewendet werden dürfen und setzt die Bedingungen ihrer Stempelfähigkeit fest. Sie hat ferner das Erforderliche über die Einrichtung der sonst in dieser Maſs- und Gewichtsordnung aufgestellten Messwerkzeuge vorzuschreiben, sowie über die Zulassung anderweiter Geräthschaften zur Eichung und Stempelung zu entscheiden. Der Normal-Eichungskommission liegt es ob, das bei der Eichung und Stempelung zu beobachtende Verfahren und die Taxen für die von den Eichungsstellen zu erhebenden Gebühren (Artikel 15.) festzusetzen und überhaupt alle die technische Seite des Eichungswesens betreffenden Gegenstände zu regeln.

Artikel 19.

Sämmtliche Eichungsstellen des Bundesgebiets haben sich, neben dem jeder Stelle eigenthümlichen Zeichen, eines übereinstimmenden Stempelzeichens zur Beglaubigung der von ihnen geeichten Gegenstände zu bedienen.

Diese Stempelzeichen werden von der Normal-Eichungskommission bestimmt.

Artikel 20.

Maſse, Gewichte und Messwerkzeuge, welche von einer Eichungsstelle des Bundesgebiets geeicht und mit dem vorschriftsmäſsigen Stempelzeichen beglaubigt sind, dürfen im ganzen Umfange des Bundesgebiets im öffentlichen Verkehr angewendet werden.

Artikel 21.

Diese Maſs- und Gewichtsordnung tritt mit dem 1. Januar 1872 in Kraft.

Die Landesregierungen haben die Verhältnisszahlen für die Umrechnung der bisherigen Landesmaſse und Gewichte in die neuen festzustellen und bekannt zu machen, und sonst alle Anordnungen zu treffen, welche, auſser den nach Artikel 18 der technischen Bundes-Centralbehörde vorbehaltenen Vorschriften, zur Sicherung der Ein- und Durchführung der in dieser Maſs- und Gewichtsordnung, namentlich in Artikel 10, 11, 12 und 13 enthaltenen Bestimmungen erforderlich sind.

Abgekürzte Bezeichnungen der Maſse und Gewichte.

(Auszug aus dem Deutschen Reichs- und Königlich Preuſsischen Staats-Anzeiger vom 15. November 1877. No. 270.)

Nach Beschluss des Bundesraths vom 8. v. Mts. sind im amtlichen Verkehr, sowie bei dem Unterricht in den öffentlichen Lehranstalten fortan die in der hierunter abgedruckten Zusammenstellung angegebenen abgekürzten Bezeichnungen der Maſse und Gewichte, unter Beobachtung der beigefügten Regeln, ausschlieſslich in Anwendung zu bringen.

A. Längenmaſse:

Kilometer	km
Meter	m
Centimeter	cm
Millimeter	mm

B. Flächenmaſse:

Quadratkilometer	qkm
Hektar	ha
Ar	a
Quadratmeter	qm
Quadratcentimeter	qcm
Quadratmillimeter	qmm

C. Körpermaſse:

Kubikmeter	cbm
Hektoliter	hl
Liter	l
Kubikcentimeter	ccm
Kubikmillimeter	cmm

D. Gewichte:

Tonne	t
Kilogramm	kg
Gramm	g
Milligramm	mg

1) Den Buchstaben werden Schlusspunkte nicht beigefügt.
2) Die Buchstaben werden an das Ende der vollständigen Zahlenausdrücke — nicht über das Decimalkomma derselben — gesetzt, also 5,37 m, — nicht 5 m 37 und nicht 5 m 37 cm.
3) Zur Trennung der Einerstellen von den Decimalstellen dient das Komma, — nicht der Punkt. Sonst ist das Komma bei Maſs- und Gewichtszahlen nicht anzuwenden, insbesondere nicht zur Abtheilung mehrstelliger Zahlenausdrücke. Solche Abtheilung ist durch Anordnung der Zahlen in Gruppen zu je 3 Ziffern, vom Komma aus gerechnet, mit angemessenem Zwischenraum zwischen den Gruppen zu bewirken.

Anmerkungen.

Der Ermittelung der Verhältnisszahlen zur Berechnung der Tafeln XI und XII haben folgende gesetzliche Bestimmungen zu Grunde gelegen. 1 Meter = 443,295 936 pariser Linien; 1 preuſsischer Fuſs = 139,13 pariser Linien; 1 preuſsischer Fuſs = 12 preuſsische Zoll; 1 Lachter = 80 preuſsische Zoll.

Da in dem Vorwort und den Erläuterungen griechische Buchstaben gebraucht worden sind, und diese auch in mathematischen Schriften vorkommen, so folgt hier das griechische Alphabet und dessen Aussprache.

A, α alpha;	E, ε epsīlon;	I, ι iota;	N, ν nü;	P, ϱ rho;	Φ, φ phi;
B, β beta	Z, ζ zeta;	K, $\varkappa$ kappa;	Ξ, ξ xi;	Σ, σ sigma;	X, χ chi;
Γ, γ gamma;	H, η eta;	Λ, λ lambda;	O, o omikron;	T, τ tau;	Ψ, ψ psi;
Δ, δ delta;	Θ, ϑ theta;	M, μ mü;	Π, π pi;	Y, υ ypsīlon;	Ω, ω omega.

I.

Tafel zur Berechnung

1) der Seigerteufen und Sohlen für die Längen von 1 bis 20 Meter und die von 2,5 zu 2,5 Minuten wachsenden Winkel von 0 bis 90 Grad.

2) der Streichsinus und Streichcosinus für die Längen von 1 bis 20 Meter und die von 2,5 zu 2,5 Minuten wachsenden Winkel von 0 bis 180 Grad.

Streich- und Vertikal-Winkel. O+, W−		O+, W−		Vielfacher Sinus. Streichsinus. Länge. Seigerteufe.										Streich- und Vertikal-Winkel. O+, W−		O−, W+	
Grd.	Min.	Grd.	Min.	1	2	3	4	5	6	7	8	9	10	Grd.	Min.	Grd.	Min.
				7	15	22	29	36	44	51	58	65	73				
180	0	**0**	0	0,0000	0,0000	0,0000	0,0000	0,0000	0,0000	0,0000	0,0000	0,0000	0,0000	**90**	0	**90**	0
179	55		5	0,0015	0,0029	0,0044	0,0058	0,0073	0,0087	0,0102	0,0116	0,0131	0,0145	89	55		5
	50		10	0,0029	0,0058	0,0087	0,0116	0,0145	0,0175	0,0204	0,0233	0,0262	0,0291		50		10
	45		15	0,0044	0,0087	0,0131	0,0175	0,0218	0,0262	0,0305	0,0349	0,0393	0,0436		45		15
	40		20	0,0058	0,0116	0,0175	0,0233	0,0291	0,0349	0,0407	0,0465	0,0524	0,0582		40		20
	35		25	0,0073	0,0145	0,0218	0,0291	0,0364	0,0436	0,0509	0,0582	0,0654	0,0727		35		25
	30		30	0,0087	0,0175	0,0262	0,0349	0,0436	0,0524	0,0611	0,0698	0,0785	0,0873		30		30
	25		35	0,0102	0,0204	0,0305	0,0407	0,0509	0,0611	0,0713	0,0814	0,0916	0,1018		25		35
	20		40	0,0116	0,0233	0,0349	0,0465	0,0582	0,0698	0,0814	0,0931	0,1047	0,1164		20		40
	15		45	0,0131	0,0262	0,0393	0,0524	0,0654	0,0785	0,0916	0,1047	0,1178	0,1309		15		45
	10		50	0,0145	0,0291	0,0436	0,0582	0,0727	0,0873	0,1018	0,1164	0,1309	0,1454		10		50
	5	0	55	0,0160	0,0320	0,0480	0,0640	0,0800	0,0960	0,1120	0,1280	0,1440	0,1600		5	90	55
				7	15	22	29	36	44	51	58	65	73				
179	0	**1**	0	0,0175	0,0349	0,0524	0,0698	0,0873	0,1047	0,1222	0,1396	0,1571	0,1745	**89**	0	**91**	0
178	55		5	0,0189	0,0378	0,0567	0,0756	0,0945	0,1134	0,1323	0,1513	0,1702	0,1891	88	55		5
	50		10	0,0204	0,0407	0,0611	0,0814	0,1018	0,1222	0,1425	0,1629	0,1832	0,2036		50		10
	45		15	0,0218	0,0436	0,0654	0,0873	0,1091	0,1309	0,1527	0,1745	0,1963	0,2181		45		15
	40		20	0,0233	0,0465	0,0698	0,0931	0,1163	0,1396	0,1629	0,1862	0,2094	0,2327		40		20
	35		25	0,0247	0,0494	0,0742	0,0989	0,1236	0,1483	0,1731	0,1978	0,2225	0,2472		35		25
	30		30	0,0262	0,0524	0,0785	0,1047	0,1309	0,1571	0,1832	0,2094	0,2356	0,2618		30		30
	25		35	0,0276	0,0553	0,0829	0,1105	0,1382	0,1658	0,1934	0,2210	0,2487	0,2763		25		35
	20		40	0,0291	0,0582	0,0873	0,1163	0,1454	0,1745	0,2036	0,2327	0,2618	0,2908		20		40
	15		45	0,0305	0,0611	0,0916	0,1222	0,1527	0,1832	0,2138	0,2443	0,2748	0,3054		15		45
	10		50	0,0320	0,0640	0,0960	0,1280	0,1600	0,1920	0,2239	0,2559	0,2879	0,3199		10		50
	5	1	55	0,0334	0,0669	0,1003	0,1338	0,1672	0,2007	0,2341	0,2676	0,3010	0,3345		5	91	55
				7	15	22	29	36	44	51	58	65	73				
178	0	**2**	0	0,0349	0,0698	0,1047	0,1396	0,1745	0,2094	0,2443	0,2792	0,3141	0,3490	**88**	0	**92**	0
177	55		5	0,0364	0,0727	0,1091	0,1454	0,1818	0,2181	0,2545	0,2908	0,3272	0,3635	87	55		5
	50		10	0,0378	0,0756	0,1134	0,1512	0,1890	0,2268	0,2646	0,3025	0,3403	0,3781		50		10
	45		15	0,0393	0,0785	0,1178	0,1570	0,1963	0,2356	0,2748	0,3141	0,3533	0,3926		45		15
	40		20	0,0407	0,0814	0,1221	0,1629	0,2036	0,2443	0,2850	0,3257	0,3664	0,4071		40		20
	35		25	0,0422	0,0843	0,1265	0,1687	0,2108	0,2530	0,2952	0,3373	0,3795	0,4217		35		25
	30		30	0,0436	0,0872	0,1309	0,1745	0,2181	0,2617	0,3053	0,3490	0,3926	0,4362		30		30
	25		35	0,0451	0,0901	0,1352	0,1803	0,2254	0,2704	0,3155	0,3606	0,4057	0,4507		25		35
	20		40	0,0465	0,0931	0,1396	0,1861	0,2326	0,2792	0,3257	0,3722	0,4187	0,4653		20		40
	15		45	0,0480	0,0960	0,1439	0,1919	0,2399	0,2879	0,3358	0,3838	0,4318	0,4798		15		45
	10		50	0,0494	0,0989	0,1483	0,1977	0,2472	0,2966	0,3460	0,3954	0,4449	0,4943		10		50
	5	2	55	0,0509	0,1018	0,1527	0,2035	0,2544	0,3053	0,3562	0,4071	0,4580	0,5088		5	92	55
				7	15	22	29	36	44	51	58	65	73				
177	0	**3**	0	0,0523	0,1047	0,1570	0,2093	0,2617	0,3140	0,3664	0,4187	0,4710	0,5234	**87**	0	**93**	0
176	55		5	0,0538	0,1076	0,1614	0,2152	0,2689	0,3227	0,3765	0,4303	0,4841	0,5379	86	55		5
	50		10	0,0552	0,1105	0,1657	0,2210	0,2762	0,3314	0,3867	0,4419	0,4972	0,5524		50		10
	45		15	0,0567	0,1134	0,1701	0,2268	0,2835	0,3402	0,3968	0,4535	0,5102	0,5669		45		15
	40		20	0,0581	0,1163	0,1744	0,2326	0,2907	0,3489	0,4070	0,4652	0,5233	0,5814		40		20
	35		25	0,0596	0,1192	0,1788	0,2384	0,2980	0,3576	0,4172	0,4768	0,5364	0,5960		35		25
	30		30	0,0610	0,1221	0,1831	0,2442	0,3052	0,3663	0,4273	0,4884	0,5494	0,6105		30		30
	25		35	0,0625	0,1250	0,1875	0,2500	0,3125	0,3750	0,4375	0,5000	0,5625	0,6250		25		35
	20		40	0,0640	0,1279	0,1919	0,2558	0,3198	0,3837	0,4477	0,5116	0,5756	0,6395		20		40
	15		45	0,0654	0,1308	0,1962	0,2616	0,3270	0,3924	0,4578	0,5232	0,5886	0,6540		15		45
	10		50	0,0669	0,1337	0,2006	0,2674	0,3343	0,4011	0,4680	0,5348	0,6017	0,6685		10		50
	5	3	55	0,0683	0,1366	0,2049	0,2732	0,3415	0,4098	0,4781	0,5464	0,6147	0,6831		5	93	55
				7	15	22	29	36	44	51	58	65	73				
176	0	**4**	0	0,0698	0,1395	0,2093	0,2790	0,3488	0,4185	0,4883	0,5581	0,6278	0,6976	**86**	0	**94**	0
175	55		5	0,0712	0,1424	0,2136	0,2848	0,3560	0,4272	0,4985	0,5697	0,6409	0,7121	85	55		5
	50		10	0,0727	0,1453	0,2180	0,2906	0,3633	0,4359	0,5086	0,5813	0,6539	0,7266		50		10
	45		15	0,0741	0,1482	0,2223	0,2964	0,3705	0,4447	0,5188	0,5929	0,6670	0,7411		45		15
	40		20	0,0756	0,1511	0,2267	0,3022	0,3778	0,4534	0,5289	0,6045	0,6800	0,7556		40		20
	35		25	0,0770	0,1540	0,2310	0,3080	0,3850	0,4621	0,5391	0,6161	0,6931	0,7701		35		25
	30		30	0,0785	0,1569	0,2354	0,3138	0,3923	0,4708	0,5492	0,6277	0,7061	0,7846		30		30
	25		35	0,0799	0,1598	0,2397	0,3196	0,3995	0,4795	0,5594	0,6393	0,7192	0,7991		25		35
	20		40	0,0814	0,1627	0,2441	0,3254	0,4068	0,4882	0,5695	0,6509	0,7322	0,8136		20		40
	15		45	0,0828	0,1656	0,2484	0,3312	0,4140	0,4968	0,5797	0,6625	0,7453	0,8281		15		45
	10		50	0,0843	0,1685	0,2528	0,3370	0,4213	0,5055	0,5898	0,6741	0,7583	0,8426		10		50
	5	4	55	0,0857	0,1714	0,2571	0,3428	0,4285	0,5142	0,5999	0,6857	0,7714	0,8571		5	94	55
				7	14	22	29	36	43	51	58	65	72				
175	0	**5**	0	0,0872	0,1743	0,2615	0,3486	0,4358	0,5229	0,6101	0,6972	0,7844	0,8716	**85**	0	**95**	0
Grd.	Min.	Grd.	Min.	1	2	3	4	5	6	7	8	9	10	Grd.	Min.	Grd.	Min.
O+, W− Streich- und Vertikal-Winkel.		O+, W−		Vielfacher Cosinus. Streichcosinus. Breite. Sohle.										O+, W− Streich- und Vertikal-Winkel.		O−, W+	

Streich- und Vertikal-Winkel. O+, W–		O+, W–		Vielfacher Sinus.	Streichsinus.	Länge.	Seigerteufe.							Streich- und Vertikal-Winkel. O+, W–		O–, W+	
Grd.	Min.	Grd.	Min.	11	12	13	14	15	16	17	18	19	20	Grd.	Min.	Grd.	Min.
				80	87	95	102	109	116	124	131	138	145				
180	0	0	0	0,0000	0,0000	0,0000	0,0000	0,0000	0,0000	0,0000	0,0000	0,0000	0,0000	90	0	90	0
179	55		5	0,0160	0,0175	0,0189	0,0204	0,0218	0,0233	0,0247	0,0262	0,0276	0,0291	89	55		5
	50		10	0,0320	0,0349	0,0378	0,0407	0,0436	0,0465	0,0495	0,0524	0,0553	0,0582		50		10
	45		15	0,0480	0,0524	0,0567	0,0611	0,0654	0,0698	0,0742	0,0785	0,0829	0,0873		45		15
	40		20	0,0640	0,0698	0,0756	0,0814	0,0873	0,0931	0,0989	0,1047	0,1105	0,1164		40		20
	35		25	0,0800	0,0873	0,0945	0,1018	0,1091	0,1164	0,1236	0,1309	0,1382	0,1454		35		25
	30		30	0,0960	0,1047	0,1134	0,1222	0,1309	0,1396	0,1484	0,1571	0,1658	0,1745		30		30
	25		35	0,1120	0,1222	0,1324	0,1425	0,1527	0,1629	0,1731	0,1833	0,1934	0,2036		25		35
	20		40	0,1280	0,1396	0,1513	0,1629	0,1745	0,1862	0,1978	0,2094	0,2211	0,2327		20		40
	15		45	0,1440	0,1571	0,1702	0,1833	0,1963	0,2094	0,2225	0,2356	0,2487	0,2618		15		45
	10		50	0,1600	0,1745	0,1891	0,2036	0,2182	0,2327	0,2472	0,2618	0,2763	0,2909		10		50
	5	0	55	0,1760	0,1920	0,2080	0,2240	0,2400	0,2560	0,2720	0,2880	0,3040	0,3200		5	90	55
				80	87	95	102	109	116	124	131	138	145				
179	0	1	0	0,1920	0,2094	0,2269	0,2443	0,2618	0,2792	0,2967	0,3141	0,3316	0,3490	89	0	91	0
178	55		5	0,2080	0,2269	0,2458	0,2647	0,2836	0,3025	0,3214	0,3403	0,3592	0,3781	88	55		5
	50		10	0,2240	0,2443	0,2647	0,2851	0,3054	0,3258	0,3461	0,3665	0,3869	0,4072		50		10
	45		15	0,2400	0,2618	0,2836	0,3054	0,3272	0,3490	0,3709	0,3927	0,4145	0,4363		45		15
	40		20	0,2560	0,2792	0,3025	0,3258	0,3490	0,3723	0,3956	0,4188	0,4421	0,4654		40		20
	35		25	0,2720	0,2967	0,3214	0,3461	0,3708	0,3956	0,4203	0,4450	0,4697	0,4945		35		25
	30		30	0,2879	0,3141	0,3403	0,3665	0,3927	0,4188	0,4450	0,4712	0,4974	0,5235		30		30
	25		35	0,3039	0,3316	0,3592	0,3868	0,4145	0,4421	0,4697	0,4974	0,5250	0,5526		25		35
	20		40	0,3199	0,3490	0,3781	0,4072	0,4363	0,4654	0,4944	0,5235	0,5526	0,5817		20		40
	15		45	0,3359	0,3665	0,3970	0,4275	0,4581	0,4886	0,5192	0,5497	0,5802	0,6108		15		45
	10		50	0,3519	0,3839	0,4159	0,4479	0,4799	0,5119	0,5439	0,5759	0,6079	0,6398		10		50
	5	1	55	0,3679	0,4014	0,4348	0,4682	0,5017	0,5351	0,5686	0,6020	0,6355	0,6689		5	91	55
				80	87	94	102	109	116	124	131	138	145				
178	0	2	0	0,3839	0,4188	0,4537	0,4886	0,5235	0,5584	0,5933	0,6282	0,6631	0,6980	88	0	92	0
177	55		5	0,3999	0,4362	0,4726	0,5089	0,5453	0,5816	0,6180	0,6544	0,6907	0,7271	87	55		5
	50		10	0,4159	0,4537	0,4915	0,5293	0,5671	0,6049	0,6427	0,6805	0,7183	0,7561		50		10
	45		15	0,4319	0,4711	0,5104	0,5496	0,5889	0,6282	0,6674	0,7067	0,7459	0,7852		45		15
	40		20	0,4478	0,4886	0,5293	0,5700	0,6107	0,6514	0,6921	0,7328	0,7735	0,8143		40		20
	35		25	0,4638	0,5060	0,5482	0,5903	0,6325	0,6747	0,7168	0,7590	0,8012	0,8433		35		25
	30		30	0,4798	0,5234	0,5671	0,6107	0,6543	0,6979	0,7415	0,7851	0,8288	0,8724		30		30
	25		35	0,4958	0,5409	0,5859	0,6310	0,6761	0,7212	0,7662	0,8113	0,8564	0,9014		25		35
	20		40	0,5118	0,5583	0,6048	0,6514	0,6979	0,7444	0,7909	0,8375	0,8840	0,9305		20		40
	15		45	0,5278	0,5757	0,6237	0,6717	0,7197	0,7677	0,8156	0,8636	0,9116	0,9596		15		45
	10		50	0,5437	0,5932	0,6426	0,6920	0,7415	0,7909	0,8403	0,8898	0,9392	0,9886		10		50
	5	2	55	0,5597	0,6106	0,6615	0,7124	0,7633	0,8141	0,8650	0,9159	0,9668	1,0177		5	92	55
				80	87	94	102	109	116	123	131	138	145				
177	0	3	0	0,5757	0,6280	0,6804	0,7327	0,7850	0,8374	0,8897	0,9420	0,9944	1,0467	87	0	93	0
176	55		5	0,5917	0,6455	0,6992	0,7530	0,8068	0,8606	0,9144	0,9682	1,0220	1,0758	86	55		5
	50		10	0,6076	0,6629	0,7181	0,7734	0,8286	0,8839	0,9391	0,9943	1,0496	1,1048		50		10
	45		15	0,6236	0,6803	0,7370	0,7937	0,8504	0,9071	0,9638	1,0205	1,0772	1,1339		45		15
	40		20	0,6396	0,6977	0,7559	0,8140	0,8722	0,9303	0,9885	1,0466	1,1048	1,1629		40		20
	35		25	0,6556	0,7152	0,7748	0,8344	0,8940	0,9535	1,0131	1,0727	1,1323	1,1919		35		25
	30		30	0,6715	0,7326	0,7936	0,8547	0,9157	0,9768	1,0378	1,0989	1,1599	1,2210		30		30
	25		35	0,6875	0,7500	0,8125	0,8750	0,9375	1,0000	1,0625	1,1250	1,1875	1,2500		25		35
	20		40	0,7035	0,7674	0,8314	0,8953	0,9593	1,0232	1,0872	1,1511	1,2151	1,2790		20		40
	15		45	0,7194	0,7848	0,8502	0,9156	0,9810	1,0465	1,1119	1,1773	1,2427	1,3081		15		45
	10		50	0,7354	0,8023	0,8691	0,9360	1,0028	1,0697	1,1365	1,2034	1,2702	1,3371		10		50
	5	3	55	0,7514	0,8197	0,8880	0,9563	1,0246	1,0929	1,1612	1,2295	1,2978	1,3661		5	93	55
				80	87	94	102	109	116	123	131	138	145				
176	0	4	0	0,7673	0,8371	0,9068	0,9766	1,0463	1,1161	1,1859	1,2556	1,3254	1,3951	86	0	94	0
175	55		5	0,7833	0,8545	0,9257	0,9969	1,0681	1,1393	1,2105	1,2817	1,3529	1,4241	85	55		5
	50		10	0,7992	0,8719	0,9446	1,0172	1,0899	1,1625	1,2352	1,3078	1,3805	1,4532		50		10
	45		15	0,8152	0,8893	0,9634	1,0375	1,1116	1,1857	1,2598	1,3340	1,4081	1,4822		45		15
	40		20	0,8311	0,9067	0,9823	1,0578	1,1334	1,2089	1,2845	1,3601	1,4356	1,5112		40		20
	35		25	0,8471	0,9241	1,0011	1,0781	1,1551	1,2321	1,3092	1,3862	1,4632	1,5402		35		25
	30		30	0,8631	0,9415	1,0200	1,0984	1,1769	1,2553	1,3338	1,4123	1,4907	1,5692		30		30
	25		35	0,8790	0,9589	1,0388	1,1187	1,1986	1,2785	1,3585	1,4384	1,5183	1,5982		25		35
	20		40	0,8949	0,9763	1,0577	1,1390	1,2204	1,3017	1,3831	1,4645	1,5458	1,6272		20		40
	15		45	0,9109	0,9937	1,0765	1,1593	1,2421	1,3249	1,4077	1,4905	1,5734	1,6562		15		45
	10		50	0,9268	1,0111	1,0953	1,1796	1,2639	1,3481	1,4324	1,5166	1,6009	1,6852		10		50
	5	4	55	0,9428	1,0285	1,1142	1,1999	1,2856	1,3713	1,4570	1,5427	1,6284	1,7141		5	94	55
				80	87	94	101	109	116	123	130	138	145				
175	0	5	0	0,9587	1,0459	1,1330	1,2202	1,3073	1,3945	1,4816	1,5688	1,6560	1,7431	85	0	95	0
Grd.	Min.	Grd.	Min.	11	12	13	14	15	16	17	18	19	20	Grd.	Min.	Grd.	Min.
O+, W–		O+, W–		Vielfacher Cosinus.	Streichcosinus.	Breite.	Sohle.							O+, W–		O–, W+	
Streich- und Vertikal-Winkel.														Streich- und Vertikal-Winkel.			

Streich- und Vertikal-Winkel. O+, W–		O+, W–		Vielfacher Sinus. Streichsinus. Länge. Seigerteufe.										Streich- und Vertikal-Winkel. O+, W–		O–, W+	
Grd.	Min.	Grd.	Min.	1	2	3	4	5	6	7	8	9	10	Grd.	Min.	Grd.	Min.
				7	14	22	29	36	43	51	58	65	72				
175	0	**5**	0	0,0872	0,1743	0,2615	0,3486	0,4358	0,5229	0,6101	0,6972	0,7844	0,8716	**85**	0	**95**	0
174	55		5	0,0886	0,1772	0,2658	0,3544	0,4430	0,5316	0,6202	0,7088	0,7974	0,8860	84	55		5
	50		10	0,0901	0,1801	0,2702	0,3602	0,4503	0,5403	0,6304	0,7204	0,8105	0,9005		50		10
	45		15	0,0915	0,1830	0,2745	0,3660	0,4575	0,5490	0,6405	0,7320	0,8235	0,9150		45		15
	40		20	0,0929	0,1859	0,2788	0,3718	0,4647	0,5577	0,6506	0,7436	0,8365	0,9295		40		20
	35		25	0,0944	0,1888	0,2832	0,3776	0,4720	0,5664	0,6608	0,7552	0,8496	0,9440		35		25
	30		30	0,0958	0,1917	0,2875	0,3834	0,4792	0,5751	0,6709	0,7668	0,8626	0,9585		30		30
	25		35	0,0973	0,1946	0,2919	0,3892	0,4865	0,5838	0,6811	0,7783	0,8756	0,9729		25		35
	20		40	0,0987	0,1975	0,2962	0,3950	0,4937	0,5924	0,6912	0,7899	0,8887	0,9874		20		40
	15		45	0,1002	0,2004	0,3006	0,4008	0,5009	0,6011	0,7013	0,8015	0,9017	1,0019		15		45
	10		50	0,1016	0,2033	0,3049	0,4065	0,5082	0,6098	0,7114	0,8131	0,9147	1,0164		10		50
	5	5	55	0,1031	0,2062	0,3092	0,4123	0,5154	0,6185	0,7216	0,8247	0,9277	1,0308		5	95	55
				7	14	22	29	36	43	51	58	65	72				
174	0	**6**	0	0,1045	0,2091	0,3136	0,4181	0,5226	0,6272	0,7317	0,8362	0,9408	1,0453	**84**	0	**96**	0
173	55		5	0,1060	0,2119	0,3179	0,4239	0,5299	0,6358	0,7418	0,8478	0,9538	1,0597	83	55		5
	50		10	0,1074	0,2148	0,3223	0,4297	0,5371	0,6445	0,7519	0,8594	0,9668	1,0742		50		10
	45		15	0,1089	0,2177	0,3266	0,4355	0,5443	0,6532	0,7621	0,8709	0,9798	1,0887		45		15
	40		20	0,1103	0,2206	0,3309	0,4413	0,5516	0,6619	0,7722	0,8825	0,9928	1,1031		40		20
	35		25	0,1118	0,2235	0,3353	0,4470	0,5588	0,6705	0,7823	0,8941	1,0058	1,1176		35		25
	30		30	0,1132	0,2264	0,3396	0,4528	0,5660	0,6792	0,7924	0,9056	1,0188	1,1320		30		30
	25		35	0,1146	0,2293	0,3439	0,4586	0,5732	0,6879	0,8025	0,9172	1,0318	1,1465		25		35
	20		40	0,1161	0,2322	0,3483	0,4644	0,5805	0,6966	0,8127	0,9287	1,0448	1,1609		20		40
	15		45	0,1175	0,2351	0,3526	0,4701	0,5877	0,7052	0,8228	0,9403	1,0578	1,1754		15		45
	10		50	0,1190	0,2380	0,3569	0,4759	0,5949	0,7139	0,8329	0,9519	1,0708	1,1898		10		50
	5	6	55	0,1204	0,2409	0,3613	0,4817	0,6021	0,7226	0,8430	0,9634	1,0838	1,2043		5	96	55
				7	14	22	29	36	43	50	58	65	72				
173	0	**7**	0	0,1219	0,2437	0,3656	0,4875	0,6093	0,7312	0,8531	0,9750	1,0968	1,2187	**83**	0	**97**	0
172	55		5	0,1233	0,2466	0,3699	0,4933	0,6166	0,7399	0,8632	0,9865	1,1098	1,2331	82	55		5
	50		10	0,1248	0,2495	0,3743	0,4990	0,6238	0,7485	0,8733	0,9980	1,1228	1,2476		50		10
	45		15	0,1262	0,2524	0,3786	0,5048	0,6310	0,7572	0,8834	1,0096	1,1358	1,2620		45		15
	40		20	0,1276	0,2553	0,3829	0,5106	0,6382	0,7658	0,8935	1,0211	1,1488	1,2764		40		20
	35		25	0,1291	0,2582	0,3873	0,5163	0,6454	0,7745	0,9036	1,0327	1,1618	1,2908		35		25
	30		30	0,1305	0,2611	0,3916	0,5221	0,6526	0,7832	0,9137	1,0442	1,1747	1,3053		30		30
	25		35	0,1320	0,2639	0,3959	0,5279	0,6598	0,7918	0,9238	1,0557	1,1877	1,3197		25		35
	20		40	0,1334	0,2668	0,4002	0,5336	0,6670	0,8005	0,9339	1,0673	1,2007	1,3341		20		40
	15		45	0,1349	0,2697	0,4046	0,5394	0,6743	0,8091	0,9440	1,0788	1,2137	1,3485		15		45
	10		50	0,1363	0,2726	0,4089	0,5452	0,6815	0,8178	0,9540	1,0903	1,2266	1,3629		10		50
	5	7	55	0,1377	0,2755	0,4132	0,5509	0,6887	0,8264	0,9641	1,1019	1,2396	1,3773		5	97	55
				7	14	22	29	36	43	50	58	65	72				
172	0	**8**	0	0,1392	0,2783	0,4175	0,5567	0,6959	0,8350	0,9742	1,1134	1,2526	1,3917	**82**	0	**98**	0
171	55		5	0,1406	0,2812	0,4218	0,5625	0,7031	0,8437	0,9843	1,1249	1,2655	1,4061	81	55		5
	50		10	0,1421	0,2841	0,4262	0,5682	0,7103	0,8523	0,9944	1,1364	1,2785	1,4205		50		10
	45		15	0,1435	0,2870	0,4305	0,5740	0,7175	0,8610	1,0044	1,1479	1,2914	1,4349		45		15
	40		20	0,1449	0,2899	0,4348	0,5797	0,7247	0,8696	1,0145	1,1595	1,3044	1,4493		40		20
	35		25	0,1464	0,2927	0,4391	0,5855	0,7319	0,8782	1,0246	1,1710	1,3173	1,4637		35		25
	30		30	0,1478	0,2956	0,4434	0,5912	0,7390	0,8869	1,0347	1,1825	1,3303	1,4781		30		30
	25		35	0,1492	0,2985	0,4477	0,5970	0,7462	0,8955	1,0447	1,1940	1,3432	1,4925		25		35
	20		40	0,1507	0,3014	0,4521	0,6027	0,7534	0,9041	1,0548	1,2055	1,3562	1,5069		20		40
	15		45	0,1521	0,3042	0,4564	0,6085	0,7606	0,9127	1,0649	1,2170	1,3691	1,5212		15		45
	10		50	0,1536	0,3071	0,4607	0,6142	0,7678	0,9214	1,0749	1,2285	1,3820	1,5356		10		50
	5	8	55	0,1550	0,3100	0,4650	0,6200	0,7750	0,9300	1,0850	1,2400	1,3950	1,5500		5	98	55
				7	14	22	29	36	43	50	57	65	72				
171	0	**9**	0	0,1564	0,3129	0,4693	0,6257	0,7822	0,9386	1,0950	1,2515	1,4079	1,5643	**81**	0	**99**	0
170	55		5	0,1579	0,3157	0,4736	0,6315	0,7894	0,9472	1,1051	1,2630	1,4208	1,5787	80	55		5
	50		10	0,1593	0,3186	0,4779	0,6372	0,7965	0,9558	1,1151	1,2745	1,4338	1,5931		50		10
	45		15	0,1607	0,3215	0,4822	0,6430	0,8037	0,9645	1,1252	1,2859	1,4467	1,6074		45		15
	40		20	0,1622	0,3244	0,4865	0,6487	0,8109	0,9731	1,1352	1,2974	1,4596	1,6218		40		20
	35		25	0,1636	0,3272	0,4908	0,6545	0,8181	0,9817	1,1453	1,3089	1,4725	1,6361		35		25
	30		30	0,1650	0,3301	0,4951	0,6602	0,8252	0,9903	1,1553	1,3204	1,4854	1,6505		30		30
	25		35	0,1665	0,3330	0,4994	0,6659	0,8324	0,9989	1,1654	1,3319	1,4983	1,6648		25		35
	20		40	0,1679	0,3358	0,5037	0,6717	0,8396	1,0075	1,1754	1,3433	1,5112	1,6792		20		40
	15		45	0,1693	0,3387	0,5080	0,6774	0,8467	1,0161	1,1854	1,3548	1,5241	1,6935		15		45
	10		50	0,1708	0,3416	0,5123	0,6831	0,8539	1,0247	1,1955	1,3663	1,5370	1,7078		10		50
	5	9	55	0,1722	0,3444	0,5166	0,6889	0,8611	1,0333	1,2055	1,3777	1,5499	1,7222		5	99	55
				7	14	21	29	36	43	50	57	64	72				
170	0	**10**	0	0,1736	0,3473	0,5209	0,6946	0,8682	1,0419	1,2155	1,3892	1,5628	1,7365	**80**	0	**100**	0
Grd.	Min.	Grd.	Min.	1	2	3	4	5	6	7	8	9	10	Grd.	Min.	Grd.	Min.
O+, W–		O+, W–		Vielfacher Cosinus. Streichcosinus. Breite. Sohle.										O+, W–		O–, W+	
Streich- und Vertikal-Winkel.														Streich- und Vertikal-Winkel.			

Vielfacher Sinus. Streichsinus. Länge. Seigerteufe.

Streich- und Vertikal-Winkel O+, W—		O+, W—												Streich- und Vertikal-Winkel O+, W—		O—, W+	
Grd.	Min.	Grd.	Min.	11	12	13	14	15	16	17	18	19	20	Grd.	Min.	Grd.	Min.
				80	87	94	101	109	116	123	130	138	145				
175	0	**5**	0	0,9587	1,0459	1,1330	1,2202	1,3073	1,3945	1,4816	1,5688	1,6560	1,7431	**85**	0	**95**	0
174	55		5	0,9747	1,0633	1,1519	1,2405	1,3291	1,4177	1,5063	1,5949	1,6835	1,7721	84	55		5
	50		10	0,9906	1,0806	1,1707	1,2607	1,3508	1,4409	1,5309	1,6210	1,7110	1,8011		50		10
	45		15	1,0065	1,0980	1,1895	1,2810	1,3725	1,4640	1,5555	1,6470	1,7385	1,8300		45		15
	40		20	1,0224	1,1154	1,2083	1,3013	1,3942	1,4872	1,5801	1,6731	1,7660	1,8590		40		20
	35		25	1,0384	1,1328	1,2272	1,3216	1,4160	1,5104	1,6048	1,6992	1,7936	1,8880		35		25
	30		30	1,0543	1,1501	1,2460	1,3418	1,4377	1,5335	1,6294	1,7252	1,8211	1,9169		30		30
	25		35	1,0702	1,1675	1,2648	1,3621	1,4594	1,5567	1,6540	1,7513	1,8486	1,9459		25		35
	20		40	1,0861	1,1849	1,2836	1,3824	1,4811	1,5799	1,6786	1,7773	1,8761	1,9748		20		40
	15		45	1,1021	1,2023	1,3024	1,4026	1,5028	1,6030	1,7032	1,8034	1,9036	2,0038		15		45
	10		50	1,1180	1,2196	1,3213	1,4229	1,5245	1,6262	1,7278	1,8294	1,9311	2,0327		10		50
	5	5	55	1,1339	1,2370	1,3401	1,4431	1,5462	1,6493	1,7524	1,8555	1,9586	2,0616		5	95	55
				79	87	94	101	108	116	123	130	137	145				
174	0	**6**	0	1,1498	1,2543	1,3589	1,4634	1,5679	1,6725	1,7770	1,8815	1,9860	2,0906	**84**	0	**96**	0
173	55		5	1,1657	1,2717	1,3777	1,4836	1,5896	1,6956	1,8016	1,9075	2,0135	2,1195	83	55		5
	50		10	1,1816	1,2891	1,3965	1,5039	1,6113	1,7187	1,8262	1,9336	2,0410	2,1484		50		10
	45		15	1,1975	1,3064	1,4153	1,5241	1,6330	1,7419	1,8507	1,9596	2,0685	2,1773		45		15
	40		20	1,2134	1,3238	1,4341	1,5444	1,6547	1,7650	1,8753	1,9856	2,0959	2,2063		40		20
	35		25	1,2293	1,3411	1,4529	1,5646	1,6764	1,7881	1,8999	2,0116	2,1234	2,2352		35		25
	30		30	1,2452	1,3584	1,4716	1,5848	1,6980	1,8113	1,9245	2,0377	2,1509	2,2641		30		30
	25		35	1,2611	1,3758	1,4904	1,6051	1,7197	1,8344	1,9490	2,0637	2,1783	2,2930		25		35
	20		40	1,2770	1,3931	1,5092	1,6253	1,7414	1,8575	1,9736	2,0897	2,2058	2,3219		20		40
	15		45	1,2929	1,4104	1,5280	1,6455	1,7631	1,8806	1,9981	2,1157	2,2332	2,3507		15		45
	10		50	1,3088	1,4278	1,5468	1,6657	1,7847	1,9037	2,0227	2,1417	2,2607	2,3796		10		50
	5	6	55	1,3247	1,4451	1,5655	1,6860	1,8064	1,9268	2,0472	2,1677	2,2881	2,4085		5	96	55
				79	87	94	101	108	115	123	130	137	144				
173	0	**7**	0	1,3406	1,4624	1,5843	1,7062	1,8280	1,9499	2,0718	2,1936	2,3155	2,4374	**83**	0	**97**	0
172	55		5	1,3564	1,4798	1,6031	1,7264	1,8497	1,9730	2,0963	2,2196	2,3429	2,4663	82	55		5
	50		10	1,3723	1,4971	1,6218	1,7466	1,8713	1,9961	2,1209	2,2456	2,3704	2,4951		50		10
	45		15	1,3882	1,5144	1,6406	1,7668	1,8930	2,0192	2,1454	2,2716	2,3978	2,5240		45		15
	40		20	1,4041	1,5317	1,6593	1,7870	1,9146	2,0423	2,1699	2,2975	2,4252	2,5528		40		20
	35		25	1,4199	1,5490	1,6781	1,8072	1,9363	2,0653	2,1944	2,3235	2,4526	2,5817		35		25
	30		30	1,4358	1,5663	1,6968	1,8274	1,9579	2,0884	2,2189	2,3495	2,4800	2,6105		30		30
	25		35	1,4516	1,5836	1,7156	1,8476	1,9795	2,1115	2,2435	2,3754	2,5074	2,6394		25		35
	20		40	1,4675	1,6009	1,7343	1,8677	2,0011	2,1346	2,2680	2,4014	2,5348	2,6682		20		40
	15		45	1,4834	1,6182	1,7531	1,8879	2,0228	2,1576	2,2925	2,4273	2,5622	2,6970		15		45
	10		50	1,4992	1,6355	1,7718	1,9081	2,0444	2,1807	2,3170	2,4533	2,5895	2,7258		10		50
	5	7	55	1,5151	1,6528	1,7905	1,9283	2,0660	2,2037	2,3415	2,4792	2,6169	2,7547		5	97	55
				79	86	94	101	108	115	122	129	137	144				
172	0	**8**	0	1,5309	1,6701	1,8093	1,9484	2,0876	2,2268	2,3659	2,5051	2,6443	2,7835	**82**	0	**98**	0
171	55		5	1,5467	1,6874	1,8280	1,9686	2,1092	2,2498	2,3904	2,5310	2,6717	2,8123	81	55		5
	50		10	1,5626	1,7046	1,8467	1,9887	2,1308	2,2728	2,4149	2,5570	2,6990	2,8411		50		10
	45		15	1,5784	1,7219	1,8654	2,0089	2,1524	2,2959	2,4394	2,5829	2,7264	2,8699		45		15
	40		20	1,5943	1,7392	1,8841	2,0290	2,1740	2,3189	2,4638	2,6088	2,7537	2,8986		40		20
	35		25	1,6101	1,7564	1,9028	2,0492	2,1956	2,3419	2,4883	2,6347	2,7810	2,9274		35		25
	30		30	1,6259	1,7737	1,9215	2,0693	2,2171	2,3650	2,5128	2,6606	2,8084	2,9562		30		30
	25		35	1,6417	1,7910	1,9402	2,0895	2,2387	2,3880	2,5372	2,6865	2,8357	2,9850		25		35
	20		40	1,6575	1,8082	1,9589	2,1096	2,2603	2,4110	2,5617	2,7123	2,8630	3,0137		20		40
	15		45	1,6734	1,8255	1,9776	2,1297	2,2819	2,4340	2,5861	2,7382	2,8903	3,0425		15		45
	10		50	1,6892	1,8427	1,9963	2,1499	2,3034	2,4570	2,6105	2,7641	2,9177	3,0712		10		50
	5	8	55	1,7050	1,8600	2,0150	2,1700	2,3250	2,4800	2,6350	2,7900	2,9450	3,1000		5	98	55
				79	86	93	100	108	115	122	129	136	143				
171	0	**9**	0	1,7208	1,8772	2,0336	2,1901	2,3465	2,5030	2,6594	2,8158	2,9723	3,1287	**81**	0	**99**	0
170	55		5	1,7366	1,8945	2,0523	2,2102	2,3681	2,5259	2,6838	2,8417	2,9995	3,1574	80	55		5
	50		10	1,7524	1,9117	2,0710	2,2303	2,3896	2,5489	2,7082	2,8675	3,0268	3,1861		50		10
	45		15	1,7682	1,9289	2,0897	2,2504	2,4111	2,5719	2,7326	2,8934	3,0541	3,2149		45		15
	40		20	1,7840	1,9461	2,1083	2,2705	2,4327	2,5948	2,7570	2,9192	3,0814	3,2436		40		20
	35		25	1,7997	1,9634	2,1270	2,2906	2,4542	2,6178	2,7814	2,9450	3,1086	3,2723		35		25
	30		30	1,8155	1,9806	2,1456	2,3107	2,4757	2,6408	2,8058	2,9709	3,1359	3,3010		30		30
	25		35	1,8313	1,9978	2,1643	2,3307	2,4972	2,6637	2,8302	2,9967	3,1632	3,3296		25		35
	20		40	1,8471	2,0150	2,1829	2,3508	2,5187	2,6867	2,8546	3,0225	3,1904	3,3583		20		40
	15		45	1,8628	2,0322	2,2015	2,3709	2,5402	2,7096	2,8789	3,0483	3,2176	3,3870		15		45
	10		50	1,8786	2,0494	2,2202	2,3910	2,5617	2,7325	2,9033	3,0741	3,2449	3,4157		10		50
	5	9	55	1,8944	2,0666	2,2388	2,4110	2,5832	2,7555	2,9277	3,0999	3,2721	3,4443		5	99	55
				79	86	93	100	107	114	122	129	136	143				
170	0	**10**	0	1,9101	2,0838	2,2574	2,4311	2,6047	2,7784	2,9520	3,1257	3,2993	3,4730	**80**	0	**100**	0
Grd.	Min.	Grd.	Min.	11	12	13	14	15	16	17	18	19	20	Grd.	Min.	Grd.	Min.
O+, W— Streich- und Vertikal-Winkel		O+, W—												O+, W— Streich- und Vertikal-Winkel		O—, W+	

Vielfacher Cosinus. Streichcosinus. Breite. Sohle.

Streich- und Vertikal-Winkel O+, W−		Streich- und Vertikal-Winkel O+, W−		Vielfacher Sinus. Streichsinus. Länge. Seigerteufe.										Streich- und Vertikal-Winkel O+, W−		Streich- und Vertikal-Winkel O−, W+	
Grd.	Min.	Grd.	Min.	1	2	3	4	5	6	7	8	9	10	Grd.	Min.	Grd.	Min.
				7	14	21	29	36	43	50	57	64	72				
170	0	**10**	0	0,1736	0,3473	0,5209	0,6946	0,8682	1,0419	1,2155	1,3892	1,5628	1,7365	**80**	0	**100**	0
169	55		5	0,1751	0,3502	0,5252	0,7003	0,8754	1,0505	1,2256	1,4006	1,5757	1,7508	79	55		5
	50		10	0,1765	0,3530	0,5295	0,7060	0,8826	1,0591	1,2356	1,4121	1,5886	1,7651		50		10
	45		15	0,1779	0,3559	0,5338	0,7118	0,8897	1,0677	1,2456	1,4235	1,6015	1,7794		45		15
	40		20	0,1794	0,3587	0,5381	0,7175	0,8969	1,0762	1,2556	1,4350	1,6144	1,7937		40		20
	35		25	0,1808	0,3616	0,5424	0,7232	0,9040	1,0848	1,2656	1,4464	1,6272	1,8081		35		25
	30		30	0,1822	0,3645	0,5467	0,7289	0,9112	1,0934	1,2756	1,4579	1,6401	1,8224		30		30
	25		35	0,1837	0,3673	0,5510	0,7347	0,9183	1,1020	1,2857	1,4693	1,6530	1,8367		25		35
	20		40	0,1851	0,3702	0,5553	0,7404	0,9255	1,1106	1,2957	1,4808	1,6659	1,8509		20		40
	15		45	0,1865	0,3730	0,5596	0,7461	0,9326	1,1191	1,3057	1,4922	1,6787	1,8652		15		45
	10		50	0,1880	0,3759	0,5639	0,7518	0,9398	1,1277	1,3157	1,5036	1,6916	1,8795		10		50
	5	10	55	0,1894	0,3788	0,5681	0,7575	0,9469	1,1363	1,3257	1,5150	1,7044	1,8938		5	100	55
				7	14	21	29	36	43	50	57	64	71				
169	0	**11**	0	0,1908	0,3816	0,5724	0,7632	0,9540	1,1449	1,3357	1,5265	1,7173	1,9081	**79**	0	**101**	0
168	55		5	0,1922	0,3845	0,5767	0,7689	0,9612	1,1534	1,3457	1,5379	1,7301	1,9224	78	55		5
	50		10	0,1937	0,3873	0,5810	0,7747	0,9683	1,1620	1,3556	1,5493	1,7430	1,9366		50		10
	45		15	0,1951	0,3902	0,5853	0,7804	0,9755	1,1705	1,3656	1,5607	1,7558	1,9509		45		15
	40		20	0,1965	0,3930	0,5895	0,7861	0,9826	1,1791	1,3756	1,5721	1,7686	1,9652		40		20
	35		25	0,1979	0,3959	0,5938	0,7918	0,9897	1,1877	1,3856	1,5835	1,7815	1,9794		35		25
	30		30	0,1994	0,3987	0,5981	0,7975	0,9968	1,1962	1,3956	1,5949	1,7943	1,9937		30		30
	25		35	0,2008	0,4016	0,6024	0,8032	1,0040	1,2048	1,4056	1,6063	1,8071	2,0079		25		35
	20		40	0,2022	0,4044	0,6067	0,8089	1,0111	1,2133	1,4155	1,6177	1,8200	2,0222		20		40
	15		45	0,2036	0,4073	0,6109	0,8146	1,0182	1,2219	1,4255	1,6291	1,8328	2,0364		15		45
	10		50	0,2051	0,4101	0,6152	0,8203	1,0253	1,2304	1,4355	1,6405	1,8456	2,0507		10		50
	5	11	55	0,2065	0,4130	0,6195	0,8260	1,0324	1,2389	1,4454	1,6519	1,8584	2,0649		5	101	55
				7	14	21	28	36	43	50	57	64	71				
168	0	**12**	0	0,2079	0,4158	0,6237	0,8316	1,0396	1,2475	1,4554	1,6633	1,8712	2,0791	**78**	0	**102**	0
167	55		5	0,2093	0,4187	0,6280	0,8373	1,0467	1,2560	1,4653	1,6747	1,8840	2,0933	77	55		5
	50		10	0,2108	0,4215	0,6323	0,8430	1,0538	1,2645	1,4753	1,6860	1,8968	2,1076		50		10
	45		15	0,2122	0,4244	0,6365	0,8487	1,0609	1,2731	1,4852	1,6974	1,9096	2,1218		45		15
	40		20	0,2136	0,4272	0,6408	0,8544	1,0680	1,2816	1,4952	1,7088	1,9224	2,1360		40		20
	35		25	0,2150	0,4300	0,6451	0,8601	1,0751	1,2901	1,5051	1,7202	1,9352	2,1502		35		25
	30		30	0,2164	0,4329	0,6493	0,8658	1,0822	1,2986	1,5151	1,7315	1,9480	2,1644		30		30
	25		35	0,2179	0,4357	0,6536	0,8714	1,0893	1,3072	1,5250	1,7429	1,9607	2,1786		25		35
	20		40	0,2193	0,4386	0,6578	0,8771	1,0964	1,3157	1,5350	1,7542	1,9735	2,1928		20		40
	15		45	0,2207	0,4414	0,6621	0,8828	1,1035	1,3242	1,5449	1,7656	1,9863	2,2070		15		45
	10		50	0,2221	0,4442	0,6663	0,8885	1,1106	1,3327	1,5548	1,7769	1,9990	2,2212		10		50
	5	12	55	0,2235	0,4471	0,6706	0,8941	1,1177	1,3412	1,5647	1,7883	2,0118	2,2353		5	102	55
				7	14	21	28	35	42	50	57	64	71				
167	0	**13**	0	0,2250	0,4499	0,6749	0,8998	1,1248	1,3497	1,5747	1,7996	2,0246	2,2495	**77**	0	**103**	0
166	55		5	0.2264	0,4527	0,6791	0,9055	1,1318	1,3582	1,5846	1,8109	2,0373	2,2637	76	55		5
	50		10	0,2278	0,4556	0,6834	0,9111	1,1389	1,3667	1,5945	1,8223	2,0501	2,2778		50		10
	45		15	0,2292	0,4584	0,6876	0,9168	1,1460	1,3752	1,6044	1,8336	2,0628	2,2920		45		15
	40		20	0,2306	0,4612	0,6918	0,9225	1,1531	1,3837	1,6143	1,8449	2,0755	2,3062		40		20
	35		25	0,2320	0,4641	0,6961	0,9281	1,1602	1,3922	1,6242	1,8562	2,0883	2,3203		35		25
	30		30	0,2334	0,4669	0,7003	0,9338	1,1672	1,4007	1,6341	1,8676	2,1010	2,3345		30		30
	25		35	0,2349	0,4697	0,7046	0,9394	1,1743	1,4092	1,6440	1,8789	2,1137	2,3486		25		35
	20		40	0,2363	0,4725	0,7088	0,9451	1,1814	1,4176	1,6539	1,8902	2,1265	2,3627		20		40
	15		45	0,2377	0,4754	0,7131	0,9507	1,1884	1,4261	1,6638	1,9015	2,1392	2,3769		15		45
	10		50	0,2391	0,4782	0,7173	0,9564	1,1955	1,4346	1,6737	1,9128	2,1519	2,3910		10		50
	5	13	55	0,2405	0,4810	0,7215	0,9620	1,2026	1,4431	1,6836	1,9241	2,1646	2,4051		5	103	55
				7	14	21	28	35	42	49	56	63	70				
166	0	**14**	0	0,2419	0,4838	0,7258	0,9677	1,2096	1,4515	1,6935	1,9354	2,1773	2,4192	**76**	0	**104**	0
165	55		5	0,2433	0,4867	0,7300	0,9733	1,2167	1,4600	1,7033	1,9467	2,1900	2,4333	75	55		5
	50		10	0,2447	0,4895	0,7342	0,9790	1,2237	1,4685	1,7132	1,9579	2,2027	2,4474		50		10
	45		15	0,2462	0,4923	0,7385	0,9846	1,2308	1,4769	1,7231	1,9692	2,2154	2,4615		45		15
	40		20	0,2476	0,4951	0,7427	0,9903	1,2378	1,4854	1,7329	1,9805	2,2281	2,4756		40		20
	35		25	0,2490	0,4979	0,7469	0,9959	1,2449	1,4938	1,7428	1,9918	2,2407	2,4897		35		25
	30		30	0,2504	0,5008	0,7511	1,0015	1,2519	1,5023	1,7527	2,0030	2,2534	2,5038		30		30
	25		35	0,2518	0,5036	0,7554	1,0072	1,2589	1,5107	1,7625	2,0143	2,2661	2,5179		25		35
	20		40	0,2532	0,5064	0,7596	1,0128	1,2660	1,5192	1,7724	2,0256	2,2788	2,5320		20		40
	15		45	0,2546	0,5092	0,7638	1,0184	1,2730	1,5276	1,7822	2,0368	2,2914	2,5460		15		45
	10		50	0,2560	0,5120	0,7680	1,0240	1,2800	1,5360	1,7921	2,0481	2,3041	2,5601		10		50
	5	14	55	0,2574	0,5148	0,7722	1,0297	1,2871	1,5445	1,8019	2,0593	2,3167	2,5741		5	104	55
				7	14	21	28	35	42	49	56	63	70				
165	0	**15**	0	0,2588	0,5176	0,7765	1,0353	1,2941	1,5529	1,8117	2,0706	2,3294	2,5882	**75**	0	**105**	0
Grd.	Min.	Grd.	Min.	1	2	3	4	5	6	7	8	9	10	Grd.	Min.	Grd.	Min.
O+, W− Streich- und Vertikal-Winkel		O+, W− Streich- und Vertikal-Winkel		Vielfacher Cosinus. Streichcosinus. Breite. Sohle.										O+, W− Streich- und Vertikal-Winkel		O−, W+ Streich- und Vertikal-Winkel	

Vielfacher Sinus. Streichsinus. Länge. Seigerteufe.

Streich- und Vertikal-Winkel. O+, W— Grd.	Min.	O+, W— Grd.	Min.	11	12	13	14	15	16	17	18	19	20	Streich- und Vertikal-Winkel. O+, W— Grd.	Min.	O—, W+ Grd.	Min.
				79	86	93	100	107	114	122	129	136	143				
170	0	**10**	0	1,9101	2,0838	2,2574	2,4311	2,6047	2,7784	2,9520	3,1257	3,2993	3,4730	**80**	0	**100**	0
169	55		5	1,9259	2,1010	2,2760	2,4511	2,6262	2,8013	2,9764	3,1514	3,3265	3,5016	79	55		5
	50		10	1,9416	2,1181	2,2947	2,4712	2,6477	2,8242	3,0007	3,1772	3,3537	3,5302		50		10
	45		15	1,9574	2,1353	2,3133	2,4912	2,6692	2,8471	3,0250	3,2030	3,3809	3,5589		45		15
	40		20	1,9731	2,1525	2,3319	2,5112	2,6906	2,8700	3,0494	3,2287	3,4081	3,5875		40		20
	35		25	1,9889	2,1697	2,3505	2,5313	2,7121	2,8929	3,0737	3,2545	3,4353	3,6161		35		25
	30		30	2,0046	2,1868	2,3691	2,5513	2,7335	2,9158	3,0980	3,2802	3,4625	3,6447		30		30
	25		35	2,0203	2,2040	2,3877	2,5713	2,7550	2,9386	3,1223	3,3060	3,4896	3,6733		25		35
	20		40	2,0360	2,2211	2,4062	2,5913	2,7764	2,9615	3,1466	3,3317	3,5168	3,7019		20		40
	15		45	2,0518	2,2383	2,4248	2,6113	2,7979	2,9844	3,1709	3,3574	3,5440	3,7305		15		45
	10		50	2,0675	2,2554	2,4434	2,6313	2,8193	3,0072	3,1952	3,3831	3,5711	3,7591		10		50
	5	10	55	2,0832	2,2726	2,4620	2,6513	2,8407	3,0301	3,2195	3,4089	3,5982	3,7876		5	100	55
				78	86	93	100	107	114	121	128	135	143				
169	0	**11**	0	2,0989	2,2897	2,4805	2,6713	2,8621	3,0529	3,2438	3,4346	3,6254	3,8162	**79**	0	**101**	0
168	55		5	2,1146	2,3068	2,4991	2,6913	2,8835	3,0758	3,2680	3,4603	3,6525	3,8447	78	55		5
	50		10	2,1303	2,3240	2,5176	2,7113	2,9050	3,0986	3,2923	3,4859	3,6796	3,8733		50		10
	45		15	2,1460	2,3411	2,5362	2,7313	2,9264	3,1214	3,3165	3,5116	3,7067	3,9018		45		15
	40		20	2,1617	2,3582	2,5547	2,7512	2,9477	3,1443	3,3408	3,5373	3,7338	3,9303		40		20
	35		25	2,1774	2,3753	2,5733	2,7712	2,9691	3,1671	3,3650	3,5630	3,7609	3,9588		35		25
	30		30	2,1930	2,3924	2,5918	2,7912	2,9905	3,1899	3,3893	3,5886	3,7880	3,9874		30		30
	25		35	2,2087	2,4095	2,6103	2,8111	3,0119	3,2127	3,4135	3,6143	3,8151	4,0159		25		35
	20		40	2,2244	2,4266	2,6288	2,8310	3,0333	3,2355	3,4377	3,6399	3,8421	4,0444		20		40
	15		45	2,2401	2,4437	2,6473	2,8510	3,0546	3,2583	3,4619	3,6656	3,8692	4,0728		15		45
	10		50	2,2557	2,4608	2,6659	2,8709	3,0760	3,2810	3,4861	3,6912	3,8962	4,1013		10		50
	5	11	55	2,2714	2,4779	2,6844	2,8908	3,0973	3,3038	3,5103	3,7168	3,9233	4,1298		5	101	55
				78	85	92	99	107	114	121	128	135	142				
168	0	**12**	0	2,2870	2,4949	2,7029	2,9108	3,1187	3,3266	3,5345	3,7424	3,9503	4,1582	**78**	0	**102**	0
167	55		5	2,3027	2,5120	2,7213	2,9307	3,1400	3,3493	3,5587	3,7680	3,9773	4,1867	77	55		5
	50		10	2,3183	2,5291	2,7398	2,9506	3,1613	3,3721	3,5829	3,7936	4,0044	4,2151		50		10
	45		15	2,3340	2,5461	2,7583	2,9705	3,1827	3,3948	3,6070	3,8192	4,0314	4,2436		45		15
	40		20	2,3496	2,5632	2,7768	2,9904	3,2040	3,4176	3,6312	3,8448	4,0584	4,2720		40		20
	35		25	2,3652	2,5802	2,7953	3,0103	3,2253	3,4403	3,6553	3,8703	4,0854	4,3004		35		25
	30		30	2,3808	2,5973	2,8137	3,0302	3,2466	3,4630	3,6795	3,8959	4,1124	4,3288		30		30
	25		35	2,3965	2,6143	2,8322	3,0500	3,2679	3,4857	3,7036	3,9215	4,1393	4,3572		25		35
	20		40	2,4121	2,6313	2,8506	3,0699	3,2892	3,5085	3,7277	3,9470	4,1663	4,3856		20		40
	15		45	2,4277	2,6484	2,8691	3,0898	3,3105	3,5312	3,7519	3,9726	4,1933	4,4139		15		45
	10		50	2,4433	2,6654	2,8875	3,1096	3,3317	3,5539	3,7760	3,9981	4,2202	4,4423		10		50
	5	12	55	2,4589	2,6824	2,9059	3,1295	3,3530	3,5765	3,8001	4,0236	4,2471	4,4707		5	102	55
				78	85	92	99	106	113	120	127	134	141				
167	0	**13**	0	2,4745	2,6994	2,9244	3,1493	3,3743	3,5992	3,8242	4,0491	4,2741	4,4990	**77**	0	**103**	0
166	55		5	2,4900	2,7164	2,9428	3,1692	3,3955	3,6219	3,8483	4,0746	4,3010	4,5274	76	55		5
	50		10	2,5056	2,7334	2,9612	3,1890	3,4168	3,6446	3,8723	4,1001	4,3279	4,5557		50		10
	45		15	2,5212	2,7504	2,9796	3,2088	3,4380	3,6672	3,8964	4,1256	4,3548	4,5840		45		15
	40		20	2,5368	2,7674	2,9980	3,2286	3,4592	3,6899	3,9205	4,1511	4,3817	4,6123		40		20
	35		25	2,5523	2,7844	3,0164	3,2484	3,4805	3,7125	3,9445	4,1766	4,4086	4,6406		35		25
	30		30	2,5679	2,8013	3,0348	3,2682	3,5017	3,7351	3,9686	4,2020	4,4355	4,6689		30		30
	25		35	2,5835	2,8183	3,0532	3,2880	3,5229	3,7577	3,9926	4,2275	4,4623	4,6972		25		35
	20		40	2,5990	2,8353	3,0715	3,3078	3,5441	3,7804	4,0166	4,2529	4,4892	4,7255		20		40
	15		45	2,6145	2,8522	3,0899	3,3276	3,5653	3,8030	4,0407	4,2783	4,5160	4,7537		15		45
	10		50	2,6301	2,8692	3,1083	3,3474	3,5865	3,8256	4,0647	4,3038	4,5429	4,7820		10		50
	5	13	55	2,6456	2,8861	3,1266	3,3671	3,6077	3,8482	4,0887	4,3292	4,5697	4,8102		5	103	55
				77	85	92	99	106	113	120	127	134	141				
166	0	**14**	0	2,6611	2,9031	3,1450	3,3869	3,6288	3,8708	4,1127	4,3546	4,5965	4,8384	**76**	0	**104**	0
165	55		5	2,6767	2,9200	3,1633	3,4067	3,6500	3,8933	4,1367	4,3800	4,6233	4,8667	75	55		5
	50		10	2,6922	2,9369	3,1817	3,4264	3,6712	3,9159	4,1606	4,4054	4,6501	4,8949		50		10
	45		15	2,7077	2,9538	3,2000	3,4461	3,6923	3,9385	4,1846	4,4308	4,6769	4,9231		45		15
	40		20	2,7232	2,9708	3,2183	3,4659	3,7134	3,9610	4,2086	4,4561	4,7037	4,9513		40		20
	35		25	2,7387	2,9877	3,2366	3,4856	3,7346	3,9835	4,2325	4,4815	4,7305	4,9794		35		25
	30		30	2,7542	3,0046	3,2549	3,5053	3,7557	4,0061	4,2565	4,5068	4,7572	5,0076		30		30
	25		35	2,7697	3,0215	3,2732	3,5250	3,7768	4,0286	4,2804	4,5322	4,7840	5,0358		25		35
	20		40	2,7851	3,0383	3,2915	3,5447	3,7979	4,0511	4,3043	4,5575	4,8107	5,0639		20		40
	15		45	2,8006	3,0552	3,3098	3,5644	3,8190	4,0736	4,3282	4,5828	4,8374	5,0920		15		45
	10		50	2,8161	3,0721	3,3281	3,5841	3,8401	4,0961	4,3521	4,6081	4,8642	5,1202		10		50
	5	14	55	2,8316	3,0890	3,3464	3,6038	3,8612	4,1186	4,3760	4,6335	4,8909	5,1483		5	104	55
				77	84	91	98	105	112	119	126	133	140				
165	0	**15**	0	2,8470	3,1058	3,3646	3,6235	3,8823	4,1411	4,3999	4,6587	4,9176	5,1764	**75**	0	**105**	0
Grd.	Min.	Grd.	Min.	11	12	13	14	15	16	17	18	19	20	Grd.	Min.	Grd.	Min.
O+, W—		O+, W—												O+, W—		O—, W+	
Streich- und Vertikal-Winkel.														Streich- und Vertikal-Winkel.			

Vielfacher Cosinus. Streichcosinus. Breite. Sohle.

Streich- und Vertikal-Winkel. O+, W–		Streich- und Vertikal-Winkel. O+, W–		Vielfacher Sinus. Streichsinus. Länge. Seigerteufe.										Streich- und Vertikal-Winkel. O+, W–		Streich- und Vertikal-Winkel. O–, W+	
Grd.	Min.	Grd.	Min.	1	2	3	4	5	6	7	8	9	10	Grd.	Min.	Grd.	Min.
				7	14	21	28	35	42	49	56	63	70				
165	0	**15**	0	0,2588	0,5176	0,7765	1,0353	1,2941	1,5529	1,8117	2,0706	2,3294	2,5882	**75**	0	**105**	0
164	55		5	0,2602	0,5204	0,7807	1,0409	1,3011	1,5613	1,8216	2,0818	2,3420	2,6022	74	55		5
	50		10	0,2616	0,5233	0,7849	1,0465	1,3081	1,5698	1,8314	2,0930	2,3546	2,6163		50		10
	45		15	0,2630	0,5261	0,7891	1,0521	1,3152	1,5782	1,8412	2,1042	2,3673	2,6303		45		15
	40		20	0,2644	0,5289	0,7933	1,0577	1,3222	1,5866	1,8510	2,1155	2,3799	2,6443		40		20
	35		25	0,2658	0,5317	0,7975	1,0633	1,3292	1,5950	1,8609	2,1267	2,3925	2,6584		35		25
	30		30	0,2672	0,5345	0,8017	1,0690	1,3362	1,6034	1,8707	2,1379	2,4051	2,6724		30		30
	25		35	0,2686	0,5373	0,8059	1,0746	1,3432	1,6118	1,8805	2,1491	2,4178	2,6864		25		35
	20		40	0,2700	0,5401	0,8101	1,0802	1,3502	1,6202	1,8903	2,1603	2,4304	2,7004		20		40
	15		45	0,2714	0,5429	0,8143	1,0858	1,3572	1,6286	1,9001	2,1715	2,4430	2,7144		15		45
	10		50	0,2728	0,5457	0,8185	1,0914	1,3642	1,6370	1,9099	2,1827	2,4556	2,7284		10		50
	5	15	55	0,2742	0,5485	0,8227	1,0970	1,3712	1,6454	1,9197	2,1939	2,4682	2,7424		5	105	55
				7	14	21	28	35	42	49	56	63	70				
164	0	**16**	0	0,2756	0,5513	0,8269	1,1025	1,3782	1,6538	1,9295	2,2051	2,4807	2,7564	**74**	0	**106**	0
163	55		5	0,2770	0,5541	0,8311	1,1081	1,3852	1,6622	1,9392	2,2163	2,4933	2,7704	73	55		5
	50		10	0,2784	0,5569	0,8353	1,1137	1,3922	1,6706	1,9490	2,2275	2,5059	2,7843		50		10
	45		15	0,2798	0,5597	0,8395	1,1193	1,3991	1,6790	1,9588	2,2386	2,5185	2,7983		45		15
	40		20	0,2812	0,5625	0,8437	1,1249	1,4061	1,6874	1,9686	2,2498	2,5310	2,8123		40		20
	35		25	0,2826	0,5652	0,8479	1,1305	1,4131	1,6957	1,9783	2,2610	2,5436	2,8262		35		25
	30		30	0,2840	0,5680	0,8520	1,1361	1,4201	1,7041	1,9881	2,2721	2,5561	2,8402		30		30
	25		35	0,2854	0,5708	0,8562	1,1416	1,4270	1,7125	1,9979	2,2833	2,5687	2,8541		25		35
	20		40	0,2868	0,5736	0,8604	1,1472	1,4340	1,7208	2,0076	2,2944	2,5812	2,8680		20		40
	15		45	0,2882	0,5764	0,8646	1,1528	1,4410	1,7292	2,0174	2,3056	2,5938	2,8820		15		45
	10		50	0,2896	0,5792	0,8688	1,1584	1,4479	1,7375	2,0271	2,3167	2,6063	2,8959		10		50
	5	16	55	0,2910	0,5820	0,8729	1,1639	1,4549	1,7459	2,0369	2,3278	2,6188	2,9098		5	106	55
				7	14	21	28	35	42	49	55	62	69				
163	0	**17**	0	0,2924	0,5847	0,8771	1,1695	1,4619	1,7542	2,0466	2,3390	2,6313	2,9237	**73**	0	**107**	0
162	55		5	0,2938	0,5875	0,8813	1,1750	1,4688	1,7626	2,0563	2,3501	2,6439	2,9376	72	55		5
	50		10	0,2952	0,5903	0,8855	1,1806	1,4758	1,7709	2,0661	2,3612	2,6564	2,9515		50		10
	45		15	0,2965	0,5931	0,8896	1,1862	1,4827	1,7792	2,0758	2,3723	2,6689	2,9654		45		15
	40		20	0,2979	0,5959	0,8938	1,1917	1,4897	1,7876	2,0855	2,3834	2,6814	2,9793		40		20
	35		25	0,2993	0,5986	0,8980	1,1973	1,4966	1,7959	2,0952	2,3945	2,6939	2,9932		35		25
	30		30	0,3007	0,6014	0,9021	1,2028	1,5035	1,8042	2,1049	2,4056	2,7064	3,0071		30		30
	25		35	0,3021	0,6042	0,9063	1,2084	1,5105	1,8126	2,1146	2,4167	2,7188	3,0209		25		35
	20		40	0,3035	0,6070	0,9104	1,2139	1,5174	1,8209	2,1244	2,4278	2,7313	3,0348		20		40
	15		45	0,3049	0,6097	0,9146	1,2195	1,5243	1,8292	2,1341	2,4389	2,7438	3,0486		15		45
	10		50	0,3062	0,6125	0,9187	1,2250	1,5312	1,8375	2,1437	2,4500	2,7562	3,0625		10		50
	5	17	55	0,3076	0,6153	0,9229	1,2305	1,5382	1,8458	2,1534	2,4611	2,7687	3,0763		5	107	55
				7	14	21	28	34	41	48	55	62	69				
162	0	**18**	0	0,3090	0,6180	0,9271	1,2361	1,5451	1,8541	2,1631	2,4721	2,7812	3,0902	**72**	0	**108**	0
161	55		5	0,3104	0,6208	0,9312	1,2416	1,5520	1,8624	2,1728	2,4832	2,7936	3,1040	71	55		5
	50		10	0,3118	0,6236	0,9353	1,2471	1,5589	1,8707	2,1825	2,4943	2,8060	3,1178		50		10
	45		15	0,3132	0,6263	0,9395	1,2527	1,5658	1,8790	2,1921	2,5053	2,8185	3,1316		45		15
	40		20	0,3145	0,6291	0,9436	1,2582	1,5727	1,8873	2,2018	2,5164	2,8309	3,1454		40		20
	35		25	0,3159	0,6319	0,9478	1,2637	1,5796	1,8956	2,2115	2,5274	2,8433	3,1593		35		25
	30		30	0,3173	0,6346	0,9519	1,2692	1,5865	1,9038	2,2211	2,5384	2,8557	3,1730		30		30
	25		35	0,3187	0,6374	0,9561	1,2747	1,5934	1,9121	2,2308	2,5495	2,8682	3,1868		25		35
	20		40	0,3201	0,6401	0,9602	1,2802	1,6003	1,9204	2,2404	2,5605	2,8806	3,2006		20		40
	15		45	0,3214	0,6429	0,9643	1,2858	1,6072	1,9286	2,2501	2,5715	2,8930	3,2144		15		45
	10		50	0,3228	0,6456	0,9684	1,2913	1,6141	1,9369	2,2597	2,5825	2,9053	3,2282		10		50
	5	18	55	0,3242	0,6484	0,9726	1,2968	1,6210	1,9452	2,2693	2,5935	2,9177	3,2419		5	108	55
				7	14	21	27	34	41	48	55	62	69				
161	0	**19**	0	0,3256	0,6511	0,9767	1,3023	1,6278	1,9534	2,2790	2,6045	2,9301	3,2557	**71**	0	**109**	0
160	55		5	0,3269	0,6539	0,9808	1,3078	1,6347	1,9617	2,2886	2,6155	2,9425	3,2694	70	55		5
	50		10	0,3283	0,6566	0,9850	1,3133	1,6416	1,9699	2,2982	2,6265	2,9549	3,2832		50		10
	45		15	0,3297	0,6594	0,9891	1,3188	1,6485	1,9781	2,3078	2,6375	2,9672	3,2969		45		15
	40		20	0,3311	0,6621	0,9932	1,3243	1,6553	1,9864	2,3174	2,6485	2,9796	3,3106		40		20
	35		25	0,3324	0,6649	0,9973	1,3297	1,6622	1,9946	2,3270	2,6595	2,9919	3,3244		35		25
	30		30	0,3338	0,6676	1,0014	1,3352	1,6690	2,0028	2,3366	2,6705	3,0043	3,3381		30		30
	25		35	0,3352	0,6704	1,0055	1,3407	1,6759	2,0111	2,3462	2,6814	3,0166	3,3518		25		35
	20		40	0,3365	0,6731	1,0096	1,3462	1,6827	2,0193	2,3558	2,6924	3,0289	3,3655		20		40
	15		45	0,3379	0,6758	1,0138	1,3517	1,6896	2,0275	2,3654	2,7033	3,0413	3,3792		15		45
	10		50	0,3393	0,6786	1,0179	1,3571	1,6964	2,0357	2,3750	2,7143	3,0536	3,3929		10		50
	5	19	55	0,3407	0,6813	1,0220	1,3626	1,7033	2,0439	2,3846	2,7252	3,0659	3,4065		5	109	55
				7	14	20	27	34	41	48	55	61	68				
160	0	**20**	0	0,3420	0,6840	1,0261	1,3681	1,7101	[illegible]	2,3941	2,7362	3,0782	3,4202	**70**	0	**110**	0
Grd.	Min.	Grd.	Min.	1	2	3	4	5	6	7	8	9	10	Grd.	Min.	Grd.	Min.
O+, W– Streich- und Vertikal-Winkel.		O+, W– Streich- und Vertikal-Winkel.		Vielfacher Cosinus. Streichcosinus. Breite. Sohle.										O+, W– Streich- und Vertikal-Winkel.		O–, W+ Streich- und Vertikal-Winkel.	

Streich- und Vertikal-Winkel. O+, W— | O+, W—

Vielfacher Sinus. Streichsinus. Länge. Seigerteufe.

Streich- und Vertikal-Winkel. O+, W— | O—, W+

Grd.	Min.	Grd.	Min.	11	12	13	14	15	16	17	18	19	20	Grd.	Min.	Grd.	Min.
				77	84	91	98	105	112	119	126	133	140				
165	0	**15**	0	2,8470	3,1058	3,3646	3,6235	3,8823	4,1411	4,3999	4,6587	4,9176	5,1764	**75**	0	**105**	0
164	55		5	2,8625	3,1227	3,3829	3,6431	3,9034	4,1636	4,4238	4,6840	4,9442	5,2045	74	55		5
	50		10	2,8779	3,1395	3,4012	3,6628	3,9244	4,1860	4,4477	4,7093	4,9709	5,2326		50		10
	45		15	2,8933	3,1564	3,4194	3,6824	3,9455	4,2085	4,4715	4,7346	4,9976	5,2606		45		15
	40		20	2,9088	3,1732	3,4376	3,7021	3,9665	4,2309	4,4954	4,7598	5,0242	5,2887		40		20
	35		25	2,9242	3,1900	3,4559	3,7217	3,9875	4,2534	4,5192	4,7851	5,0509	5,3167		35		25
	30		30	2,9396	3,2069	3,4741	3,7413	4,0086	4,2758	4,5431	4,8103	5,0775	5,3448		30		30
	25		35	2,9550	3,2237	3,4923	3,7610	4,0296	4,2982	4,5669	4,8355	5,1042	5,3728		25		35
	20		40	2,9704	3,2405	3,5105	3,7806	4,0506	4,3206	4,5907	4,8607	5,1308	5,4008		20		40
	15		45	2,9858	3,2573	3,5287	3,8002	4,0716	4,3430	4,6145	4,8859	5,1574	5,4288		15		45
	10		50	3,0012	3,2741	3,5469	3,8198	4,0926	4,3654	4,6383	4,9111	5,1840	5,4568		10		50
	5	15	55	3,0166	3,2909	3,5651	3,8393	4,1136	4,3878	4,6621	4,9363	5,2105	5,4848		5	105	55
				77	84	91	98	105	112	119	126	133	139				
164	0	**16**	0	3,0320	3,3076	3,5833	3,8589	4,1346	4,4102	4,6858	4,9615	5,2371	5,5127	**74**	0	**106**	0
163	55		5	3,0474	3,3244	3,6015	3,8785	4,1555	4,4326	4,7096	4,9866	5,2637	5,5407	73	55		5
	50		10	3,0628	3,3412	3,6196	3,8981	4,1765	4,4549	4,7334	5,0118	5,2902	5,5686		50		10
	45		15	3,0781	3,3579	3,6378	3,9176	4,1974	4,4773	4,7571	5,0369	5,3168	5,5966		45		15
	40		20	3,0935	3,3747	3,6559	3,9372	4,2184	4,4996	4,7808	5,0621	5,3433	5,6245		40		20
	35		25	3,1088	3,3914	3,6741	3,9567	4,2393	4,5219	4,8045	5,0872	5,3698	5,6524		35		25
	30		30	3,1242	3,4082	3,6922	3,9762	4,2602	4,5442	4,8283	5,1123	5,3963	5,6803		30		30
	25		35	3,1395	3,4249	3,7103	3,9957	4,2811	4 5666	4,8520	5,1374	5,4228	5,7082		25		35
	20		40	3,1548	3,4416	3,7284	4,0152	4,3020	4,5889	4,8757	5,1625	5,4493	5,7361		20		40
	15		45	3,1702	3,4584	3,7466	4,0347	4,3229	4,6111	4,8993	5,1875	5,4757	5,7639		15		45
	10		50	3,1855	3,4751	3,7647	4,0542	4,3438	4,6334	4,9230	5,2126	5,5022	5,7918		10		50
	5	16	55	3,2008	3,4918	3,7827	4,0737	4,3647	4,6557	4,9467	5,2376	5,5286	5,8196		5	106	55
				76	83	90	97	104	111	118	125	132	139				
163	0	**17**	0	3,2161	3,5085	3,8008	4,0932	4,3856	4,6779	4,9703	5,2627	5,5551	5,8474	**73**	0	**107**	0
162	55		5	3,2314	3,5251	3,8189	4,1127	4,4064	4,7002	4,9940	5,2877	5,5815	5,8752	72	55		5
	50		10	3,2467	3,5418	3,8370	4,1321	4,4273	4,7224	5,0176	5,3127	5,6079	5,9030		50		10
	45		15	3,2620	3,5585	3,8550	4,1516	4,4481	4,7447	5,0412	5,3377	5,6343	5,9308		45		15
	40		20	3,2772	3,5752	3,8731	4,1710	4,4690	4,7669	5,0648	5,3627	5,6607	5,9586		40		20
	35		25	3,2925	3,5918	3,8911	4,1905	4,4898	4,7891	5,0884	5,3877	5,6870	5,9864		35		25
	30		30	3,3078	3,6085	3,9092	4,2099	4,5106	4,8113	5,1120	5,4127	5,7134	6,0141		30		30
	25		35	3,3230	3,6251	3,9272	4,2293	4,5314	4,8335	5,1356	5,4377	5,7398	6,0419		25		35
	20		40	3,3383	3,6417	3,9452	4,2487	4,5522	4,8557	5,1591	5,4626	5,7661	6,0696		20		40
	15		45	3,3535	3,6584	3,9632	4,2681	4,5730	4,8778	5,1827	5,4876	5,7924	6,0973		15		45
	10		50	3,3687	3,6750	3,9812	4,2875	4,5937	4,9000	5,2062	5,5125	5,8187	6,1250		10		50
	5	17	55	3,3840	3,6916	3,9992	4,3069	4,6145	4,9221	5,2298	5,5374	5,8450	6,1527		5	107	55
				76	83	90	97	103	110	117	124	131	138				
162	0	**18**	0	3,3992	3,7082	4,0172	4,3262	4,6353	4,9443	5,2533	5,5623	5,8713	6,1803	**72**	0	**108**	0
161	55		5	3,4144	3,7248	4,0352	4,3456	4,6560	4,9664	5,2768	5,5872	5,8976	6,2080	71	55		5
	50		10	3,4296	3,7414	4,0532	4,3650	4,6767	4,9885	5,3003	5,6121	5,9239	6,2356		50		10
	45		15	3,4448	3,7580	4,0711	4,3843	4,6975	5,0106	5,3238	5,6369	5,9501	6,2633		45		15
	40		20	3,4600	3,7745	4,0891	4,4036	4,7182	5,0327	5,3473	5,6618	5,9764	6,2909		40		20
	35		25	3,4752	3,7911	4,1070	4,4230	4,7389	5,0548	5,3707	5,6867	6,0026	6,3185		35		25
	30		30	3,4904	3,8077	4,1250	4,4423	4,7596	5,0769	5,3942	5,7115	6,0288	6,3461		30		30
	25		35	3,5055	3,8242	4,1429	4,4616	4,7803	5,0989	5,4176	5,7363	6,0550	6,3737		25		35
	20		40	3,5207	3,8407	4,1608	4,4809	4,8009	5,1210	5,4411	5,7611	6,0812	6,4012		20		40
	15		45	3,5358	3,8573	4,1787	4,5002	4,8216	5,1430	5,4645	5,7859	6,1073	6,4288		15		45
	10		50	3,5510	3,8738	4,1966	4,5194	4,8422	5,1651	5,4879	5,8107	6,1335	6,4563		10		50
	5	18	55	3,5661	3,8903	4,2145	4,5387	4,8629	5,1871	5,5113	5,8355	6,1597	6,4839		5	108	55
				75	82	89	96	103	110	117	123	130	137				
161	0	**19**	0	3,5812	3,9068	4,2324	4,5580	4,8835	5,2091	5,5347	5,8602	6,1858	6,5114	**71**	0	**109**	0
160	55		5	3,5964	3,9233	4,2503	4,5772	4,9041	5,2311	5,5580	5,8850	6,2119	6,5389	70	55		5
	50		10	3,6115	3,9398	4,2681	4,5964	4,9248	5,2531	5,5814	5,9097	6,2380	6,5663		50		10
	45		15	3,6266	3,9563	4,2860	4,6157	4,9454	5,2751	5,6047	5,9344	6,2641	6,5938		45		15
	40		20	3,6417	3,9728	4,3038	4,6349	4,9660	5,2970	5,6281	5,9591	6,2902	6,6213		40		20
	35		25	3,6568	3,9892	4,3217	4,6541	4,9865	5,3190	5,6514	5,9838	6,3163	6,6487		35		25
	30		30	3,6719	4,0057	4,3395	4,6733	5,0071	5,3409	5,6747	6,0085	6,3423	6,6761		30		30
	25		35	3,6870	4,0221	4,3573	4,6925	5,0277	5,3628	5,6980	6,0332	6,3684	6,7036		25		35
	20		40	3,7020	4,0386	4,3751	4,7117	5,0482	5,3848	5,7213	6,0579	6,3944	6,7309		20		40
	15		45	3,7171	4,0550	4,3929	4,7308	5,0688	5,4067	5,7446	6,0825	6,4204	6,7583		15		45
	10		50	3,7321	4,0714	4,4107	4,7500	5,0893	5,4286	5,7678	6,1071	6,4464	6,7857		10		50
	5	19	55	3,7472	4,0878	4,4285	4,7691	5,1098	5,4504	5,7911	6,1318	6,4724	6,8131		5	109	55
				75	82	89	95	102	109	116	123	129	136				
160	0	**20**	0	3,7622	4,1042	4,4463	4,7883	5,1303	5,4723	5,8143	6,1564	6,4984	6,8404	**70**	0	**110**	0
Grd.	Min.	Grd.	Min.	11	12	13	14	15	16	17	18	19	20	Grd.	Min.	Grd.	Min.

O+, W— | O+, W— Streich- und Vertikal-Winkel.

Vielfacher Cosinus. Streichcosinus. Breite. Sohle.

O+, W— | O—, W+ Streich- und Vertikal-Winkel.

Streich- und Vertikal-Winkel.				Vielfacher Sinus. Streichsinus. Länge. Seigerteufe.										Streich- und Vertikal-Winkel.			
O+, W−		O+, W−												O+, W−		O−, W+	
Grd.	Min.	Grd.	Min.	1	2	3	4	5	6	7	8	9	10	Grd.	Min.	Grd.	Min.
				7	14	20	27	34	41	48	55	61	68				
160	0	20	0	0,3420	0,6840	1,0261	1,3681	1,7101	2,0521	2,3941	2,7362	3,0782	3,4202	70	0	110	0
159	55		5	0,3434	0,6868	1,0302	1,3735	1,7169	2,0603	2,4037	2,7471	3,0905	3,4339	69	55		5
	50		10	0,3448	0,6895	1,0343	1,3790	1,7238	2,0685	2,4133	2,7580	3,1028	3,4475		50		10
	45		15	0,3461	0,6922	1,0384	1,3845	1,7306	2,0767	2,4228	2,7689	3,1151	3,4612		45		15
	40		20	0,3475	0,6950	1,0424	1,3899	1,7374	2,0849	2,4324	2,7798	3,1273	3,4748		40		20
	35		25	0,3488	0,6977	1,0465	1,3954	1,7442	2,0931	2,4419	2,7908	3,1396	3,4884		35		25
	30		30	0,3502	0,7004	1,0506	1,4008	1,7510	2,1012	2,4515	2,8017	3,1519	3,5021		30		30
	25		35	0,3516	0,7031	1,0547	1,4063	1,7578	2,1094	2,4610	2,8126	3,1641	3,5157		25		35
	20		40	0,3529	0,7059	1,0588	1,4117	1,7647	2,1176	2,4705	2,8234	3,1764	3,5293		20		40
	15		45	0,3543	0,7086	1,0629	1,4172	1,7715	2,1257	2,4800	2,8343	3,1886	3,5429		15		45
	10		50	0,3557	0,7113	1,0670	1,4226	1,7783	2,1339	2,4896	2,8452	3,2009	3,5565		10		50
	5	20	55	0,3570	0,7140	1,0710	1,4280	1,7850	2,1421	2,4991	2,8561	3,2131	3,5701		5	110	55
				7	14	20	27	34	41	47	54	61	68				
159	0	21	0	0,3584	0,7167	1,0751	1,4335	1,7918	2,1502	2,5086	2,8669	3,2253	3,5837	69	0	111	0
158	55		5	0,3597	0,7195	1,0792	1,4389	1,7986	2,1584	2,5181	2,8778	3,2375	3,5973	68	55		5
	50		10	0,3611	0,7222	1,0832	1,4443	1,8054	2,1665	2,5276	2,8887	3,2497	3,6108		50		10
	45		15	0,3624	0,7249	1,0873	1,4498	1,8122	2,1746	2,5371	2,8995	3,2619	3,6244		45		15
	40		20	0,3638	0,7276	1,0914	1,4552	1,8190	2,1828	2,5466	2,9103	3,2741	3,6379		40		20
	35		25	0,3651	0,7303	1,0954	1,4606	1,8257	2,1909	2,5560	2,9212	3,2863	3,6515		35		25
	30		30	0,3665	0,7330	1,0995	1,4660	1,8325	2,1990	2,5655	2,9320	3,2985	3,6650		30		30
	25		35	0,3679	0,7357	1,1036	1,4714	1,8393	2,2071	2,5750	2,9428	3,3107	3,6785		25		35
	20		40	0,3692	0,7384	1,1076	1,4768	1,8460	2,2152	2,5844	2,9536	3,3229	3,6921		20		40
	15		45	0,3706	0,7411	1,1117	1,4822	1,8528	2,2233	2,5939	2,9645	3,3350	3,7056		15		45
	10		50	0,3719	0,7438	1,1157	1,4876	1,8595	2,2314	2,6034	2,9753	3,3472	3,7191		10		50
	5	21	55	0,3733	0,7465	1,1198	1,4930	1,8663	2,2395	2,6128	2,9861	3,3593	3,7326		5	111	55
				7	13	20	27	34	40	47	54	60	67				
158	0	22	0	0,3746	0,7492	1,1238	1,4984	1,8730	2,2476	2,6222	2,9969	3,3715	3,7461	68	0	112	0
157	55		5	0,3760	0,7519	1,1279	1,5038	1,8798	2,2557	2,6317	3,0076	3,3836	3,7595	67	55		5
	50		10	0,3773	0,7546	1,1319	1,5092	1,8865	2,2638	2,6411	3,0184	3,3957	3,7730		50		10
	45		15	0,3786	0,7573	1,1359	1,5146	1,8932	2,2719	2,6505	3,0292	3,4078	3,7865		45		15
	40		20	0,3800	0,7600	1,1400	1,5200	1,9000	2,2800	2,6600	3,0400	3,4199	3,7999		40		20
	35		25	0,3813	0,7627	1,1440	1,5254	1,9067	2,2880	2,6694	3,0507	3,4321	3,8134		35		25
	30		30	0,3827	0,7654	1,1481	1,5307	1,9134	2,2961	2,6788	3,0615	3,4442	3,8268		30		30
	25		35	0,3840	0,7681	1,1521	1,5361	1,9201	2,3042	2,6882	3,0722	3,4562	3,8403		25		35
	20		40	0,3854	0,7707	1,1561	1,5415	1,9268	2,3122	2,6976	3,0830	3,4683	3,8537		20		40
	15		45	0,3867	0,7734	1,1601	1,5468	1,9336	2,3203	2,7070	3,0937	3,4804	3,8671		15		45
	10		50	0,3881	0,7761	1,1642	1,5522	1,9403	2,3283	2,7164	3,1044	3,4925	3,8805		10		50
	5	22	55	0,3894	0,7788	1,1682	1,5576	1,9470	2,3364	2,7257	3,1151	3,5045	3,8939		5	112	55
				7	13	20	27	33	40	47	53	60	67				
157	0	23	0	0,3907	0,7815	1,1722	1,5629	1,9537	2,3444	2,7351	3,1258	3,5166	3,9073	67	0	113	0
156	55		5	0,3921	0,7841	1,1762	1,5683	1,9603	2,3524	2,7445	3,1366	3,5286	3,9207	66	55		5
	50		10	0,3934	0,7868	1,1802	1,5736	1,9670	2,3604	2,7538	3,1473	3,5407	3,9341		50		10
	45		15	0,3947	0,7895	1,1842	1,5790	1,9737	2,3685	2,7632	3,1580	3,5527	3,9474		45		15
	40		20	0,3961	0,7922	1,1882	1,5843	1,9804	2,3765	2,7726	3,1686	3,5647	3,9608		40		20
	35		25	0,3974	0,7948	1,1922	1,5897	1,9871	2,3845	2,7819	3,1793	3,5767	3,9741		35		25
	30		30	0,3987	0,7975	1,1962	1,5950	1,9937	2,3925	2,7912	3,1900	3,5887	3,9875		30		30
	25		35	0,4001	0,8002	1,2002	1,6003	2,0004	2,4005	2,8006	3,2007	3,6007	4,0008		25		35
	20		40	0,4014	0,8028	1,2042	1,6057	2,0071	2,4085	2,8099	3,2113	3,6127	4,0141		20		40
	15		45	0,4027	0,8055	1,2082	1,6110	2,0137	2,4165	2,8192	3,2220	3,6247	4,0275		15		45
	10		50	0,4041	0,8082	1,2122	1,6163	2,0204	2,4245	2,8285	3,2326	3,6367	4,0408		10		50
	5	23	55	0,4054	0,8108	1,2162	1,6216	2,0270	2,4324	2,8379	3,2433	3,6487	4,0541		5	113	55
				7	13	20	26	33	40	46	53	60	66				
156	0	24	0	0,4067	0,8135	1,2202	1,6269	2,0337	2,4404	2,8472	3,2539	3,6606	4,0674	66	0	114	0
155	55		5	0,4081	0,8161	1,2242	1,6323	2,0403	2,4484	2,8565	3,2645	3,6726	4,0806	65	55		5
	50		10	0,4094	0,8188	1,2282	1,6376	2,0470	2,4564	2,8657	3,2751	3,6845	4,0939		50		10
	45		15	0,4107	0,8214	1,2322	1,6429	2,0536	2,4643	2,8750	3,2858	3,6965	4,1072		45		15
	40		20	0,4120	0,8241	1,2361	1,6482	2,0602	2,4723	2,8843	3,2964	3,7084	4,1204		40		20
	35		25	0,4134	0,8267	1,2401	1,6535	2,0668	2,4802	2,8936	3,3070	3,7203	4,1337		35		25
	30		30	0,4147	0,8294	1,2441	1,6588	2,0735	2,4882	2,9029	3,3175	3,7322	4,1469		30		30
	25		35	0,4160	0,8320	1,2480	1,6641	2,0801	2,4961	2,9121	3,3281	3,7441	4,1602		25		35
	20		40	0,4173	0,8347	1,2520	1,6694	2,0867	2,5040	2,9214	3,3387	3,7560	4,1734		20		40
	15		45	0,4187	0,8373	1,2560	1,6746	2,0933	2,5120	2,9306	3,3493	3,7679	4,1866		15		45
	10		50	0,4200	0,8400	1,2599	1,6799	2,0999	2,5199	2,9399	3,3598	3,7798	4,1998		10		50
	5	24	55	0,4213	0,8426	1,2639	1,6852	2,1065	2,5278	2,9491	3,3704	3,7917	4,2130		5	114	55
				7	13	20	26	33	39	46	53	59	66				
155	0	25	0	0,4226	0,8452	1,2679	1,6905	2,1131	2,5357	2,9583	3,3809	3,8036	4,2262	65	0	115	0
Grd.	Min.	Grd.	Min.	1	2	3	4	5	6	7	8	9	10	Grd.	Min.	Grd.	Min.
O+, W−		O+, W−		Vielfacher Cosinus. Streichcosinus. Breite. Sohle.										O+, W−		O−, W+	
Streich- und Vertikal-Winkel.														Streich- und Vertikal-Winkel.			

Vielfacher Sinus. Streichsinus. Länge. Seigerteufe.

Streich- und Vertikal-Winkel O+, W— Grd.	Min.	Streich- und Vertikal-Winkel O+, W— Grd.	Min.	11	12	13	14	15	16	17	18	19	20	Streich- und Vertikal-Winkel O+, W— Grd.	Min.	O—, W+ Grd.	Min.
				75	82	89	95	102	109	116	123	129	136				
160	0	20	0	3,7622	4,1042	4,4463	4,7883	5,1303	5,4723	5,8143	6,1564	6,4984	6,8404	70	0	110	0
159	55		5	3,7773	4,1206	4,4640	4,8074	5,1508	5,4942	5,8376	6,1810	6,5243	6,8677	69	55		5
	50		10	3,7923	4,1370	4,4818	4,8265	5,1713	5,5160	5,8608	6,2055	6,5503	6,8950		50		10
	45		15	3,8073	4,1534	4,4995	4,8456	5,1918	5,5379	5,8840	6,2301	6,5762	6,9223		45		15
	40		20	3,8223	4,1698	4,5173	4,8647	5,2122	5,5597	5,9072	6,2547	6,6021	6,9496		40		20
	35		25	3,8373	4,1861	4,5350	4,8838	5,2327	5,5815	5,9304	6,2792	6,6280	6,9769		35		25
	30		30	3,8523	4,2025	4,5527	4,9029	5,2531	5,6033	5,9535	6,3037	6,6539	7,0041		30		30
	25		35	3,8673	4,2188	4,5704	4,9220	5,2735	5,6251	5,9767	6,3282	6,6798	7,0314		25		35
	20		40	3,8822	4,2352	4,5881	4,9410	5,2940	5,6469	5,9998	6,3528	6,7057	7,0586		20		40
	15		45	3,8972	4,2515	4,6058	4,9601	5,3144	5,6687	6,0229	6,3772	6,7315	7,0858		15		45
	10		50	3,9122	4,2678	4,6235	4,9791	5,3348	5,6904	6,0461	6,4017	6,7574	7,1130		10		50
	5	20	55	3,9271	4,2841	4,6411	4,9981	5,3551	5,7122	6,0692	6,4262	6,7832	7,1402		5	110	55
				74	81	88	95	102	108	115	122	129	135				
159	0	21	0	3,9420	4,3004	4,6588	5,0172	5,3755	5,7339	6,0923	6,4506	6,8090	7,1674	69	0	111	0
158	55		5	3,9570	4,3167	4,6764	5,0362	5,3959	5,7556	6,1153	6,4751	6,8348	7,1945	68	55		5
	50		10	3,9719	4,3330	4,6941	5,0551	5,4162	5,7773	6,1384	6,4995	6,8606	7,2216		50		10
	45		15	3,9868	4,3493	4,7117	5,0741	5,4366	5,7990	6,1614	6,5239	6,8863	7,2488		45		15
	40		20	4,0017	4,3655	4,7293	5,0931	5,4569	5,8207	6,1845	6,5483	6,9121	7,2759		40		20
	35		25	4,0166	4,3818	4,7469	5,1121	5,4772	5,8424	6,2075	6,5727	6,9378	7,3030		35		25
	30		30	4,0315	4,3980	4,7645	5,1310	5,4975	5,8640	6,2305	6,5970	6,9635	7,3300		30		30
	25		35	4,0464	4,4142	4,7821	5,1500	5,5178	5,8857	6,2535	6,6214	6,9892	7,3571		25		35
	20		40	4,0613	4,4305	4,7997	5,1689	5,5381	5,9073	6,2765	6,6457	7,0149	7,3841		20		40
	15		45	4,0761	4,4467	4,8172	5,1878	5,5584	5,9289	6,2995	6,6700	7,0406	7,4111		15		45
	10		50	4,0910	4,4629	4,8348	5,2067	5,5786	5,9505	6,3224	6,6943	7,0663	7,4382		10		50
	5	21	55	4,1058	4,4791	4,8523	5,2256	5,5989	5,9721	6,3454	6,7186	7,0919	7,4652		5	111	55
				74	81	87	94	101	108	114	121	128	134				
158	0	22	0	4,1207	4,4953	4,8699	5,2445	5,6191	5,9937	6,3683	6,7429	7,1175	7,4921	68	0	112	0
157	55		5	4,1355	4,5115	4,8874	5,2634	5,6393	6,0153	6,3912	6,7672	7,1431	7,5191	67	55		5
	50		10	4,1503	4,5276	4,9049	5,2822	5,6595	6,0368	6,4141	6,7914	7,1687	7,5460		50		10
	45		15	4,1651	4,5438	4,9224	5,3011	5,6797	6,0584	6,4370	6,8157	7,1943	7,5730		45		15
	40		20	4,1799	4,5599	4,9399	5,3199	5,6999	6,0799	6,4599	6,8399	7,2199	7,5999		40		20
	35		25	4,1947	4,5761	4,9574	5,3388	5,7201	6,1014	6,4828	6,8641	7,2454	7,6268		35		25
	30		30	4,2095	4,5922	4,9749	5,3576	5,7403	6,1229	6,5056	6,8883	7,2710	7,6537		30		30
	25		35	4,2243	4,6083	4,9923	5,3764	5,7604	6,1444	6,5285	6,9125	7,2965	7,6805		25		35
	20		40	4,2391	4,6244	5,0098	5,3952	5,7805	6,1659	6,5513	6,9366	7,3220	7,7074		20		40
	15		45	4,2538	4,6405	5,0272	5,4140	5,8007	6,1874	6,5741	6,9608	7,3475	7,7342		15		45
	10		50	4,2686	4,6566	5,0447	5,4327	5,8208	6,2088	6,5969	6,9849	7,3730	7,7610		10		50
	5	22	55	4,2833	4,6727	5,0621	5,4515	5,8409	6,2303	6,6197	7,0091	7,3984	7,7878		5	112	55
				73	80	87	93	100	107	113	120	127	133				
157	0	23	0	4,2980	4,6888	5,0795	5,4702	5,8610	6,2517	6,6424	7,0332	7,4239	7,8146	67	0	113	0
156	55		5	4,3128	4,7048	5,0969	5,4890	5,8810	6,2731	6,6652	7,0573	7,4493	7,8414	66	55		5
	50		10	4,3275	4,7209	5,1143	5,5077	5,9011	6,2945	6,6879	7,0813	7,4747	7,8681		50		10
	45		15	4,3422	4,7369	5,1317	5,5264	5,9212	6,3159	6,7106	7,1054	7,5001	7,8949		45		15
	40		20	4,3569	4,7530	5,1490	5,5451	5,9412	6,3373	6,7334	7,1294	7,5255	7,9216		40		20
	35		25	4,3716	4,7690	5,1664	5,5638	5,9612	6,3586	6,7561	7,1535	7,5509	7,9483		35		25
	30		30	4,3862	4,7850	5,1837	5,5825	5,9812	6,3800	6,7787	7,1775	7,5762	7,9750		30		30
	25		35	4,4009	4,8010	5,2011	5,6012	6,0012	6,4013	6,8014	7,2015	7,6016	8,0016		25		35
	20		40	4,4156	4,8170	5,2184	5,6198	6,0212	6,4226	6,8241	7,2255	7,6269	8,0283		20		40
	15		45	4,4302	4,8330	5,2357	5,6385	6,0412	6,4439	6,8467	7,2494	7,6522	8,0549		15		45
	10		50	4,4449	4,8489	5,2530	5,6571	6,0612	6,4652	6,8693	7,2734	7,6775	8,0816		10		50
	5	23	55	4,4595	4,8649	5,2703	5,6757	6,0811	6,4865	6,8919	7,2973	7,7027	8,1082		5	113	55
				73	79	86	93	99	106	113	119	126	132				
156	0	24	0	4,4741	4,8808	5,2876	5,6943	6,1010	6,5078	6,9145	7,3213	7,7280	8,1347	66	0	114	0
155	55		5	4,4887	4,8968	5,3048	5,7129	6,1210	6,5290	6,9371	7,3452	7,7532	8,1613	65	55		5
	50		10	4,5033	4,9127	5,3221	5,7315	6,1409	6,5503	6,9597	7,3691	7,7785	8,1878		50		10
	45		15	4,5179	4,9286	5,3393	5,7501	6,1608	6,5715	6,9822	7,3929	7,8037	8,2144		45		15
	40		20	4,5325	4,9445	5,3566	5,7686	6,1807	6,5927	7,0048	7,4168	7,8288	8,2409		40		20
	35		25	4,5471	4,9604	5,3738	5,7872	6,2005	6,6139	7,0273	7,4406	7,8540	8,2674		35		25
	30		30	4,5616	4,9763	5,3910	5,8057	6,2204	6,6351	7,0498	7,4645	7,8792	8,2939		30		30
	25		35	4,5762	4,9922	5,4082	5,8242	6,2402	6,6563	7,0723	7,4883	7,9043	8,3203		25		35
	20		40	4,5907	5,0081	5,4254	5,8427	6,2601	6,6774	7,0948	7,5121	7,9294	8,3468		20		40
	15		45	4,6053	5,0239	5,4426	5,8612	6,2799	6,6986	7,1172	7,5359	7,9545	8,3732		15		45
	10		50	4,6198	5,0398	5,4597	5,8797	6,2997	6,7197	7,1397	7,5596	7,9796	8,3996		10		50
	5	24	55	4,6343	5,0556	5,4769	5,8982	6,3195	6,7408	7,1621	7,5834	8,0047	8,4260		5	114	55
				72	79	85	92	98	105	112	118	125	131				
155	0	25	0	4,6488	5,0714	5,4940	5,9167	6,3393	6,7619	7,1845	7,6071	8,0297	8,4524	65	0	115	0
Grd.	Min.	Grd.	Min.	11	12	13	14	15	16	17	18	19	20	Grd.	Min.	Grd.	Min.
O+, W— Streich- und Vertikal-Winkel		O+, W— Streich- und Vertikal-Winkel												O+, W— Streich- und Vertikal-Winkel		O—, W+ Streich- und Vertikal-Winkel	

Vielfacher Cosinus. Streichcosinus. Breite. Sohle.

Vielfacher Sinus. Streichsinus. Länge. Seigerteufe.

Streich- und Vertikal-Winkel. O+, W− Grd.	Min.	O+, W− Grd.	Min.	1	2	3	4	5	6	7	8	9	10	Streich- und Vertikal-Winkel. O+, W− Grd.	Min.	O−, W+ Grd.	Min.
				7	13	20	26	33	39	46	53	59	66				
155	0	**25**	0	0,4226	0,8452	1,2679	1,6905	2,1131	2,5357	2,9583	3,3809	3,8036	4,2262	**65**	0	**115**	0
154	55		5	0,4239	0,8479	1,2718	1,6957	2,1197	2,5436	2,9676	3,3915	3,8154	4,2394	64	55		5
	50		10	0,4253	0,8505	1,2758	1,7010	2,1263	2,5515	2,9768	3,4020	3,8273	4,2525		50		10
	45		15	0,4266	0,8531	1,2797	1,7063	2,1328	2,5594	2,9860	3,4125	3,8391	4,2657		45		15
	40		20	0,4279	0,8558	1,2837	1,7115	2,1394	2,5673	2,9952	3,4231	3,8510	4,2788		40		20
	35		25	0,4292	0,8584	1,2876	1,7168	2,1460	2,5752	3,0044	3,4336	3,8628	4,2920		35		25
	30		30	0,4305	0,8610	1,2915	1,7220	2,1526	2,5831	3,0136	3,4441	3,8746	4,3051		30		30
	25		35	0,4318	0,8636	1,2955	1,7273	2,1591	2,5909	3,0228	3,4546	3,8864	4,3182		25		35
	20		40	0,4331	0,8663	1,2994	1,7325	2,1657	2,5988	3,0319	3,4651	3,8982	4,3313		20		40
	15		45	0,4344	0,8689	1,3033	1,7378	2,1722	2,6067	3,0411	3,4756	3,9100	4,3445		15		45
	10		50	0,4358	0,8715	1,3073	1,7430	2,1788	2,6145	3,0503	3,4860	3,9218	4,3575		10		50
	5	25	55	0,4371	0,8741	1,3112	1,7483	2,1853	2,6224	3,0594	3,4965	3,9336	4,3706		5	115	55
				7	13	20	26	33	39	46	52	59	65				
154	0	**26**	0	0,4384	0,8767	1,3151	1,7535	2,1919	2,6302	3,0686	3,5070	3,9453	4,3837	**64**	0	**116**	0
153	55		5	0,4397	0,8794	1,3190	1,7587	2,1984	2,6381	3,0777	3,5174	3,9571	4,3968	63	55		5
	50		10	0,4410	0,8820	1,3230	1,7639	2,2049	2,6459	3,0869	3,5279	3,9689	4,4098		50		10
	45		15	0,4423	0,8846	1,3269	1,7692	2,2114	2,6537	3,0960	3,5383	3,9806	4,4229		45		15
	40		20	0,4436	0,8872	1,3308	1,7744	2,2180	2,6616	3,1051	3,5487	3,9923	4,4359		40		20
	35		25	0,4449	0,8898	1,3347	1,7796	2,2245	2,6694	3,1143	3,5592	4,0041	4,4490		35		25
	30		30	0,4462	0,8924	1,3386	1,7848	2,2310	2,6772	3,1234	3,5696	4,0158	4,4620		30		30
	25		35	0,4475	0,8950	1,3425	1,7900	2,2375	2,6850	3,1325	3,5800	4,0275	4,4750		25		35
	20		40	0,4488	0,8976	1,3464	1,7952	2,2440	2,6928	3,1416	3,5904	4,0392	4,4880		20		40
	15		45	0,4501	0,9002	1,3503	1,8004	2,2505	2,7006	3,1507	3,6008	4,0509	4,5010		15		45
	10		50	0,4514	0,9028	1,3542	1,8056	2,2570	2,7084	3,1598	3,6112	4,0626	4,5140		10		50
	5	26	55	0,4527	0,9054	1,3581	1,8108	2,2635	2,7162	3,1689	3,6216	4,0742	4,5269		5	116	55
				6	13	19	26	32	39	45	52	58	65				
153	0	**27**	0	0,4540	0,9080	1,3620	1,8160	2,2700	2,7239	3,1779	3,6319	4,0859	4,5399	**63**	0	**117**	0
152	55		5	0,4553	0,9106	1,3659	1,8211	2,2764	2,7317	3,1870	3,6423	4,0976	4,5529	62	55		5
	50		10	0,4566	0,9132	1,3697	1,8263	2,2829	2,7395	3,1961	3,6526	4,1092	4,5658		50		10
	45		15	0,4579	0,9157	1,3736	1,8315	2,2894	2,7472	3,2051	3,6630	4,1209	4,5787		45		15
	40		20	0,4592	0,9183	1,3775	1,8367	2,2958	2,7550	3,2142	3,6733	4,1325	4,5917		40		20
	35		25	0,4605	0,9209	1,3814	1,8418	2,3023	2,7627	3,2232	3,6837	4,1441	4,6046		35		25
	30		30	0,4617	0,9235	1,3852	1,8470	2,3087	2,7705	3,2322	3,6940	4,1557	4,6175		30		30
	25		35	0,4630	0,9261	1,3891	1,8522	2,3152	2,7782	3,2413	3,7043	4,1673	4,6304		25		35
	20		40	0,4643	0,9287	1,3930	1,8573	2,3216	2,7860	3,2503	3,7146	4,1789	4,6433		20		40
	15		45	0,4656	0,9312	1,3968	1,8625	2,3281	2,7937	3,2593	3,7249	4,1905	4,6561		15		45
	10		50	0,4669	0,9338	1,4007	1,8676	2,3345	2,8014	3,2683	3,7352	4,2021	4,6690		10		50
	5	27	55	0,4682	0,9364	1,4046	1,8727	2,3409	2,8091	3,2773	3,7455	4,2137	4,6819		5	117	55
				6	13	19	26	32	38	45	51	58	64				
152	0	**28**	0	0,4695	0,9389	1,4084	1,8779	2,3474	2,8168	3,2863	3,7558	4,2252	4,6947	**62**	0	**118**	0
151	55		5	0,4708	0,9415	1,4123	1,8830	2,3538	2,8245	3,2953	3,7660	4,2368	4,7076	61	55		5
	50		10	0,4720	0,9441	1,4161	1,8882	2,3602	2,8322	3,3043	3,7763	4,2483	4,7204		50		10
	45		15	0,4733	0,9466	1,4200	1,8933	2,3666	2,8399	3,3132	3,7866	4,2599	4,7332		45		15
	40		20	0,4746	0,9492	1,4238	1,8984	2,3730	2,8476	3,3222	3,7968	4,2714	4,7460		40		20
	35		25	0,4759	0,9518	1,4276	1,9035	2,3794	2,8553	3,3312	3,8070	4,2829	4,7588		35		25
	30		30	0,4772	0,9543	1,4315	1,9086	2,3858	2,8630	3,3401	3,8173	4,2944	4,7716		30		30
	25		35	0,4784	0,9569	1,4353	1,9137	2,3922	2,8706	3,3491	3,8275	4,3059	4,7844		25		35
	20		40	0,4797	0,9594	1,4391	1,9189	2,3986	2,8783	3,3580	3,8377	4,3174	4,7971		20		40
	15		45	0,4810	0,9620	1,4430	1,9240	2,4049	2,8859	3,3669	3,8479	4,3289	4,8099		15		45
	10		50	0,4823	0,9645	1,4468	1,9291	2,4113	2,8936	3,3758	3,8581	4,3404	4,8226		10		50
	5	28	55	0,4835	0,9671	1,4506	1,9341	2,4177	2,9012	3,3848	3,8683	4,3518	4,8354		5	118	55
				6	13	19	25	32	38	44	51	57	63				
151	0	**29**	0	0,4848	0,9696	1,4544	1,9392	2,4240	2,9089	3,3937	3,8785	4,3633	4,8481	**61**	0	**119**	0
150	55		5	0,4861	0,9722	1,4582	1,9443	2,4304	2,9165	3,4026	3,8886	4,3747	4,8608	60	55		5
	50		10	0,4874	0,9747	1,4621	1,9494	2,4368	2,9241	3,4115	3,8988	4,3862	4,8735		50		10
	45		15	0,4886	0,9772	1,4659	1,9545	2,4431	2,9317	3,4203	3,9090	4,3976	4,8862		45		15
	40		20	0,4899	0,9798	1,4697	1,9596	2,4494	2,9393	3,4292	3,9191	4,4090	4,8989		40		20
	35		25	0,4912	0,9823	1,4735	1,9646	2,4558	2,9469	3,4381	3,9293	4,4204	4,9116		35		25
	30		30	0,4924	0,9848	1,4773	1,9697	2,4621	2,9545	3,4470	3,9394	4,4318	4,9242		30		30
	25		35	0,4937	0,9874	1,4811	1,9748	2,4684	2,9621	3,4558	3,9495	4,4432	4,9369		25		35
	20		40	0,4950	0,9899	1,4849	1,9798	2,4748	2,9697	3,4647	3,9596	4,4546	4,9495		20		40
	15		45	0,4962	0,9924	1,4886	1,9849	2,4811	2,9773	3,4735	3,9697	4,4659	4,9622		15		45
	10		50	0,4975	0,9950	1,4924	1,9899	2,4874	2,9849	3,4824	3,9798	4,4773	4,9748		10		50
	5	29	55	0,4987	0,9975	1,4962	1,9950	2,4937	2,9924	3,4912	3,9899	4,4887	4,9874		5	119	55
				6	13	19	25	31	38	44	50	56	63				
150	0	**30**	0	0,5000	1,0000	1,5000	2,0000	2,5000	3,0000	3,5000	4,0000	4,5000	5,0000	**60**	0	**120**	0
Grd.	Min.	Grd.	Min.	1	2	3	4	5	6	7	8	9	10	Grd.	Min.	Grd.	Min.
O+, W− Streich- und Vertikal-Winkel.		O+, W−												O+, W− Streich- und Vertikal-Winkel.		O−, W+	

Vielfacher Cosinus. Streichcosinus. Breite. Sohle.

Vielfacher Sinus. Streichsinus. Länge. Seigerteufe.

Grd.	Min.	Grd.	Min.	11	12	13	14	15	16	17	18	19	20	Grd.	Min.	Grd.	Min.
Streich- und Vertikal-Winkel. O+, W–		O+, W–												Streich- und Vertikal-Winkel. O+, W–		O–, W+	
				72	79	85	92	98	105	112	118	125	131				
155	0	**25**	0	4,6488	5,0714	5,4940	5,9167	6,3393	6,7619	7,1845	7,6071	8,0297	8,4524	**65**	0	**115**	0
154	55		5	4,6633	5,0872	5,5112	5,9351	6,3590	6,7830	7,2069	7,6308	8,0548	8,4787	64	55		5
	50		10	4,6778	5,1030	5,5283	5,9535	6,3788	6,8040	7,2293	7,6546	8,0798	8,5051		50		10
	45		15	4,6923	5,1188	5,5454	5,9720	6,3985	6,8251	7,2517	7,6782	8,1048	8,5314		45		15
	40		20	4,7067	5,1346	5,5625	5,9904	6,4183	6,8461	7,2740	7,7019	8,1298	8,5577		40		20
	35		25	4,7212	5,1504	5,5796	6,0088	6,4380	6,8672	7,2964	7,7256	8,1548	8,5840		35		25
	30		30	4,7356	5,1661	5,5966	6,0272	6,4577	6,8882	7,3187	7,7492	8,1797	8,6102		30		30
	25		35	4,7501	5,1819	5,6137	6,0455	6,4774	6,9092	7,3410	7,7728	8,2046	8,6365		25		35
	20		40	4,7645	5,1976	5,6308	6,0639	6,4970	6,9302	7,3633	7,7964	8,2296	8,6627		20		40
	15		45	4,7789	5,2133	5,6478	6,0822	6,5167	6,9511	7,3856	7,8200	8,2545	8,6889		15		45
	10		50	4,7933	5,2291	5,6648	6,1006	6,5363	6,9721	7,4078	7,8436	8,2793	8,7151		10		50
	5	25	55	4,8077	5,2448	5,6818	6,1189	6,5560	6,9930	7,4301	7,8671	8,3042	8,7413		5	115	55
				72	78	85	91	98	104	111	117	124	130				
154	0	**26**	0	4,8221	5,2605	5,6988	6,1372	6,5756	7,0139	7,4523	7,8907	8,3291	8,7674	**64**	0	**116**	0
153	55		5	4,8365	5,2761	5,7158	6,1555	6,5952	7,0348	7,4745	7,9142	8,3539	8,7936	63	55		5
	50		10	4,8508	5,2918	5,7328	6,1738	6,6148	7,0557	7,4967	7,9377	8,3787	8,8197		50		10
	45		15	4,8652	5,3075	5,7498	6,1920	6,6343	7,0766	7,5189	7,9612	8,4035	8,8458		45		15
	40		20	4,8795	5,3231	5,7667	6,2103	6,6539	7,0975	7,5411	7,9847	8,4283	8,8719		40		20
	35		25	4,8939	5,3387	5,7836	6,2285	6,6734	7,1183	7,5632	8,0081	8,4530	8,8979		35		25
	30		30	4,9082	5,3544	5,8006	6,2468	6,6930	7,1392	7,5854	8,0316	8,4778	8,9240		30		30
	25		35	4,9225	5,3700	5,8175	6,2650	6,7125	7,1600	7,6075	8,0550	8,5025	8,9500		25		35
	20		40	4,9368	5,3856	5,8344	6,2832	6,7320	7,1808	7,6296	8,0784	8,5272	8,9760		20		40
	15		45	4,9511	5,4012	5,8513	6,3014	6,7515	7,2016	7,6517	8,1018	8,5519	9,0020		15		45
	10		50	4,9654	5,4168	5,8682	6,3196	6,7710	7,2223	7,6737	8,1251	8,5765	9,0279		10		50
	5	26	55	4,9796	5,4323	5,8850	6,3377	6,7904	7,2431	7,6958	8,1485	8,6012	9,0539		5	116	55
				71	77	84	90	97	103	110	116	123	129				
153	0	**27**	0	4,9939	5,4479	5,9019	6,3559	6,8099	7,2638	7,7178	8,1718	8,6258	9,0798	**63**	0	**117**	0
152	55		5	5,0081	5,4634	5,9187	6,3740	6,8293	7,2846	7,7399	8,1951	8,6504	9,1057	62	55		5
	50		10	5,0224	5,4790	5,9355	6,3921	6,8487	7,3053	7,7619	8,2184	8,6750	9,1316		50		10
	45		15	5,0366	5,4945	5,9524	6,4102	6,8681	7,3260	7,7839	8,2417	8,6996	9,1575		45		15
	40		20	5,0508	5,5100	5,9692	6,4283	6,8875	7,3467	7,8058	8,2650	8,7242	9,1833		40		20
	35		25	5,0650	5,5255	5,9860	6,4464	6,9069	7,3673	7,8278	8,2882	8,7487	9,2092		35		25
	30		30	5,0792	5,5410	6,0027	6,4645	6,9262	7,3880	7,8497	8,3115	8,7732	9,2350		30		30
	25		35	5,0934	5,5565	6,0195	6,4825	6,9456	7,4086	7,8716	8,3347	8,7977	9,2608		25		35
	20		40	5,1076	5,5719	6,0362	6,5006	6,9649	7,4292	7,8936	8,3579	8,8222	9,2865		20		40
	15		45	5,1218	5,5874	6,0530	6,5186	6,9842	7,4498	7,9154	8,3811	8,8467	9,3123		15		45
	10		50	5,1359	5,6028	6,0697	6,5366	7,0035	7,4704	7,9373	8,4042	8,8711	9,3380		10		50
	5	27	55	5,1501	5,6182	6,0864	6,5546	7,0228	7,4910	7,9592	8,4274	8,8956	9,3637		5	117	55
				70	77	83	90	96	102	109	115	121	128				
152	0	**28**	0	5,1642	5,6337	6,1031	6,5726	7,0421	7,5115	7,9810	8,4505	8,9200	9,3894	**62**	0	**118**	0
151	55		5	5,1783	5,6491	6,1198	6,5906	7,0613	7,5321	8,0028	8,4736	8,9443	9,4151	61	55		5
	50		10	5,1924	5,6645	6,1365	6,6085	7,0806	7,5526	8,0246	8,4967	8,9687	9,4408		50		10
	45		15	5,2065	5,6798	6,1532	6,6265	7,0998	7,5731	8,0464	8,5198	8,9931	9,4664		45		15
	40		20	5,2206	5,6952	6,1698	6,6444	7,1190	7,5936	8,0682	8,5428	9,0174	9,4920		40		20
	35		25	5,2347	5,7106	6,1864	6,6623	7,1382	7,6141	8,0900	8,5658	9,0417	9,5176		35		25
	30		30	5,2487	5,7259	6,2031	6,6802	7,1574	7,6345	8,1117	8,5889	9,0660	9,5432		30		30
	25		35	5,2628	5,7412	6,2197	6,6981	7,1765	7,6550	8,1334	8,6119	9,0903	9,5687		25		35
	20		40	5,2768	5,7566	6,2363	6,7160	7,1957	7,6754	8,1551	8,6348	9,1145	9,5943		20		40
	15		45	5,2909	5,7719	6,2529	6,7338	7,2148	7,6958	8,1768	8,6578	9,1388	9,6198		15		45
	10		50	5,3049	5,7872	6,2694	6,7517	7,2340	7,7162	8,1985	8,6807	9,1630	9,6453		10		50
	5	28	55	5,3189	5,8024	6,2860	6,7695	7,2531	7,7366	8,2201	8,7037	9,1872	9,6707		5	118	55
				70	76	82	89	95	101	108	114	120	127				
151	0	**29**	0	5,3329	5,8177	6,3025	6,7873	7,2721	7,7570	8,2418	8,7266	9,2114	9,6962	**61**	0	**119**	0
150	55		5	5,3469	5,8330	6,3191	6,8051	7,2912	7,7773	8,2634	8,7495	9,2355	9,7216	60	55		5
	50		10	5,3609	5,8482	6,3356	6,8229	7,3103	7,7976	8,2850	8,7723	9,2597	9,7470		50		10
	45		15	5,3748	5,8635	6,3521	6,8407	7,3293	7,8179	8,3066	8,7952	9,2838	9,7724		45		15
	40		20	5,3888	5,8787	6,3686	6,8585	7,3483	7,8382	8,3281	8,8180	9,3079	9,7978		40		20
	35		25	5,4027	5,8939	6,3850	6,8762	7,3674	7,8585	8,3497	8,8408	9,3320	9,8231		35		25
	30		30	5,4167	5,9091	6,4015	6,8939	7,3864	7,8788	8,3712	8,8636	9,3560	9,8485		30		30
	25		35	5,4306	5,9243	6,4180	6,9116	7,4053	7,8990	8,3927	8,8864	9,3801	9,8738		25		35
	20		40	5,4445	5,9394	6,4344	6,9293	7,4243	7,9193	8,4142	8,9092	9,4041	9,8991		20		40
	15		45	5,4584	5,9546	6,4508	6,9470	7,4432	7,9395	8,4357	8,9319	9,4281	9,9243		15		45
	10		50	5,4723	5,9697	6,4672	6,9647	7,4622	7,9597	8,4571	8,9546	9,4521	9,9496		10		50
	5	29	55	5,4861	5,9849	6,4836	6,9824	7,4811	7,9798	8,4786	8,9773	9,4761	9,9748		5	119	55
				69	75	81	88	94	100	107	113	119	125				
150	0	**30**	0	5,5000	6,0000	6,5000	7,0000	7,5000	8,0000	8,5000	9,0000	9,5000	10,0000	**60**	0	**120**	0
Grd.	Min.	Grd.	Min.	11	12	13	14	15	16	17	18	19	20	Grd.	Min.	Grd.	Min.
O+, W– Streich- und Vertikal-Winkel.		O+, W–												O+, W– Streich- und Vertikal-Winkel.		O–, W+	

Vielfacher Cosinus. Streichcosinus. Breite. Sohle.

Vielfacher Sinus. Streichsinus. Länge. Seigerteufe.

Streich- und Vertikal-Winkel. O+, W– Grd	O+, W– Min.	Streich- und Vertikal-Winkel. O+, W– Grd.	O+, W– Min.	1	2	3	4	5	6	7	8	9	10	Streich- und Vertikal-Winkel. O+, W– Grd.	O+, W– Min.	O–, W+ Grd.	O–, W+ Min.
				6	13	19	25	31	38	44	50	56	63				
150	0	**30**	0	0,5000	1,0000	1,5000	2,0000	2,5000	3,0000	3,5000	4,0000	4,5000	5,0000	**60**	0	**120**	0
149	55		5	0,5013	1,0025	1,5038	2,0050	2,5063	3,0076	3,5088	4,0101	4,5113	5,0126	59	55		5
	50		10	0,5025	1,0050	1,5076	2,0101	2,5126	3,0151	3,5176	4,0201	4,5227	5,0252		50		10
	45		15	0,5038	1,0075	1,5113	2,0151	2,5189	3,0226	3,5264	4,0302	4,5340	5,0377		45		15
	40		20	0,5050	1,0101	1,5151	2,0201	2,5251	3,0302	3,5352	4,0402	4,5453	5,0503		40		20
	35		25	0,5063	1,0126	1,5189	2,0251	2,5314	3,0377	3,5440	4,0503	4,5566	5,0628		35		25
	30		30	0,5075	1,0151	1,5226	2,0302	2,5377	3,0452	3,5528	4,0603	4,5678	5,0754		30		30
	25		35	0,5088	1,0176	1,5264	2,0352	2,5440	3,0527	3,5615	4,0703	4,5791	5,0879		25		35
	20		40	0,5100	1,0201	1,5301	2,0402	2,5502	3,0603	3,5703	4,0803	4,5904	5,1004		20		40
	15		45	0,5113	1,0226	1,5339	2,0452	2,5565	3,0678	3,5791	4,0903	4,6016	5,1129		15		45
	10		50	0,5125	1,0251	1,5376	2,0502	2,5627	3,0753	3,5878	4,1003	4,6129	5,1254		10		50
	5	30	55	0,5138	1,0276	1,5414	2,0552	2,5690	3,0827	3,5965	4,1103	4,6241	5,1379		5	120	55
				6	12	19	25	31	37	43	50	56	62				
149	0	**31**	0	0,5150	1,0301	1,5451	2,0602	2,5752	3,0902	3,6053	4,1203	4,6353	5,1504	**59**	0	**121**	0
148	55		5	0,5163	1,0326	1,5489	2,0651	2,5814	3,0977	3,6140	4,1303	4,6466	5,1628	58	55		5
	50		10	0,5175	1,0351	1,5526	2,0701	2,5876	3,1052	3,6227	4,1402	4,6578	5,1753		50		10
	45		15	0,5188	1,0375	1,5563	2,0751	2,5939	3,1126	3,6314	4,1502	4,6690	5,1877		45		15
	40		20	0,5200	1,0400	1,5600	2,0801	2,6001	3,1201	3,6401	4,1601	4,6801	5,2002		40		20
	35		25	0,5213	1,0425	1,5638	2,0850	2,6063	3,1275	3,6488	4,1701	4,6913	5,2126		35		25
	30		30	0,5225	1,0450	1,5675	2,0900	2,6125	3,1350	3,6575	4,1800	4,7025	5,2250		30		30
	25		35	0,5237	1,0475	1,5712	2,0950	2,6187	3,1424	3,6662	4,1899	4,7136	5,2374		25		35
	20		40	0,5250	1,0500	1,5749	2,0999	2,6249	3,1499	3,6748	4,1998	4,7248	5,2498		20		40
	15		45	0,5262	1,0524	1,5786	2,1049	2,6311	3,1573	3,6835	4,2097	4,7359	5,2621		15		45
	10		50	0,5275	1,0549	1,5824	2,1098	2,6373	3,1647	3,6922	4,2196	4,7471	5,2745		10		50
	5	31	55	0,5287	1,0574	1,5861	2,1147	2,6434	3,1721	3,7008	4,2295	4,7582	5,2869		5	121	55
				6	12	18	25	31	37	43	49	55	61				
148	0	**32**	0	0,5299	1,0598	1,5898	2,1197	2,6496	3,1795	3,7094	4,2394	4,7693	5,2992	**58**	0	**122**	0
147	55		5	0,5312	1,0623	1,5935	2,1246	2,6558	3,1869	3,7181	4,2492	4,7804	5,3115	57	55		5
	50		10	0,5324	1,0648	1,5972	2,1295	2,6619	3,1943	3,7267	4,2591	4,7915	5,3238		50		10
	45		15	0,5336	1,0672	1,6008	2,1345	2,6681	3,2017	3,7353	4,2689	4,8025	5,3361		45		15
	40		20	0,5348	1,0697	1,6045	2,1394	2,6742	3,2091	3,7439	4,2788	4,8136	5,3484		40		20
	35		25	0,5361	1,0721	1,6082	2,1443	2,6804	3,2164	3,7525	4,2886	4,8247	5,3607		35		25
	30		30	0,5373	1,0746	1,6119	2,1492	2,6865	3,2238	3,7611	4,2984	4,8357	5,3730		30		30
	25		35	0,5385	1,0771	1,6156	2,1541	2,6926	3,2312	3,7697	4,3082	4,8467	5,3853		25		35
	20		40	0,5398	1,0795	1,6193	2,1590	2,6988	3,2385	3,7783	4,3180	4,8578	5,3975		20		40
	15		45	0,5410	1,0819	1,6229	2,1639	2,7049	3,2458	3,7868	4,3278	4,8688	5,4097		15		45
	10		50	0,5422	1,0844	1,6266	2,1688	2,7110	3,2532	3,7954	4,3376	4,8798	5,4220		10		50
	5	32	55	0,5434	1,0868	1,6303	2,1737	2,7171	3,2605	3,8039	4,3473	4,8908	5,4342		5	122	55
				6	12	18	24	30	36	42	49	55	61				
147	0	**33**	0	0,5446	1,0893	1,6339	2,1786	2,7232	3,2678	3,8125	4,3571	4,9018	5,4464	**57**	0	**123**	0
146	55		5	0,5459	1,0917	1,6376	2,1834	2,7293	3,2751	3,8210	4,3669	4,9127	5,4586	56	55		5
	50		10	0,5471	1,0942	1,6412	2,1883	2,7354	3,2825	3,8295	4,3766	4,9237	5,4708		50		10
	45		15	0,5483	1,0966	1,6449	2,1932	2,7415	3,2898	3,8381	4,3863	4,9346	5,4829		45		15
	40		20	0,5495	1,0990	1,6485	2,1980	2,7475	3,2971	3,8466	4,3961	4,9456	5,4951		40		20
	35		25	0,5507	1,1014	1,6522	2,2029	2,7536	3,3043	3,8551	4,4058	4,9565	5,5072		35		25
	30		30	0,5519	1,1039	1,6558	2,2077	2,7597	3,3116	3,8636	4,4155	4,9674	5,5194		30		30
	25		35	0,5531	1,1063	1,6594	2,2126	2,7657	3,3189	3,8720	4,4252	4,9783	5,5315		25		35
	20		40	0,5544	1,1087	1,6631	2,2174	2,7718	3,3262	3,8805	4,4349	4,9892	5,5436		20		40
	15		45	0,5556	1,1111	1,6667	2,2223	2,7779	3,3334	3,8890	4,4446	5,0001	5,5557		15		45
	10		50	0,5568	1,1136	1,6703	2,2271	2,7839	3,3407	3,8975	4,4542	5,0110	5,5678		10		50
	5	33	55	0,5580	1,1160	1,6740	2,2319	2,7899	3,3479	3,9059	4,4639	5,0219	5,5799		5	123	55
				6	12	18	24	30	36	42	48	54	60				
146	0	**34**	0	0,5592	1,1184	1,6776	2,2368	2,7960	3,3552	3,9144	4,4735	5,0327	5,5919	**56**	0	**124**	0
145	55		5	0,5604	1,1208	1,6812	2,2416	2,8020	3,3624	3,9228	4,4832	5,0436	5,6040	55	55		5
	50		10	0,5616	1,1232	1,6848	2,2464	2,8080	3,3696	3,9312	4,4928	5,0544	5,6160		50		10
	45		15	0,5628	1,1256	1,6884	2,2512	2,8140	3,3768	3,9396	4,5024	5,0652	5,6280		45		15
	40		20	0,5640	1,1280	1,6920	2,2560	2,8200	3,3840	3,9480	4,5121	5,0761	5,6401		40		20
	35		25	0,5652	1,1304	1,6956	2,2608	2,8260	3,3912	3,9564	4,5217	5,0869	5,6521		35		25
	30		30	0,5664	1,1328	1,6992	2,2656	2,8320	3,3984	3,9648	4,5312	5,0977	5,6641		30		30
	25		35	0,5676	1,1352	1,7028	2,2704	2,8380	3,4056	3,9732	4,5408	5,1084	5,6760		25		35
	20		40	0,5688	1,1376	1,7064	2,2752	2,8440	3,4128	3,9816	4,5504	5,1192	5,6880		20		40
	15		45	0,5700	1,1400	1,7100	2,2800	2,8500	3,4200	3,9900	4,5600	5,1300	5,7000		15		45
	10		50	0,5712	1,1424	1,7136	2,2848	2,8560	3,4271	3,9983	4,5695	5,1407	5,7119		10		50
	5	34	55	0,5724	1,1448	1,7172	2,2895	2,8619	3,4343	4,0067	4,5791	5,1515	5,7238		5	124	55
				6	12	18	24	30	36	41	47	53	59				
145	0	**35**	0	0,5736	1,1472	1,7207	2,2943	2,8679	3,4415	4,0150	4,5886	5,1622	5,7358	**55**	0	**125**	0
Grd.	Min.	Grd.	Min.	1	2	3	4	5	6	7	8	9	10	Grd.	Min.	Grd.	Min.
O+, W–		O+, W–												O+, W–		O–, W+	
Streich- und Vertikal-Winkel.														Streich- und Vertikal-Winkel.			

Vielfacher Cosinus. Streichcosinus. Breite. Sohle.

Streich- und Vertikal-Winkel. O+, W— | O+, W—

Vielfacher Sinus. Streichsinus. Länge. Seigerteufe.

Streich- und Vertikal-Winkel. O+, W— | O—, W+

Grd.	Min.	Grd.	Min.	11	12	13	14	15	16	17	18	19	20	Grd.	Min.	Grd.	Min.
				69	75	81	88	94	100	107	113	119	125				
150	0	**30**	0	5,5000	6,0000	6,5000	7,0000	7,5000	8,0000	8,5000	9,0000	9,5000	10,0000	**60**	0	**120**	0
149	55		5	5,5138	6,0151	6,5164	7,0176	7,5189	8,0201	8,5214	9,0227	9,5239	10,0252	59	55		5
	50		10	5,5277	6,0302	6,5327	7,0352	7,5378	8,0403	8,5428	9,0453	9,5478	10,0503		50		10
	45		15	5,5415	6,0453	6,5491	7,0528	7,5566	8,0604	8,5642	9,0679	9,5717	10,0755		45		15
	40		20	5,5553	6,0604	6,5654	7,0704	7,5754	8,0805	8,5855	9,0905	9,5956	10,1006		40		20
	35		25	5,5691	6,0754	6,5817	7,0880	7,5943	8,1006	8,6068	9,1131	9,6194	10,1257		35		25
	30		30	5,5829	6,0905	6,5980	7,1055	7,6131	8,1206	8,6282	9,1357	9,6432	10,1508		30		30
	25		35	5,5967	6,1055	6,6143	7,1231	7,6319	8,1407	8,6494	9,1582	9,6670	10,1758		25		35
	20		40	5,6105	6,1205	6,6306	7,1406	7,6506	8,1607	8,6707	9,1808	9,6908	10,2009		20		40
	15		45	5,6242	6,1355	6,6468	7,1581	7,6694	8,1807	8,6920	9,2033	9,7146	10,2259		15		45
	10		50	5,6380	6,1505	6,6631	7,1756	7,6881	8,2007	8,7132	9,2258	9,7383	10,2509		10		50
	5	30	55	5,6517	6,1655	6,6793	7,1931	7,7069	8,2207	8,7344	9,2482	9,7620	10,2758		5	120	55
				68	74	81	87	93	99	105	112	118	124				
149	0	**31**	0	5,6654	6,1805	6,6955	7,2105	7,7256	8,2406	8,7556	9,2707	9,7857	10,3008	**59**	0	**121**	0
148	55		5	5,6791	6,1954	6,7117	7,2280	7,7443	8,2605	8,7768	9,2931	9,8094	10,3257	58	55		5
	50		10	5,6928	6,2104	6,7279	7,2454	7,7629	8,2805	8,7980	9,3155	9,8331	10,3506		50		10
	45		15	5,7065	6,2253	6,7441	7,2628	7,7816	8,3004	8,8191	9,3379	9,8567	10,3755		45		15
	40		20	5,7202	6,2402	6,7602	7,2802	7,8002	8,3203	8,8403	9,3603	9,8803	10,4003		40		20
	35		25	5,7338	6,2551	6,7764	7,2976	7,8189	8,3401	8,8614	9,3826	9,9039	10,4252		35		25
	30		30	5,7475	6,2700	6,7925	7,3150	7,8375	8,3600	8,8825	9,4050	9,9275	10,4500		30		30
	25		35	5,7611	6,2849	6,8086	7,3323	7,8561	8,3798	8,9035	9,4273	9,9510	10,4748		25		35
	20		40	5,7747	6,2997	6,8247	7,3497	7,8746	8,3996	8,9246	9,4496	9,9746	10,4995		20		40
	15		45	5,7884	6,3146	6,8408	7,3670	7,8932	8,4194	8,9456	9,4719	9,9981	10,5243		15		45
	10		50	5,8020	6,3294	6,8569	7,3843	7,9118	8,4392	8,9667	9,4941	10,0216	10,5490		10		50
	5	31	55	5,8155	6,3442	6,8729	7,4016	7,9303	8,4590	8,9876	9,5163	10,0450	10,5737		5	121	55
				67	74	80	86	92	98	104	110	117	123				
148	0	**32**	0	5,8291	6,3590	6,8890	7,4189	7,9488	8,4787	9,0086	9,5385	10,0685	10,5984	**58**	0	**122**	0
147	55		5	5,8427	6,3738	6,9050	7,4361	7,9673	8,4984	9,0296	9,5607	10,0919	10,6230	57	55		5
	50		10	5,8562	6,3886	6,9210	7,4534	7,9858	8,5181	9,0505	9,5829	10,1153	10,6477		50		10
	45		15	5,8698	6,4034	6,9370	7,4706	8.0042	8,5378	9,0714	9,6051	10,1387	10,6723		45		15
	40		20	5,8833	6,4181	6,9530	7,4878	8,0227	8,5575	9,0923	9,6272	10,1620	10,6969		40		20
	35		25	5,8968	6,4329	6,9689	7,5050	8,0411	8,5772	9,1132	9,6493	10,1854	10,7214		35		25
	30		30	5,9103	6,4476	6,9849	7,5222	8,0595	8,5968	9,1341	9,6714	10,2087	10,7460		30		30
	25		35	5,9238	6,4623	7,0008	7,5394	8,0779	8,6164	9,1549	9,6935	10,2320	10,7705		25		35
	20		40	5,9373	6,4770	7,0168	7,5565	8,0963	8,6360	9,1758	9,7155	10,2553	10,7950		20		40
	15		45	5,9507	6,4917	7,0327	7,5736	8,1146	8,6556	9,1966	9,7375	10,2785	10,8195		15		45
	10		50	5,9642	6,5064	7,0486	7,5908	8,1330	8,6752	9,2174	9,7595	10,3017	10,8439		10		50
	5	32	55	5,9776	6,5210	7,0644	7,6079	8,1513	8,6947	9,2381	9,7815	10,3250	10,8684		5	122	55
				67	73	79	85	91	97	103	109	115	121				
147	0	**33**	0	5,9910	6,5357	7,0803	7,6249	8,1696	8,7142	9,2589	9,8035	10,3481	10,8928	**57**	0	**123**	0
146	55		5	6,0044	6,5503	7,0962	7,6420	8,1879	8,7337	9,2796	9,8254	10,3713	10,9172	56	55		5
	50		10	6,0178	6,5649	7,1120	7,6591	8,2061	8,7532	9,3003	9,8474	10,3945	10,9415		50		10
	45		15	6,0312	6,5795	7,1278	7,6761	8,2244	8,7727	9,3210	9,8693	10,4176	10,9659		45		15
	40		20	6,0446	6,5941	7,1436	7,6931	8,2426	8,7921	9,3417	9,8912	10,4407	10,9902		40		20
	35		25	6,0580	6,6087	7,1594	7,7101	8,2609	8,8116	9,3623	9,9130	10,4637	11,0145		35		25
	30		30	6,0713	6,6232	7,1752	7,7271	8,2791	8,8310	9,3829	9,9349	10,4868	11,0387		30		30
	25		35	6,0846	6,6378	7,1909	7,7441	8,2972	8,8504	9,4035	9,9567	10,5098	11,0630		25		35
	20		40	6,0980	6,6523	7,2067	7,7610	8,3154	8,8698	9,4241	9,9785	10,5328	11,0872		20		40
	15		45	6,1113	6,6668	7,2224	7,7780	8,3336	8,8891	9,4447	10,0003	10,5558	11,1114		15		45
	10		50	6,1246	6,6813	7,2381	7,7949	8,3517	8,9085	9,4652	10,0220	10,5788	11,1356		10		50
	5	33	55	6,1379	6,6958	7,2538	7,8118	8,3698	8,9278	9,4858	10,0438	10,6017	11,1597		5	123	55
				66	72	78	84	90	96	102	108	114	120				
146	0	**34**	0	6,1511	6,7103	7,2695	7,8287	8,3879	8,9471	9,5063	10,0655	10,6247	11,1839	**56**	0	**124**	0
145	55		5	6,1644	6,7248	7,2852	7,8456	8,4060	8,9664	9,5268	10,0872	10,6476	11,2080	55	55		5
	50		10	6,1776	6,7392	7,3008	7,8624	8,4240	8,9856	9,5472	10,1088	10,6704	11,2320		50		10
	45		15	6,1909	6,7537	7,3165	7,8793	8,4421	9,0049	9,5677	10,1305	10,6933	11,2561		45		15
	40		20	6,2041	6,7681	7,3321	7,8961	8,4601	9,0241	9,5881	10,1521	10,7161	11,2801		40		20
	35		25	6,2173	6,7825	7,3477	7,9129	8,4781	9,0433	9,6085	10,1737	10,7389	11,3041		35		25
	30		30	6,2305	6,7969	7,3633	7,9297	8,4961	9,0625	9,6289	10,1953	10,7617	11,3281		30		30
	25		35	6,2436	6,8113	7,3789	7,9465	8,5141	9,0817	9,6493	10,2169	10,7845	11,3521		25		35
	20		40	6,2568	6,8256	7,3944	7,9632	8,5320	9,1008	9,6696	10,2384	10,8072	11,3760		20		40
	15		45	6,2700	6,8400	7,4100	7,9800	8,5500	9,1199	9,6899	10,2599	10,8299	11,3999		15		45
	10		50	6,2831	6,8543	7,4255	7,9967	8,5679	9,1391	9,7103	10,2814	10,8526	11,4238		10		50
	5	34	55	6,2962	6,8686	7,4410	8,0134	8,5858	9,1582	9,7305	10,3029	10,8753	11,4477		5	124	55
				65	71	77	83	89	95	101	107	113	118				
145	0	**35**	0	6,3093	6,8829	7,4565	8,0301	8,6036	9,1772	9,7508	10,3244	10,8980	11,4715	**55**	0	**125**	0
Grd.	Min.	Grd.	Min.	11	12	13	14	15	16	17	18	19	20	Grd.	Min.	Grd.	Min.

O+, W— | O+, W— Streich- und Vertikal-Winkel.

Vielfacher Cosinus. Streichcosinus. Breite. Sohle.

O+, W— | O—, W+ Streich- und Vertikal-Winkel.

Streich- und Vertikal-Winkel.				Vielfacher Sinus. Streichsinus. Länge. Seigerteufe.										Streich- und Vertikal-Winkel.			
O+, W—		O+, W—												O+, W—		O—, W+	
Grd.	Min.	Grd.	Min.	1	2	3	4	5	6	7	8	9	10	Grd.	Min.	Grd.	Min.
				6	12	18	24	30	36	41	47	53	59				
145	0	**35**	0	0,5736	1,1472	1,7207	2,2943	2,8679	3,4415	4,0150	4,5886	5,1622	5,7358	**55**	0	**125**	0
144	55		5	0,5748	1,1495	1,7243	2,2991	2,8738	3,4486	4,0234	4,5981	5,1729	5,7477	54	55		5
	50		10	0,5760	1,1519	1,7279	2,3038	2,8798	3,4557	4,0317	4,6077	5,1836	5,7596		50		10
	45		15	0,5771	1,1543	1,7314	2,3086	2,8857	3,4629	4,0400	4,6172	5,1943	5,7715		45		15
	40		20	0,5783	1,1567	1,7350	2,3133	2,8917	3,4700	4,0483	4,6267	5,2050	5,7833		40		20
	35		25	0,5795	1,1590	1,7386	2,3181	2,8976	3,4771	4,0566	4,6361	5,2157	5,7952		35		25
	30		30	0,5807	1,1614	1,7421	2,3228	2,9035	3,4842	4,0649	4,6456	5,2263	5,8070		30		30
	25		35	0,5819	1,1638	1,7457	2,3275	2,9094	3,4913	4,0732	4,6551	5,2370	5,8189		25		35
	20		40	0,5831	1,1661	1,7492	2,3323	2,9153	3,4984	4,0815	4,6645	5,2476	5,8307		20		40
	15		45	0,5842	1,1685	1,7527	2,3370	2,9212	3,5055	4,0897	4,6740	5,2582	5,8425		15		45
	10		50	0,5854	1,1709	1,7563	2,3417	2,9271	3,5126	4,0980	4,6834	5,2689	5,8543		10		50
	5	35	55	0,5866	1,1732	1,7598	2,3464	2,9330	3,5196	4,1063	4,6929	5,2795	5,8661		5	125	55
				6	12	18	23	29	35	41	47	53	58				
144	0	**36**	0	0,5878	1,1756	1,7634	2,3511	2,9389	3,5267	4,1145	4,7023	5,2901	5,8779	**54**	0	**126**	0
143	55		5	0,5890	1,1779	1,7669	2,3558	2,9448	3,5338	4,1227	4,7117	5,3007	5,8896	53	55		5
	50		10	0,5901	1,1803	1,7704	2,3605	2,9507	3,5408	4,1310	4,7211	5,3112	5,9014		50		10
	45		15	0,5913	1,1826	1,7739	2,3652	2,9565	3 5479	4,1392	4,7305	5,3218	5,9131		45		15
	40		20	0,5925	1,1850	1,7774	2,3699	2,9624	3,5549	4,1474	4,7399	5,3323	5,9248		40		20
	35		25	0,5937	1,1873	1,7810	2,3746	2,9683	3,5619	4,1556	4,7492	5,3429	5,9365		35		25
	30		30	0,5948	1,1896	1,7845	2,3793	2,9741	3,5689	4,1638	4,7586	5,3534	5,9482		30		30
	25		35	0,5960	1,1920	1,7880	2,3840	2,9800	3,5759	4,1719	4,7679	5,3639	5,9599		25		35
	20		40	0,5972	1,1943	1,7915	2,3886	2,9858	3,5830	4,1801	4,7773	5,3744	5,9716		20		40
	15		45	0,5983	1,1966	1,7950	2,3933	2,9916	3,5899	4,1883	4,7866	5,3849	5,9832		15		45
	10		50	0,5995	1,1990	1,7985	2,3980	2,9974	3,5969	4,1964	4,7959	5,3954	5,9949		10		50
	5	36	55	0,6007	1,2013	1,8020	2,4026	3,0033	3,6039	4,2046	4,8052	5,4059	6,0065		5	126	55
				6	12	17	23	29	35	40	46	52	58				
143	0	**37**	0	0,6018	1,2036	1,8054	2,4073	3,0091	3,6109	4,2127	4,8145	5,4163	6,0182	**53**	0	**127**	0
142	55		5	0,6030	1,2060	1,8089	2,4119	3,0149	3,6179	4,2208	4,8238	5,4268	6,0298	52	55		5
	50		10	0,6041	1,2083	1,8124	2,4165	3,0207	3,6248	4,2289	4,8331	5,4372	6,0414		50		10
	45		15	0,6053	1,2106	1,8159	2,4212	3,0265	3,6318	4,2371	4,8424	5,4476	6,0529		45		15
	40		20	0,6065	1,2129	1,8194	2,4258	3,0323	3,6387	4,2452	4,8516	5,4581	6,0645		40		20
	35		25	0,6076	1,2152	1,8228	2,4304	3,0380	3,6456	4,2532	4,8609	5,4685	6,0761		35		25
	30		30	0,6088	1,2175	1,8263	2,4350	3,0438	3,6526	4,2613	4,8701	5,4789	6,0876		30		30
	25		35	0,6099	1,2198	1,8297	2,4397	3,0496	3,6595	4,2694	4,8793	5,4892	6,0991		25		35
	20		40	0,6111	1,2221	1,8332	2,4443	3,0553	3,6664	4,2775	4,8885	5,4996	6,1107		20		40
	15		45	0,6122	1,2244	1,8367	2,4489	3,0611	3,6733	4,2855	4,8977	5,5100	6,1222		15		45
	10		50	0,6134	1,2267	1,8401	2,4535	3,0668	3,6802	4,2936	4,9069	5,5203	6,1337		10		50
	5	37	55	0,6145	1,2290	1,8435	2,4581	3,0726	3,6871	4,3016	4,9161	5,5306	6,1451		5	127	55
				6	11	17	23	28	34	40	46	51	57				
142	0	**38**	0	0,6157	1,2313	1,8470	2,4626	3,0783	3,6940	4,3096	4,9253	5,5410	6,1566	**52**	0	**128**	0
141	55		5	0,6168	1,2336	1,8504	2,4672	3,0840	3,7008	4,3176	4,9345	5,5513	6,1681	51	55		5
	50		10	0,6180	1,2359	1,8539	2,4718	3,0898	3,7077	4,3257	4,9436	5,5616	6,1795		50		10
	45		15	0,6191	1,2382	1,8573	2,4764	3,0955	3,7146	4,3337	4,9528	5,5718	6,1909		45		15
	40		20	0,6202	1,2405	1,8607	2,4809	3,1012	3,7214	4,3416	4,9619	5,5821	6,2024		40		20
	35		25	0,6214	1,2428	1,8641	2,4855	3,1069	3,7283	4,3496	4,9710	5,5924	6,2138		35		25
	30		30	0,6225	1,2450	1,8675	2,4901	3,1126	3,7351	4,3576	4,9801	5,6026	6,2251		30		30
	25		35	0,6237	1,2473	1,8710	2,4946	3,1183	3,7419	4,3656	4,9892	5,6129	6,2365		25		35
	20		40	0,6248	1,2496	1,8744	2,4992	3,1239	3,7487	4,3735	4,9983	5,6231	6,2479		20		40
	15		45	0,6259	1,2518	1,8778	2,5037	3,1296	3,7555	4,3815	5,0074	5,6333	6,2592		15		45
	10		50	0,6271	1,2541	1,8812	2,5082	3,1353	3,7623	4,3894	5,0165	5,6435	6,2706		10		50
	5	38	55	0,6282	1,2564	1,8846	2,5128	3,1409	3,7691	4,3973	5,0255	5,6537	6,2819		5	128	55
				6	11	17	22	28	34	39	45	51	56				
141	0	**39**	0	0,6293	1,2586	1,8880	2,5173	3,1466	3,7759	4,4052	5,0346	5,6639	6,2932	**51**	0	**129**	0
140	55		5	0,6305	1,2609	1,8914	2,5218	3,1523	3,7827	4,4132	5,0436	5,6741	6,3045	50	55		5
	50		10	0,6316	1,2632	1,8947	2,5263	3,1579	3,7895	4,4210	5,0526	5,6842	6,3158		50		10
	45		15	0,6327	1,2654	1,8981	2,5308	3,1635	3,7962	4,4289	5,0616	5,6943	6,3271		45		15
	40		20	0,6338	1,2677	1,9015	2,5353	3,1692	3,8030	4,4368	5,0706	5,7045	6,3383		40		20
	35		25	0,6350	1,2699	1,9049	2,5398	3,1748	3,8097	4,4447	5,0796	5,7146	6,3496		35		25
	30		30	0,6361	1,2722	1;9082	2,5443	3,1804	3,8165	4,4525	5,0886	5,7247	6,3608		30		30
	25		35	0,6372	1,2744	1,9116	2,5488	3,1860	3,8232	4,4604	5,0976	5,7348	6,3720		25		35
	20		40	0,6383	1,2766	1,9150	2,5533	3,1916	3,8299	4,4682	5,1066	5,7449	6,3832		20		40
	15		45	0,6394	1,2789	1,9183	2,5578	3,1972	3,8366	4,4761	5,1155	5,7550	6,3944		15		45
	10		50	0,6406	1,2811	1,9217	2,5622	3,2028	3,8433	4,4839	5,1245	5,7650	6,4056		10		50
	5	39	55	0,6417	1,2833	1,9250	2,5667	3,2084	3,8500	4,4917	5,1334	5,7751	6,4167		5	129	55
				6	11	17	22	28	33	39	44	50	55				
140	0	**40**	0	0,6428	1,2856	1,9284	2,5712	3,2139	3,8567	4,4995	5,1423	5,7851	6,4279	**50**	0	**130**	0
Grd.	Min.	Grd.	Min.	1	2	3	4	5	6	7	8	9	10	Grd.	Min.	Grd.	Min.
O+, W—		O+, W—												O+, W—		O—, W+	
Streich- und Vertikal-Winkel.				Vielfacher Cosinus. Streichcosinus. Breite. Sohle.										Streich- und Vertikal-Winkel.			

Streich- und Vertikal-Winkel.				Vielfacher Sinus. Streichsinus. Länge. Seigerteufe.										Streich- und Vertikal-Winkel.			
O+, W−		O+, W−												O+, W−		O−, W+	
Grd.	Min.	Grd.	Min.	11	12	13	14	15	16	17	18	19	20	Grd.	Min.	Grd.	Min.
				65	71	77	83	89	95	101	107	113	118				
145	0	**35**	0	6,3093	6,8829	7,4565	8,0301	8,6036	9,1772	9,7508	10,3244	10,8980	11,4715	**55**	0	**125**	0
144	55		5	6,3224	6,8972	7,4720	8,0467	8,6215	9,1963	9,7710	10,3458	10,9206	11,4953	54	55		5
	50		10	6,3355	6,9115	7,4874	8,0634	8,6394	9,2153	9,7913	10,3672	10,9432	11,5191		50		10
	45		15	6,3486	6,9257	7,5029	8,0800	8,6572	9,2343	9,8115	10,3886	10,9658	11,5429		45		15
	40		20	6,3617	6,9400	7,5183	8,0967	8,6750	9,2533	9,8316	10,4100	10,9883	11,5666		40		20
	35		25	6,3747	6,9542	7,5337	8,1133	8,6928	9,2723	9,8518	10,4313	11,0108	11,5904		35		25
	30		30	6,3877	6,9684	7,5491	8,1298	8,7105	9,2912	9,8720	10,4527	11,0334	11,6141		30		30
	25		35	6,4008	6,9826	7,5645	8,1464	8,7283	9,3102	9,8921	10,4740	11,0558	11,6377		25		35
	20		40	6,4138	6,9968	7,5799	8,1630	8,7460	9,3291	9,9122	10,4952	11,0783	11,6614		20		40
	15		45	6,4267	7,0110	7,5952	8,1795	8,7637	9,3480	9,9322	10,5165	11,1007	11,6850		15		45
	10		50	6,4397	7,0252	7,6106	8,1960	8,7814	9,3669	9,9523	10,5377	11,1232	11,7086		10		50
	5	35	55	6,4527	7,0393	7,6259	8,2125	8,7991	9,3857	9,9723	10,5589	11,1456	11,7322		5	125	55
				64	70	76	82	88	94	99	105	111	117				
144	0	**36**	0	6,4656	7,0534	7,6412	8,2290	8,8168	9,4046	9,9923	10,5801	11,1679	11,7557	**54**	0	**126**	0
143	55		5	6,4786	7,0675	7,6565	8,2455	8,8344	9,4234	10,0123	10,6013	11,1903	11,7792	53	55		5
	50		10	6,4915	7,0816	7,6718	8,2619	8,8520	9,4422	10,0323	10,6224	11,2126	11,8027		50		10
	45		15	6,5044	7,0957	7,6870	8,2783	8,8696	9,4610	10,0523	10,6436	11,2349	11,8262		45		15
	40		20	6,5173	7,1098	7,7023	8,2947	8,8872	9,4797	10,0722	10,6647	11,2572	11,8496		40		20
	35		25	6,5302	7,1238	7,7175	8,3111	8,9048	9,4984	10,0921	10,6858	11,2794	11,8731		35		25
	30		30	6,5431	7,1379	7,7327	8,3275	8,9223	9,5172	10,1120	10,7068	11,3016	11,8965		30		30
	25		35	6,5559	7,1519	7,7479	8,3439	8,9399	9,5359	10,1319	10,7278	11,3238	11,9198		25		35
	20		40	6,5687	7,1659	7.7631	8,3602	8,9574	9,5545	10,1517	10,7489	11,3460	11,9432		20		40
	15		45	6,5816	7,1799	7,7782	8,3765	8,9749	9,5732	10,1715	10,7698	11,3682	11.9665		15		45
	10		50	6,5944	7,1939	7,7934	8,3929	8,9923	9,5918	10,1913	10,7908	11,3903	11,9898		10		50
	5	36	55	6,6072	7,2078	7,8085	8,4091	9,0098	9,6104	10,2111	10,8118	11,4124	12,0131		5	126	55
				63	69	75	81	87	92	98	104	110	115				
143	0	**37**	0	6,6200	7,2218	7,8236	8,4254	9,0272	9,6290	10,2309	10,8327	11,4345	12,0363	**53**	0	**127**	0
142	55		5	6,6327	7,2357	7,8387	8,4417	9,0446	9,6476	10,2506	10,8536	11,4565	12,0595	52	55		5
	50		10	6,6455	7,2496	7,8538	8,4579	9,0620	9,6662	10,2703	10,8744	11,4786	12,0827		50		10
	45		15	6,6582	7,2635	7,8688	8,4741	9,0794	9,6847	10,2900	10,8953	11,5006	12,1059		45		15
	40		20	6,6710	7,2774	7,8839	8,4903	9,0968	9,7032	10,3097	10,9161	11,5226	12,1290		40		20
	35		25	6,6837	7,2913	7,8989	8,5065	9,1141	9,7217	10,3293	10,9369	11,5445	12,1521		35		25
	30		30	6,6964	7,3051	7,9139	8,5227	9,1314	9,7402	10,3489	10,9577	11,5665	12,1752		30		30
	25		35	6,7091	7,3190	7,9289	8,5388	9,1487	9,7586	10,3685	10,9785	11,5884	12,1983		25		35
	20		40	6,7217	7,3328	7,9439	8,5549	9,1660	9,7771	10,3881	10,9992	11,6103	12,2213		20		40
	15		45	6,7344	7,3466	7,9588	8,5710	9,1833	9.7955	10,4077	11,0199	11,6321	12,2443		15		45
	10		50	6,7470	7,3604	7,9738	8,5871	9,2005	9,8139	10,4272	11,0406	11,6540	12,2673		10		50
	5	37	55	6,7597	7,3742	7,9887	8,6032	9,2177	9,8322	10,4468	11,0613	11,6758	12,2903		5	127	55
				63	68	74	80	85	91	97	103	108	114				
142	0	**38**	0	6,7723	7,3879	8,0036	8,6193	9,2349	9,8506	10,4662	11,0819	11,6976	12,3132	**52**	0	**128**	0
141	55		5	6,7849	7,4017	8,0185	8,6353	9,2521	9,8689	10,4857	11,1025	11,7193	12,3361	51	55		5
	50		10	6,7975	7,4154	8,0334	8,6513	9,2693	9,8872	10,5052	11,1231	11,7411	12,3590		50		10
	45		15	6,8100	7,4291	8,0482	8,6673	9,2864	9,9055	10,5246	11,1437	11,7628	12,3819		45		15
	40		20	6,8226	7,4428	8,0631	8,6833	9,3035	9,9238	10,5440	11,1642	11,7845	12,4047		40		20
	35		25	6,8351	7,4565	8,0779	8,6993	9,3206	9,9420	10,5634	11,1848	11,8061	12,4275		35		25
	30		30	6,8477	7,4702	8,0927	8,7152	9,3377	9,9602	10,5827	11,2053	11,8278	12,4503		30		30
	25		35	6,8602	7,4838	8,1075	8,7311	9,3548	9,9784	10,6021	11,2257	11,8494	12,4730		25		35
	20		40	6,8727	7,4975	8,1223	8,7470	9,3718	9,9966	10,6214	11,2462	11,8710	12,4958		20		40
	15		45	6,8852	7,5111	8,1370	8,7629	9,3889	10,0148	10,6407	11,2666	11,8925	12,5185		15		45
	10		50	6,8976	7,5247	8,1517	8,7788	9,4059	10,0329	10,6600	11,2870	11,9141	12,5411		10		50
	5	38	55	6,9101	7,5383	8,1665	8,7947	9,4228	10,0510	10,6792	11,3074	11,9356	12,5638		5	128	55
				62	67	73	79	84	90	95	101	107	112				
141	0	**39**	0	6,9225	7,5518	8,1812	8,8105	9,4398	10,0691	10,6984	11,3278	11,9571	12,5864	**51**	0	**129**	0
140	55		5	6,9350	7,5654	8,1959	8,8263	9,4568	10,0872	10,7177	11,3481	11,9786	12,6090	50	55		5
	50		10	6,9474	7,5789	8,2105	8,8421	9,4737	10,1053	10,7368	11,3684	12,0000	12,6316		50		10
	45		15	6,9598	7,5925	8,2252	8,8579	9,4906	10,1233	10,7560	11,3887	12,0214	12,6541		45		15
	40		20	6,9721	7,6060	8,2398	8,8736	9,5075	10,1413	10,7751	11,4090	12,0428	12,6766		40		20
	35		25	6,9845	7,6195	8,2544	8,8894	9,5243	10,1593	10,7942	11,4292	12,0642	12,6991		35		25
	30		30	6,9969	7,6329	8,2690	8,9051	9,5412	10,1773	10,8133	11,4494	12,0855	12,7216		30		30
	25		35	7,0092	7,6464	8,2836	8,9208	9,5580	10,1952	10,8324	11,4696	12,1068	12,7440		25		35
	20		40	7,0215	7,6598	8,2982	8,9365	9,5748	10,2131	10,8514	11,4898	12,1281	12,7664		20		40
	15		45	7,0338	7,6733	8,3127	8,9521	9,5916	10,2310	10,8705	11,5099	12,1493	12,7888		15		45
	10		50	7,0461	7,6867	8,3272	8,9678	9,6083	10,2489	10,8895	11,5300	12,1706	12,8111		10		50
	5	39	55	7,0584	7,7001	8,3417	8,9834	9,6251	10,2668	10,9084	11,5501	12,1918	12,8335		5	129	55
				61	66	72	77	83	89	94	100	105	111				
140	0	**40**	0	7,0707	7,7135	8,3562	8,9990	9,6418	10,2846	10,9274	11,5702	12,2130	12,8558	**50**	0	**130**	0
Grd.	Min.	Grd.	Min.	11	12	13	14	15	16	17	18	19	20	Grd.	Min.	Grd.	Min.
O+, W−		O+, W−												O+, W−		O−, W+	
Streich- und Vertikal-Winkel.				Vielfacher Cosinus. Streichcosinus. Breite. Sohle.										Streich- und Vertikal-Winkel.			

Streich- und Vertikal-Winkel. O+, W–		O+, W–		Vielfacher Sinus. Streichsinus. Länge. Seigerteufe.										Streich- und Vertikal-Winkel. O+, W–		O–, W+	
Grd.	Min.	Grd.	Min.	1	2	3	4	5	6	7	8	9	10	Grd.	Min.	Grd.	Min.
				6	11	17	22	28	33	39	44	50	55				
140	0	**40**	0	0,6428	1,2856	1,9284	2,5712	3,2139	3,8567	4,4995	5,1423	5,7851	6,4279	**50**	0	**130**	0
139	55		5	0,6439	1,2878	1,9317	2,5756	3,2195	3,8634	4,5073	5,1512	5,7951	6,4390	49	55		5
	50		10	0,6450	1,2900	1,9350	2,5801	3,2251	3,8701	4,5151	5,1601	5,8051	6,4501		50		10
	45		15	0,6461	1,2922	1,9384	2,5845	3,2306	3,8767	4,5229	5,1690	5,8151	6,4612		45		15
	40		20	0,6472	1,2945	1,9417	2,5889	3,2362	3,8834	4,5306	5,1779	5,8251	6,4723		40		20
	35		25	0,6483	1,2967	1,9450	2,5934	3,2417	3,8900	4,5384	5,1867	5,8351	6,4834		35		25
	30		30	0,6494	1,2989	1,9483	2,5978	3,2472	3,8967	4,5461	5,1956	5,8450	6,4945		30		30
	25		35	0,6506	1,3011	1,9517	2,6022	3,2528	3,9033	4,5539	5,2044	5,8550	6,5055		25		35
	20		40	0,6517	1,3033	1,9550	2,6066	3,2583	3,9099	4,5616	5,2133	5,8649	6,5166		20		40
	15		45	0,6528	1,3055	1,9583	2,6110	3,2638	3,9166	4,5693	5,2221	5,8748	6,5276		15		45
	10		50	0,6539	1,3077	1,9616	2,6154	3,2693	3,9232	4,5770	5,2309	5,8847	6,5386		10		50
	5	40	55	0,6550	1,3099	1,9649	2,6198	3,2748	3,9298	4,5847	5,2397	5,8946	6,5496		5	130	55
				5	11	16	22	27	33	38	44	49	55				
139	0	**41**	0	0,6561	1,3121	1,9682	2,6242	3,2803	3,9364	4,5924	5,2485	5,9045	6,5606	**49**	0	**131**	0
138	55		5	0,6572	1,3143	1,9715	2,6286	3,2858	3,9429	4,6001	5,2572	5,9144	6,5716	48	55		5
	50		10	0,6583	1,3165	1,9748	2,6330	3,2913	3,9495	4,6078	5,2660	5,9243	6,5825		50		10
	45		15	0,6593	1,3187	1,9780	2,6374	3,2967	3,9561	4,6154	5,2748	5,9341	6,5935		45		15
	40		20	0,6604	1,3209	1,9813	2,6418	3,3022	3,9626	4,6231	5,2835	5,9439	6,6044		40		20
	35		25	0,6615	1,3231	1,9846	2,6461	3,3077	3,9692	4,6307	5,2922	5,9538	6,6153		35		25
	30		30	0,6626	1,3252	1,9879	2,6505	3,3131	3,9757	4,6383	5,3010	5,9636	6,6262		30		30
	25		35	0,6637	1,3274	1,9911	2,6548	3,3185	3,9823	4,6460	5,3097	5,9734	6,6371		25		35
	20		40	0,6648	1,3296	1,9944	2,6592	3,3240	3,9888	4,6536	5,3184	5,9832	6,6480		20		40
	15		45	0,6659	1,3318	1,9976	2,6635	3,3294	3,9953	4,6612	5,3271	5,9929	6,6588		15		45
	10		50	0,6670	1,3339	2,0009	2,6679	3,3348	4,0018	4,6688	5,3357	6,0027	6,6697		10		50
	5	41	55	0,6680	1,3361	2,0041	2,6722	3,3402	4,0083	4,6763	5,3444	6,0124	6,6805		5	131	55
				5	11	16	21	27	32	38	43	48	54				
138	0	**42**	0	0,6691	1,3383	2,0074	2,6765	3,3457	4,0148	4,6839	5,3530	6,0222	6,6913	**48**	0	**132**	0
137	55		5	0,6702	1,3404	2,0106	2,6808	3,3511	4,0213	4,6915	5,3617	6,0319	6,7021	47	55		5
	50		10	0,6713	1,3426	2,0139	2,6852	3,3564	4,0277	4,6990	5,3703	6,0416	6,7129		50		10
	45		15	0,6724	1,3447	2,0171	2,6895	3,3618	4,0342	4,7066	5,3789	6,0513	6,7237		45		15
	40		20	0,6734	1,3469	2,0203	2,6938	3,3672	4,0407	4,7141	5,3875	6,0610	6,7344		40		20
	35		25	0,6745	1,3490	2,0236	2,6981	3,3726	4,0471	4,7216	5,3961	6,0707	6,7452		35		25
	30		30	0,6756	1,3512	2,0268	2,7024	3,3780	4,0535	4,7291	5,4047	6,0803	6,7559		30		30
	25		35	0,6767	1,3533	2,0300	2,7066	3,3833	4,0600	4,7366	5,4133	6,0900	6,7666		25		35
	20		40	0,6777	1,3555	2,0332	2,7109	3,3887	4,0664	4,7441	5,4219	6,0996	6,7773		20		40
	15		45	0,6788	1,3576	2,0364	2,7152	3,3940	4,0728	4,7516	5,4304	6,1092	6,7880		15		45
	10		50	0,6799	1,3597	2,0396	2,7195	3,3993	4,0792	4,7591	5,4389	6,1188	6,7987		10		50
	5	42	55	0,6809	1,3619	2,0428	2,7237	3,4047	4,0856	4,7665	5,4475	6,1284	6,8093		5	132	55
				5	11	16	21	26	32	37	42	48	53				
137	0	**43**	0	0,6820	1,3640	2,0460	2,7280	3,4100	4,0920	4,7740	5,4560	6,1380	6,8200	**47**	0	**133**	0
136	55		5	0,6831	1,3661	2,0492	2,7322	3,4153	4,0984	4,7814	5,4645	6,1476	6,8306	46	55		5
	50		10	0,6841	1,3682	2,0524	2,7365	3,4206	4,1047	4,7889	5,4730	6,1571	6,8412		50		10
	45		15	0,6852	1,3704	2,0555	2,7407	3,4259	4,1111	4,7963	5,4815	6,1666	6,8518		45		15
	40		20	0,6862	1,3725	2,0587	2,7450	3,4312	4,1174	4,8037	5,4899	6,1762	6,8624		40		20
	35		25	0,6873	1,3746	2,0619	2,7492	3,4365	4,1238	4,8111	5,4984	6,1857	6,8730		35		25
	30		30	0,6884	1,3767	2,0651	2,7534	3,4418	4,1301	4,8185	5,5068	6,1952	6,8835		30		30
	25		35	0,6894	1,3788	2,0682	2,7576	3,4470	4,1365	4,8259	5,5153	6,2047	6,8941		25		35
	20		40	0,6905	1,3809	2,0714	2,7618	3,4523	4,1428	4,8332	5,5237	6,2142	6,9046		20		40
	15		45	0,6915	1,3830	2,0745	2,7661	3,4576	4,1491	4,8406	5,5321	6,2236	6,9151		15		45
	10		50	0,6926	1,3851	2,0777	2,7703	3,4628	4,1554	4,8479	5,5405	6,2331	6,9256		10		50
	5	43	55	0,6936	1,3872	2,0808	2,7744	3,4681	4,1617	4,8553	5,5489	6,2425	6,9361		5	133	55
				5	10	16	21	26	31	36	42	47	52				
136	0	**44**	0	0,6947	1,3893	2,0840	2,7786	3,4733	4,1680	4,8626	5,5573	6,2519	6,9466	**46**	0	**134**	0
135	55		5	0,6957	1,3914	2,0871	2,7828	3,4785	4,1742	4,8699	5,5656	6,2613	6,9570	45	55		5
	50		10	0,6967	1,3935	2,0902	2,7870	3,4837	4,1805	4,8772	5,5740	6,2707	6,9675		50		10
	45		15	0,6978	1,3956	2,0934	2,7912	3,4890	4,1867	4,8845	5,5823	6,2801	6,9779		45		15
	40		20	0,6988	1,3977	2,0965	2,7953	3,4942	4,1930	4,8918	5,5907	6,2895	6,9883		40		20
	35		25	0,6999	1,3997	2,0996	2,7995	3,4994	4,1992	4,8991	5,5990	6,2988	6,9987		35		25
	30		30	0,7009	1,4018	2,1027	2,8036	3,5045	4,2055	4,9064	5,6073	6,3082	7,0091		30		30
	25		35	0,7019	1,4039	2,1058	2,8078	3,5097	4,2117	4,9136	5,6156	6,3175	7,0195		25		35
	20		40	0,7030	1,4060	2,1089	2,8119	3,5149	4,2179	4,9209	5,6238	6,3268	7,0298		20		40
	15		45	0,7040	1,4080	2,1120	2,8161	3,5201	4,2241	4,9281	5,6321	6,3361	7,0401		15		45
	10		50	0,7050	1,4101	2,1151	2,8202	3,5252	4,2303	4,9353	5,6404	6,3454	7,0505		10		50
	5	44	55	0,7061	1,4122	2,1182	2,8243	3,5304	4,2365	4,9425	5,6486	6,3547	7,0608		5	134	55
				5	10	15	20	26	31	36	41	46	51				
135	0	**45**	0	0,7071	1,4142	2,1213	2,8284	3,5355	4,2426	4,9497	5,6569	6,3640	7,0711	**45**	0	**135**	0
Grd.	Min.	Grd.	Min.	1	2	3	4	5	6	7	8	9	10	Grd.	Min.	Grd.	Min.
O+, W– Streich- und Vertikal-Winkel.		O+, W–		Vielfacher Cosinus. Streichcosinus. Breite. Sohle.										O+, W– Streich- und Vertikal-Winkel.		O–, W+	

Streich- und Vertikal-Winkel. O+, W− | O+, W− — **Vielfacher Sinus. Streichsinus. Länge. Seigerteufe.** — Streich- und Vertikal-Winkel. O+, W− | O−, W+

Grd.	Min.	Grd.	Min.	11	12	13	14	15	16	17	18	19	20	Grd.	Min.	Grd.	Min.
				61	66	72	77	83	89	94	100	105	111				
140	0	**40**	0	7,0707	7,7135	8,3562	8,9990	9,6418	10,2846	10,9274	11,5702	12,2130	12,8558	**50**	0	**130**	0
139	55		5	7,0829	7,7268	8,3707	9,0146	9,6585	10,3024	10,9463	11,5902	12,2341	12,8780	49	55		5
	50		10	7,0951	7,7402	8,3852	9,0302	9,6752	10,3202	10,9652	11,6102	12,2553	12,9003		50		10
	45		15	7,1074	7,7535	8,3996	9,0457	9,6919	10,3380	10,9841	11,6302	12,2764	12,9225		45		15
	40		20	7,1196	7,7668	8,4140	9,0613	9,7085	10,3557	11,0030	11,6502	12,2974	12,9447		40		20
	35		25	7,1318	7,7801	8,4284	9,0768	9,7251	10,3735	11,0218	11,6701	12,3185	12,9668		35		25
	30		30	7,1439	7,7934	8,4428	9,0923	9,7417	10,3912	11,0406	11,6901	12,3395	12,9890		30		30
	25		35	7,1561	7,8066	8,4572	9,1077	9,7583	10,4089	11,0594	11,7100	12,3605	13,0111		25		35
	20		40	7,1682	7,8199	8,4715	9,1232	9,7749	10,4265	11,0782	11,7298	12,3815	13,0331		20		40
	15		45	7,1804	7,8331	8,4859	9,1386	9,7914	10,4442	11,0969	11,7497	12,4024	13,0552		15		45
	10		50	7,1925	7,8463	8,5002	9,1541	9,8079	10,4618	11,1156	11,7695	12,4234	13,0772		10		50
	5	40	55	7,2046	7,8595	8,5145	9,1694	9,8244	10,4794	11,1343	11,7893	12,4443	13,0992		5	130	55
				60	65	71	76	82	87	93	98	104	109				
139	0	**41**	0	7,2166	7,8727	8,5288	9,1848	9,8409	10,4969	11,1530	11,8091	12,4651	13,1212	**49**	0	**131**	0
138	55		5	7,2287	7,8859	8,5430	9,2002	9,8573	10,5145	11,1717	11,8288	12,4860	13,1431	48	55		5
	50		10	7,2408	7,8990	8,5573	9,2155	9,8738	10,5320	11,1903	11,8485	12,5068	13,1650		50		10
	45		15	7,2528	7,9121	8,5715	9,2308	9,8902	10,5495	11,2089	11,8682	12,5276	13,1869		45		15
	40		20	7,2648	7,9253	8,5857	9,2461	9,9066	10,5670	11,2275	11,8879	12,5483	13,2088		40		20
	35		25	7,2768	7,9384	8,5999	9,2614	9,9230	10,5845	11,2460	11,9075	12,5691	13,2306		35		25
	30		30	7,2888	7,9514	8,6141	9,2767	9,9393	10,6019	11,2645	11,9272	12,5898	13,2524		30		30
	25		35	7,3008	7,9645	8,6282	9,2919	9,9556	10,6193	11,2830	11,9468	12,6105	13,2742		25		35
	20		40	7,3128	7,9776	8,6423	9,3071	9,9719	10,6367	11,3015	11,9663	12,6311	13,2959		20		40
	15		45	7,3247	7,9906	8,6565	9,3223	9,9882	10,6541	11,3200	11,9859	12,6518	13,3176		15		45
	10		50	7,3366	8,0036	8,6706	9,3375	10,0045	10,6715	11,3384	12,0054	12,6724	13,3393		10		50
	5	41	55	7,3485	8,0166	8,6846	9,3527	10,0207	10,6888	11,3568	12,0249	12,6929	13,3610		5	131	55
				59	64	70	75	80	86	91	97	102	107				
138	0	**42**	0	7,3604	8,0296	8,6987	9,3678	10,0370	10,7061	11,3752	12,0444	12,7135	13,3826	**48**	0	**132**	0
137	55		5	7,3723	8,0425	8,7127	9,3830	10,0532	10,7234	11,3936	12,0638	12,7340	13,4042	47	55		5
	50		10	7,3842	8,0555	8,7268	9,3981	10,0693	10,7406	11,4119	12,0832	12,7545	13,4258		50		10
	45		15	7,3960	8,0684	8,7408	9,4131	10,0855	10,7579	11,4302	12,1026	12,7750	13,4473		45		15
	40		20	7,4079	8,0813	8,7548	9,4282	10,1016	10,7751	11,4485	12,1220	12,7954	13,4689		40		20
	35		25	7,4197	8,0942	8,7687	9,4432	10,1178	10,7923	11,4668	12,1413	12,8158	13,4903		35		25
	30		30	7,4315	8,1071	8,7827	9,4583	10,1339	10,8094	11,4850	12,1606	12,8362	13,5118		30		30
	25		35	7,4433	8,1199	8,7966	9,4733	10,1499	10,8266	11,5033	12,1799	12,8566	13,5332		25		35
	20		40	7,4551	8,1328	8,8105	9,4882	10,1660	10,8437	11,5214	12,1992	12,8769	13,5546		20		40
	15		45	7,4668	8,1456	8,8244	9,5032	10,1820	10,8608	11,5396	12,2184	12,8972	13,5760		15		45
	10		50	7,4785	8,1584	8,8383	9,5182	10,1980	10,8779	11,5578	12,2376	12,9175	13,5974		10		50
	5	42	55	7,4903	8,1712	8,8521	9,5331	10,2140	10,8949	11,5759	12,2568	12,9377	13,6187		5	132	55
				58	63	69	74	79	84	90	95	100	106				
137	0	**43**	0	7,5020	8,1840	8,8660	9,5480	10,2300	10,9120	11,5940	12,2760	12,9580	13,6400	**47**	0	**133**	0
136	55		5	7,5137	8,1967	8,8798	9,5629	10,2459	10,9290	11,6120	12,2951	12,9782	13,6612	46	55		5
	50		10	7,5254	8,2095	8,8936	9,5777	10,2618	10,9460	11,6301	12,3142	12,9983	13,6825		50		10
	45		15	7,5370	8,2222	8,9074	9,5926	10,2777	10,9629	11,6481	12,3333	13,0185	13,7037		45		15
	40		20	7,5487	8,2349	8,9211	9,6074	10,2936	10,9799	11,6661	12,3523	13,0386	13,7248		40		20
	35		25	7,5603	8,2476	8,9349	9,6222	10,3095	10,9968	11,6841	12,3714	13,0587	13,7460		35		25
	30		30	7,5719	8,2603	8,9486	9,6370	10,3253	11,0137	11,7020	12,3904	13,0787	13,7671		30		30
	25		35	7,5835	8,2729	8,9623	9,6517	10,3411	11,0305	11,7200	12,4094	13,0988	13,7882		25		35
	20		40	7,5951	8,2855	8,9760	9,6665	10,3569	11,0474	11,7378	12,4283	13,1188	13,8092		20		40
	15		45	7,6066	8,2982	8,9897	9,6812	10,3727	11,0642	11,7557	12,4472	13,1387	13,8303		15		45
	10		50	7,6182	8,3108	9,0033	9,6959	10,3884	11,0810	11,7736	12,4661	13,1587	13,8513		10		50
	5	43	55	7,6297	8,3233	9,0169	9,7106	10,4042	11,0978	11,7914	12,4850	13,1786	13,8722		5	133	55
				57	62	67	73	78	83	88	93	99	104				
136	0	**44**	0	7,6412	8,3359	9,0306	9,7252	10,4199	11,1145	11,8092	12,5039	13,1985	13,8932	**46**	0	**134**	0
135	55		5	7,6527	8,3484	9,0442	9,7399	10,4356	11,1313	11,8270	12,5227	13,2184	13,9141	45	55		5
	50		10	7,6642	8,3610	9,0577	9,7545	10,4512	11,1480	11,8447	12,5415	13,2382	13,9350		50		10
	45		15	7,6757	8,3735	9,0713	9,7691	10,4669	11,1646	11,8624	12,5602	13,2580	13,9558		45		15
	40		20	7,6871	8,3860	9,0848	9,7836	10,4825	11,1813	11,8801	12,5790	13,2778	13,9766		40		20
	35		25	7,6986	8,3985	9,0983	9,7982	10,4981	11,1979	11,8978	12,5977	13,2976	13,9974		35		25
	30		30	7,7100	8,4109	9,1118	9,8127	10,5136	11,2145	11,9155	12,6164	13,3173	14,0182		30		30
	25		35	7,7214	8,4234	9,1253	9,8272	10,5292	11,2311	11,9331	12,6350	13,3370	14,0389		25		35
	20		40	7,7328	8,4358	9,1388	9,8417	10,5447	11,2477	11,9507	12,6537	13,3566	14,0596		20		40
	15		45	7,7442	8,4482	9,1522	9,8562	10,5602	11,2642	11,9683	12,6723	13,3763	14,0803		15		45
	10		50	7,7555	8,4606	9,1656	9,8707	10,5757	11,2808	11,9858	12,6908	13,3959	14,1009		10		50
	5	44	55	7,7669	8,4729	9,1790	9,8851	10,5912	11,2972	12,0033	12,7094	13,4155	14,1216		5	134	55
				56	61	66	71	77	82	87	92	97	102				
135	0	**45**	0	7,7782	8,4853	9,1924	9,8995	10,6066	11,3137	12,0208	12,7279	13,4350	14,1421	**45**	0	**135**	0
Grd.	Min.	Grd.	Min.	11	12	13	14	15	16	17	18	19	20	Grd.	Min.	Grd.	Min.

O+, W− | O+, W− Streich- und Vertikal-Winkel. — **Vielfacher Cosinus. Streichcosinus. Breite. Sohle.** — O+, W− | O−, W+ Streich- und Vertikal-Winkel.

Streich- und Vertikal-Winkel.				Vielfacher Sinus. Streichsinus. Länge. Seigerteufe.										Streich- und Vertikal-Winkel.			
O+, W–		O+, W–												O+, W–		O–, W+	
Grd.	Min.	Grd.	Min.	1	2	3	4	5	6	7	8	9	10	Grd.	Min.	Grd.	Min.
				5	10	15	20	26	31	36	41	46	51				
135	0	**45**	0	0,7071	1,4142	2,1213	2,8284	3,5355	4,2426	4,9497	5,6569	6,3640	7,0711	**45**	0	**135**	0
134	55		5	0,7081	1,4163	2,1244	2,8325	3,5407	4,2488	4,9569	5,6651	6,3732	7,0813	44	55		5
	50		10	0,7092	1,4183	2,1275	2,8366	3,5458	4,2550	4,9641	5,6733	6,3824	7,0916		50		10
	45		15	0,7102	1,4204	2,1306	2,8407	3,5509	4,2611	4,9713	5,6815	6,3917	7,1019		45		15
	40		20	0,7112	1,4224	2,1336	2,8448	3,5560	4,2673	4,9785	5,6897	6,4009	7,1121		40		20
	35		25	0,7122	1,4245	2,1367	2,8489	3,5612	4,2734	4,9856	5,6978	6,4101	7,1223		35		25
	30		30	0,7133	1,4265	2,1398	2,8530	3,5663	4,2795	4,9928	5,7060	6,4193	7,1325		30		30
	25		35	0,7143	1,4285	2,1428	2,8571	3,5713	4,2856	4,9999	5,7142	6,4284	7,1427		25		35
	20		40	0,7153	1,4306	2,1459	2,8611	3,5764	4,2917	5,0070	5,7223	6,4376	7,1529		20		40
	15		45	0,7163	1,4326	2,1489	2,8652	3,5815	4,2978	5,0141	5,7304	6,4467	7,1630		15		45
	10		50	0,7173	1,4346	2,1519	2,8693	3,5866	4,3039	5,0212	5,7385	6,4558	7,1732		10		50
	5	45	55	0,7183	1,4367	2,1550	2,8733	3,5916	4,3100	5,0283	5,7466	6,4650	7,1833		5	135	55
				5	10	15	20	25	30	35	40	45	50				
134	0	**46**	0	0,7193	1,4387	2,1580	2,8774	3,5967	4,3160	5,0354	5,7547	6,4741	7,1934	**44**	0	**136**	0
133	55		5	0,7203	1,4407	2,1610	2,8814	3,6017	4,3221	5,0424	5,7628	6,4831	7,2035	43	55		5
	50		10	0,7214	1,4427	2,1641	2,8854	3,6068	4,3281	5,0495	5,7709	6,4922	7,2136		50		10
	45		15	0,7224	1,4447	2,1671	2,8895	3,6118	4,3342	5,0565	5,7789	6,5013	7,2236		45		15
	40		20	0,7234	1,4467	2,1701	2,8935	3,6168	4,3402	5,0636	5,7870	6,5103	7,2337		40		20
	35		25	0,7244	1,4487	2,1731	2,8975	3,6219	4,3462	5,0706	5,7950	6,5194	7,2437		35		25
	30		30	0,7254	1,4507	2,1761	2,9015	3,6269	4,3522	5,0776	5,8030	6,5284	7,2537		30		30
	25		35	0,7264	1,4527	2,1791	2,9055	3,6319	4,3582	5,0846	5,8110	6,5374	7,2637		25		35
	20		40	0,7274	1,4547	2,1821	2,9095	3,6369	4,3642	5,0916	5,8190	6,5464	7,2737		20		40
	15		45	0,7284	1,4567	2,1851	2,9135	3,6419	4,3702	5,0986	5,8270	6,5553	7,2837		15		45
	10		50	0,7294	1,4587	2,1881	2,9175	3,6468	4,3762	5,1056	5,8349	6,5643	7,2937		10		50
	5	46	55	0,7304	1,4607	2,1911	2,9214	3,6518	4,3822	5,1125	5,8429	6,5732	7,3036		5	136	55
				5	10	15	20	25	30	34	39	44	49				
133	0	**47**	0	0,7314	1,4627	2,1941	2,9254	3,6568	4,3881	5,1195	5,8508	6,5822	7,3135	**43**	0	**137**	0
132	55		5	0,7323	1,4647	2,1970	2,9294	3,6617	4,3941	5,1264	5,8588	6,5911	7,3234	42	55		5
	50		10	0,7333	1,4667	2,2000	2,9333	3,6667	4,4000	5,1333	5,8667	6,6000	7,3333		50		10
	45		15	0,7343	1,4686	2,2030	2,9373	3,6716	4,4059	5,1403	5,8746	6,6089	7,3432		45		15
	40		20	0,7353	1,4706	2,2059	2,9412	3,6765	4,4119	5,1472	5,8825	6,6178	7,3531		40		20
	35		25	0,7363	1,4726	2,2089	2,9452	3,6815	4,4178	5,1541	5,8904	6,6266	7,3629		35		25
	30		30	0,7373	1,4746	2,2118	2,9491	3,6864	4,4237	5,1609	5,8982	6,6355	7,3728		30		30
	25		35	0,7383	1,4765	2,2148	2,9530	3,6913	4,4296	5,1678	5,9061	6,6443	7,3826		25		35
	20		40	0,7392	1,4785	2,2177	2,9570	3,6962	4,4354	5,1747	5,9139	6,6532	7,3924		20		40
	15		45	0,7402	1,4804	2,2207	2,9609	3,7011	4,4413	5,1815	5,9217	6,6620	7,4022		15		45
	10		50	0,7412	1,4824	2,2236	2,9648	3,7060	4,4472	5,1884	5,9296	6,6708	7,4120		10		50
	5	47	55	0,7422	1,4843	2,2265	2,9687	3,7109	4,4530	5,1952	5,9374	6,6795	7,4217		5	137	55
				5	10	14	19	24	29	34	39	43	48				
132	0	**48**	0	0,7431	1,4863	2,2294	2,9726	3,7157	4,4589	5,2020	5,9452	6,6883	7,4314	**42**	0	**138**	0
131	55		5	0,7441	1,4882	2,2324	2,9765	3,7206	4,4647	5,2088	5,9529	6,6971	7,4412	41	55		5
	50		10	0,7451	1,4902	2,2353	2,9804	3,7254	4,4705	5,2156	5,9607	6,7058	7,4509		50		10
	45		15	0,7461	1,4921	2,2382	2,9842	3,7303	4,4763	5,2224	5,9685	6,7145	7,4606		45		15
	40		20	0,7470	1,4941	2,2411	2,9881	3,7351	4,4822	5,2292	5,9762	6,7232	7,4703		40		20
	35		25	0,7480	1,4960	2,2440	2,9920	3,7400	4,4879	5,2359	5,9839	6,7319	7,4799		35		25
	30		30	0,7490	1,4979	2,2469	2,9958	3,7448	4,4937	5,2427	5,9916	6,7406	7,4896		30		30
	25		35	0,7499	1,4998	2,2498	2,9997	3,7496	4,4995	5,2494	5,9993	6,7493	7,4992		25		35
	20		40	0,7509	1,5018	2,2526	3,0035	3,7544	4,5053	5,2562	6,0070	6,7579	7,5088		20		40
	15		45	0,7518	1,5037	2,2555	3,0074	3,7592	4,5110	5,2629	6,0147	6,7666	7,5184		15		45
	10		50	0,7528	1,5056	2,2584	3,0112	3,7640	4,5168	5,2696	6,0224	6,7752	7,5280		10		50
	5	48	55	0,7538	1,5075	2,2613	3,0150	3,7688	4,5225	5,2763	6,0300	6,7838	7,5375		5	138	55
				5	9	14	19	24	28	33	38	43	47				
131	0	**49**	0	0,7547	1,5094	2,2641	3,0188	3,7735	4,5283	5,2830	6,0377	6,7924	7,5471	**41**	0	**139**	0
130	55		5	0,7557	1,5113	2,2670	3,0227	3,7783	4,5340	5,2896	6,0453	6,8010	7,5566	40	55		5
	50		10	0,7566	1,5132	2,2698	3,0265	3,7831	4,5397	5,2963	6,0529	6,8095	7,5661		50		10
	45		15	0,7576	1,5151	2,2727	3,0303	3,7878	4,5454	5,3030	6,0605	6,8181	7,5756		45		15
	40		20	0,7585	1,5170	2,2755	3,0341	3,7926	4,5511	5,3096	6,0681	6,8266	7,5851		40		20
	35		25	0,7595	1,5189	2,2784	3,0378	3,7973	4,5568	5,3162	6,0757	6,8351	7,5946		35		25
	30		30	0,7604	1,5208	2,2812	3,0416	3,8020	4,5624	5,3228	6,0832	6,8437	7,6041		30		30
	25		35	0,7613	1,5227	2,2840	3,0454	3,8067	4,5681	5,3294	6,0908	6,8521	7,6135		25		35
	20		40	0,7623	1,5246	2,2869	3,0492	3,8115	4,5738	5,3360	6,0983	6,8606	7,6229		20		40
	15		45	0,7632	1,5265	2,2897	3,0529	3,8162	4,5794	5,3426	6,1059	6,8691	7,6323		15		45
	10		50	0,7642	1,5283	2,2925	3,0567	3,8209	4,5850	5,3492	6,1134	6,8775	7,6417		10		50
	5	49	55	0,7651	1,5302	2,2953	3,0604	3,8255	4,5907	5,3558	6,1209	6,8860	7,6511		5	139	55
				5	9	14	19	23	28	32	37	42	46				
130	0	**50**	0	0,7660	1,5321	2,2981	3,0642	3,8302	4,5963	5,3623	6,1284	6,8944	7,6604	**40**	0	**140**	0
Grd.	Min.	Grd.	Min.	1	2	3	4	5	6	7	8	9	10	Grd.	Min.	Grd.	Min.
O+, W–		O+, W–												O+, W–		O–, W+	
Streich- und Vertikal-Winkel.				Vielfacher Cosinus. Streichcosinus. Breite. Sohle.										Streich- und Vertikal-Winkel.			

Streich- und Vertikal-Winkel. O+, W−		O+, W−		Vielfacher Sinus. Streichsinus. Länge. Seigerteufe.										Streich- und Vertikal-Winkel. O+, W−		O−, W+	
Grd.	Min.	Grd.	Min.	11	12	13	14	15	16	17	18	19	20	Grd.	Min.	Grd.	Min.
				56	61	66	71	77	82	87	92	97	102				
135	0	**45**	0	7,7782	8,4853	9,1924	9,8995	10,6066	11,3137	12,0208	12,7279	13,4350	14,1421	**45**	0	**135**	0
134	55		5	7,7895	8,4976	9,2057	9,9139	10,6220	11,3302	12,0383	12,7464	13,4546	14,1627	44	55		5
	50		10	7,8008	8,5099	9,2191	9,9282	10,6374	11,3466	12,0557	12,7649	13,4741	14,1832		50		10
	45		15	7,8120	8,5222	9,2324	9,9426	10,6528	11,3630	12,0732	12,7833	13,4935	14,2037		45		15
	40		20	7,8233	8,5345	9,2457	9,9569	10,6681	11,3793	12,0905	12,8018	13,5130	14,2242		40		20
	35		25	7,8345	8,5468	9,2590	9,9712	10,6835	11,3957	12,1079	12,8201	13,5324	14,2446		35		25
	30		30	7,8458	8,5590	9,2723	9,9855	10,6988	11,4120	12,1253	12,8385	13,5518	14,2650		30		30
	25		35	7,8570	8,5712	9,2855	9,9998	10,7140	11,4283	12,1426	12,8568	13,5711	14,2854		25		35
	20		40	7,8681	8,5834	9,2987	10,0140	10,7293	11,4446	12,1599	12,8752	13,5904	14,3057		20		40
	15		45	7,8793	8,5956	9,3119	10,0282	10,7445	11,4608	12,1771	12,8934	13,6097	14,3260		15		45
	10		50	7,8905	8,6078	9,3251	10,0424	10,7597	11,4771	12,1944	12,9117	13,6290	14,3463		10		50
	5	45	55	7,9016	8,6199	9,3383	10,0566	10,7749	11,4933	12,2116	12,9299	13,6482	14,3666		5	135	55
				55	60	65	70	75	80	85	90	95	100				
134	0	**46**	0	7,9127	8,6321	9,3514	10,0708	10,7901	11,5094	12,2288	12,9481	13,6675	14,3868	**44**	0	**136**	0
133	55		5	7,9238	8,6442	9,3645	10,0849	10,8052	11,5256	12,2459	12,9663	13,6866	14,4070	43	55		5
	50		10	7,9349	8,6563	9,3776	10,0990	10,8204	11,5417	12,2631	12,9844	13,7058	14,4271		50		10
	45		15	7,9460	8,6684	9,3907	10,1131	10,8355	11,5578	12,2802	13,0026	13,7249	14,4473		45		15
	40		20	7,9571	8,6804	9,4038	10,1272	10,8505	11,5739	12,2973	13,0206	13,7440	14,4674		40		20
	35		25	7,9681	8,6925	9,4168	10,1412	10,8656	11,5900	12,3143	13,0387	13,7631	14,4874		35		25
	30		30	7,9791	8,7045	9,4299	10,1552	10,8806	11,6060	12,3314	13,0567	13,7821	14,5075		30		30
	25		35	7,9901	8,7165	9,4429	10,1692	10,8956	11,6220	12,3484	13,0747	13,8011	14,5275		25		35
	20		40	8,0011	8,7285	9,4559	10,1832	10,9106	11,6380	12,3654	13,0927	13,8201	14,5475		20		40
	15		45	8,0121	8,7405	9,4688	10,1972	10,9256	11,6539	12,3823	13,1107	13,8390	14,5674		15		45
	10		50	8,0230	8,7524	9,4818	10,2111	10,9405	11,6699	12,3992	13,1286	13,8580	14,5873		10		50
	5	46	55	8,0340	8,7643	9,4947	10,2251	10,9554	11,6858	12,4161	13,1465	13,8769	14,6072		5	136	55
				54	59	64	69	74	79	84	89	93	98				
133	0	**47**	0	8,0449	8,7762	9,5076	10,2390	10,9703	11,7017	12,4330	13,1644	13,8957	14,6271	**43**	0	**137**	0
132	55		5	8,0558	8,7881	9,5205	10,2528	10,9852	11,7175	12,4499	13,1822	13,9146	14,6469	42	55		5
	50		10	8,0667	8,8000	9,5333	10,2667	11,0000	11,7334	12,4667	13,2000	13,9334	14,6667		50		10
	45		15	8,0775	8,8119	9,5462	10,2805	11,0148	11,7492	12,4835	13,2178	13,9521	14,6865		45		15
	40		20	8,0884	8,8237	9,5590	10,2943	11,0296	11,7649	12,5003	13,2356	13,9709	14,7062		40		20
	35		25	8,0992	8,8355	9,5718	10,3081	11,0444	11,7807	12,5170	13,2533	13,9896	14,7259		35		25
	30		30	8,1101	8,8473	9,5846	10,3219	11,0592	11,7964	12,5337	13,2710	14,0083	14,7455		30		30
	25		35	8,1209	8,8591	9,5974	10,3356	11,0739	11,8121	12,5504	13,2887	14,0269	14,7652		25		35
	20		40	8,1316	8,8709	9,6101	10,3494	11,0886	11,8278	12,5671	13,3063	14,0455	14,7848		20		40
	15		45	8,1424	8,8826	9,6228	10,3631	11,1033	11,8435	12,5837	13,3239	14,0641	14,8044		15		45
	10		50	8,1531	8,8943	9,6355	10,3767	11,1179	11,8591	12,6003	13,3415	14,0827	14,8239		10		50
	5	47	55	8,1639	8,9060	9,6482	10,3904	11,1326	11,8747	12,6169	13,3591	14,1012	14,8434		5	137	55
				53	58	63	68	72	77	82	87	92	96				
132	0	**48**	0	8,1746	8,9177	9,6609	10,4040	11,1472	11,8903	12,6335	13,3766	14,1198	14,8629	**42**	0	**138**	0
131	55		5	8,1853	8,9294	9,6735	10,4176	11,1618	11,9059	12,6500	13,3941	14,1382	14,8823	41	55		5
	50		10	8,1960	8,9411	9,6861	10,4312	11,1763	11,9214	12,6665	13,4116	14,1567	14,9018		50		10
	45		15	8,2066	8,9527	9,6987	10,4448	11,1909	11,9369	12,6830	13,4290	14,1751	14,9211		45		15
	40		20	8,2173	8,9643	9,7113	10,4584	11,2054	11,9524	12,6994	13,4465	14,1935	14,9405		40		20
	35		25	8,2279	8,9759	9,7239	10,4719	11,2199	11,9679	12,7159	13,4638	14,2118	14,9598		35		25
	30		30	8,2385	8,9875	9,7364	10,4854	11,2343	11,9833	12,7322	13,4812	14,2302	14,9791		30		30
	25		35	8,2491	8,9990	9,7489	10,4989	11,2488	11,9987	12,7486	13,4985	14,2485	14,9984		25		35
	20		40	8,2597	9,0106	9,7614	10,5123	11,2632	12,0141	12,7650	13,5158	14,2667	15,0176		20		40
	15		45	8,2702	9,0221	9,7739	10,5258	11,2776	12,0294	12,7813	13,5331	14,2850	15,0368		15		45
	10		50	8,2808	9,0336	9,7864	10,5392	11,2920	12,0448	12,7976	13,5504	14,3032	15,0560		10		50
	5	48	55	8,2913	9,0451	9,7988	10,5526	11,3063	12,0601	12,8138	13,5676	14,3213	15,0751		5	138	55
				52	57	61	66	71	76	80	85	90	95				
131	0	**49**	0	8,3018	9,0565	9,8112	10,5659	11,3206	12,0754	12,8301	13,5848	14,3395	15,0942	**41**	0	**139**	0
130	55		5	8,3123	9,0680	9,8236	10,5793	11,3349	12,0906	12,8463	13,6019	14,3576	15,1133	40	55		5
	50		10	8,3228	9,0794	9,8360	10,5926	11,3492	12,1058	12,8625	13,6191	14,3757	15,1323		50		10
	45		15	8,3332	9,0908	9,8483	10,6059	11,3635	12,1210	12,8786	13,6362	14,3937	15,1513		45		15
	40		20	8,3436	9,1022	9,8607	10,6192	11,3777	12,1362	12,8947	13,6532	14,4118	15,1703		40		20
	35		25	8,3541	9,1135	9,8730	10,6324	11,3919	12,1514	12,9108	13,6703	14,4298	15,1892		35		25
	30		30	8,3645	9,1249	9,8853	10,6457	11,4061	12,1665	12,9269	13,6873	14,4477	15,2081		30		30
	25		35	8,3748	9,1362	9,8975	10,6589	11,4202	12,1816	12,9429	13,7043	14,4656	15,2270		25		35
	20		40	8,3852	9,1475	9,9098	10,6721	11,4344	12,1967	12,9590	13,7213	14,4835	15,2458		20		40
	15		45	8,3956	9,1588	9,9220	10,6853	11,4485	12,2117	12,9750	13,7382	14,5014	15,2646		15		45
	10		50	8,4059	9,1701	9,9342	10,6984	11,4626	12,2267	12,9909	13,7551	14,5193	15,2834		10		50
	5	49	55	8,4162	9,1813	9,9464	10,7115	11,4766	12,2417	13,0068	13,7720	14,5371	15,3022		5	139	55
				51	56	60	65	69	74	79	83	88	93				
130	0	**50**	0	8,4265	9,1925	9,9586	10,7246	11,4907	12,2567	13,0228	13,7888	14,5548	15,3209	**40**	0	**140**	0
Grd.	Min.	Grd.	Min.	11	12	13	14	15	16	17	18	19	20	Grd.	Min.	Grd.	Min.
O+, W−		O+, W−		Vielfacher Cosinus. Streichcosinus. Breite. Sohle.										O+, W−		O−, W+	
Streich- und Vertikal-Winkel.														Streich- und Vertikal-Winkel.			

Streich- und Vertikal-Winkel. O+, W−		O+, W−		Vielfacher Sinus. Streichsinus. Länge. Seigerteufe.										Streich- und Vertikal-Winkel. O+, W−		O−, W+	
Grd.	Min.	Grd.	Min.	1	2	3	4	5	6	7	8	9	10	Grd.	Min.	Grd.	Min.
				5	9	14	19	23	28	32	37	42	46				
130	0	**50**	0	0,7660	1,5321	2,2981	3,0642	3,8302	4,5963	5,3623	6,1284	6,8944	7,6604	**40**	0	**140**	0
129	55		5	0,7670	1,5340	2,3009	3,0679	3,8349	4,6019	5,3688	6,1358	6,9028	7,6698	39	55		5
	50		10	0,7679	1,5358	2,3037	3,0716	3,8396	4,6075	5,3754	6,1433	6,9112	7,6791		50		10
	45		15	0,7688	1,5377	2,3065	3,0754	3,8442	4,6131	5,3819	6,1507	6,9196	7,6884		45		15
	40		20	0,7698	1,5395	2,3093	3,0791	3,8489	4,6186	5,3884	6,1582	6,9279	7,6977		40		20
	35		25	0,7707	1,5414	2,3121	3,0828	3,8535	4,6242	5,3949	6,1656	6,9363	7,7070		35		25
	30		30	0,7716	1,5432	2,3149	3,0865	3,8581	4,6297	5,4014	6,1730	6,9446	7,7162		30		30
	25		35	0,7725	1,5451	2,3176	3,0902	3,8627	4,6353	5,4078	6,1804	6,9529	7,7255		25		35
	20		40	0,7735	1,5469	2,3204	3,0939	3,8674	4,6408	5,4143	6,1878	6,9612	7,7347		20		40
	15		45	0,7744	1,5488	2,3232	3,0976	3,8720	4,6464	5,4207	6,1951	6,9695	7,7439		15		45
	10		50	0,7753	1,5506	2,3259	3,1012	3,8766	4,6519	5,4272	6,2025	6,9778	7,7531		10		50
	5	50	55	0,7762	1,5525	2,3287	3,1049	3,8811	4,6574	5,4336	6,2098	6,9861	7,7623		5	140	55
				5	9	14	18	23	27	32	36	41	45				
129	0	**51**	0	0,7771	1,5543	2,3314	3,1086	3,8857	4,6629	5,4400	6,2172	6,9943	7,7715	**39**	0	**141**	0
128	55		5	0,7781	1,5561	2,3342	3,1122	3,8903	4,6684	5,4464	6,2245	7,0025	7,7806	38	55		5
	50		10	0,7790	1,5579	2,3369	3,1159	3,8949	4,6738	5,4528	6,2318	7,0108	7,7897		50		10
	45		15	0,7799	1,5598	2,3397	3,1195	3,8994	4,6793	5,4592	6,2391	7,0190	7,7988		45		15
	40		20	0,7808	1,5616	2,3424	3,1232	3,9040	4,6848	5,4656	6,2464	7,0271	7,8079		40		20
	35		25	0,7817	1,5634	2,3451	3,1268	3,9085	4,6902	5,4719	6,2536	7,0353	7,8170		35		25
	30		30	0,7826	1,5652	2,3478	3,1304	3,9130	4,6956	5,4783	6,2609	7,0435	7,8261		30		30
	25		35	0,7835	1,5670	2,3505	3,1341	3,9176	4,7011	5,4846	6,2681	7,0516	7,8351		25		35
	20		40	0,7844	1,5688	2,3532	3,1377	3,9221	4,7065	5,4909	6,2753	7,0597	7,8442		20		40
	15		45	0,7853	1,5706	2,3560	3,1413	3,9266	4,7119	5,4972	6,2825	7,0679	7,8532		15		45
	10		50	0,7862	1,5724	2,3586	3,1449	3,9311	4,7173	5,5035	6,2897	7,0759	7,8622		10		50
	5	51	55	0,7871	1,5742	2,3613	3,1485	3,9356	4,7227	5,5098	6,2969	7,0840	7,8711		5	141	55
				4	9	13	18	22	27	31	35	40	44				
128	0	**52**	0	0,7880	1,5760	2,3640	3,1520	3,9401	4,7281	5,5161	6,3041	7,0921	7,8801	**38**	0	**142**	0
127	55		5	0,7889	1,5778	2,3667	3,1556	3,9445	4,7334	5,5223	6,3112	7,1001	7,8891	37	55		5
	50		10	0,7898	1,5796	2,3694	3,1592	3,9490	4,7388	5,5286	6,3184	7,1082	7,8980		50		10
	45		15	0,7907	1,5814	2,3721	3,1628	3,9534	4,7441	5,5348	6,3255	7,1162	7,9069		45		15
	40		20	0,7916	1,5832	2,3747	3,1663	3,9579	4,7495	5,5411	6,3326	7,1242	7,9158		40		20
	35		25	0,7925	1,5849	2,3774	3,1699	3,9623	4,7548	5,5473	6,3397	7,1322	7,9247		35		25
	30		30	0,7934	1,5867	2,3801	3,1734	3,9668	4,7601	5,5535	6,3468	7,1402	7,9335		30		30
	25		35	0,7942	1,5885	2,3827	3,1770	3,9712	4,7654	5,5597	6,3539	7,1481	7,9424		25		35
	20		40	0,7951	1,5902	2,3854	3,1805	3,9756	4,7707	5,5658	6,3610	7,1561	7,9512		20		40
	15		45	0,7960	1,5920	2,3880	3,1840	3,9800	4,7760	5,5720	6,3680	7,1640	7,9600		15		45
	10		50	0,7969	1,5938	2,3906	3,1875	3,9844	4,7813	5,5782	6,3751	7,1719	7,9688		10		50
	5	52	55	0,7978	1,5955	2,3933	3,1910	3,9888	4,7866	5,5843	6,3821	7,1798	7,9776		5	142	55
				4	9	13	17	22	26	30	35	39	43				
127	0	**53**	0	0,7986	1,5973	2,3959	3,1945	3,9932	4,7918	5,5904	6,3891	7,1877	7,9864	**37**	0	**143**	0
126	55		5	0,7995	1,5990	2,3985	3,1980	3,9975	4,7971	5,5966	6,3961	7,1956	7,9951	36	55		5
	50		10	0,8004	1,6008	2,4011	3,2015	4,0019	4,8023	5,6027	6,4031	7,2034	8,0038		50		10
	45		15	0,8013	1,6025	2,4038	3,2050	4,0063	4,8075	5,6088	6,4100	7,2113	8,0125		45		15
	40		20	0,8021	1,6042	2,4064	3,2085	4,0106	4,8127	5,6149	6,4170	7,2191	8,0212		40		20
	35		25	0,8030	1,6060	2,4090	3,2120	4,0150	4,8179	5,6209	6,4239	7,2269	8,0299		35		25
	30		30	0,8039	1,6077	2,4116	3,2154	4,0193	4,8231	5,6270	6,4309	7,2347	8,0386		30		30
	25		35	0,8047	1,6094	2,4142	3,2189	4,0236	4,8283	5,6330	6,4378	7,2425	8,0472		25		35
	20		40	0,8056	1,6112	2,4168	3,2223	4,0279	4,8335	5,6391	6,4447	7,2503	8,0558		20		40
	15		45	0,8064	1,6129	2,4193	3,2258	4,0322	4,8387	5,6451	6,4516	7,2580	8,0644		15		45
	10		50	0,8073	1,6146	2,4219	3,2292	4,0365	4,8438	5,6511	6,4584	7,2657	8,0730		10		50
	5	53	55	0,8082	1,6163	2,4245	3,2326	4,0408	4,8490	5,6571	6,4653	7,2735	8,0816		5	143	55
				4	8	13	17	21	25	30	34	38	42				
126	0	**54**	0	0,8090	1,6180	2,4271	3,2361	4,0451	4,8541	5,6631	6,4721	7,2812	8,0902	**36**	0	**144**	0
125	55		5	0,8099	1,6197	2,4296	3,2395	4,0494	4,8592	5,6691	6,4790	7,2888	8,0987	35	55		5
	50		10	0,8107	1,6214	2,4322	3,2429	4,0536	4,8643	5,6751	6,4858	7,2965	8,1072		50		10
	45		15	0,8116	1,6231	2,4347	3,2463	4,0579	4,8694	5,6810	6,4926	7,3042	8,1157		45		15
	40		20	0,8124	1,6248	2,4373	3,2497	4,0621	4,8745	5,6870	6,4994	7,3118	8,1242		40		20
	35		25	0,8133	1,6265	2,4398	3,2531	4,0664	4,8796	5,6929	6,5062	7,3194	8,1327		35		25
	30		30	0,8141	1,6282	2,4423	3,2565	4,0706	4,8847	5,6988	6,5129	7,3270	8,1412		30		30
	25		35	0,8150	1,6299	2,4449	3,2598	4,0748	4,8898	5,7047	6,5197	7,3346	8,1496		25		35
	20		40	0,8158	1,6316	2,4474	3,2632	4,0790	4,8948	5,7106	6,5264	7,3422	8,1580		20		40
	15		45	0,8166	1,6333	2,4499	3,2666	4,0832	4,8998	5,7165	6,5331	7,3498	8,1664		15		45
	10		50	0,8175	1,6350	2,4524	3,2699	4,0874	4,9049	5,7224	6,5398	7,3573	8,1748		10		50
	5	54	55	0,8183	1,6366	2,4550	3,2733	4,0916	4,9099	5,7282	6,5465	7,3649	8,1832		5	144	55
				4	8	12	16	21	25	29	33	37	41				
125	0	**55**	0	0,8192	1,6383	2,4575	3,2766	4,0958	4,9149	5,7341	6,5532	7,3724	8,1915	**35**	0	**145**	0
Grd.	Min.	Grd.	Min.	1	2	3	4	5	6	7	8	9	10	Grd.	Min.	Grd.	Min.
O+, W−		O+, W−		Vielfacher Cosinus. Streichcosinus. Breite. Sohle.										O+, W−		O−, W+	
Streich- und Vertikal-Winkel.														Streich- und Vertikal-Winkel.			

Streich- und Vertikal-Winkel. O+, W–		Streich- und Vertikal-Winkel. O+, W–		Vielfacher Sinus. Streichsinus. Länge. Seigerteufe.										Streich- und Vertikal-Winkel. O+, W–		O–, W+	
Grd.	Min.	Grd.	Min.	11	12	13	14	15	16	17	18	19	20	Grd.	Min.	Grd.	Min.
				51	56	60	65	69	74	79	83	88	93				
130	0	**50**	0	8,4265	9,1925	9,9586	10,7246	11,4907	12,2567	13,0228	13,7888	14,5548	15,3209	**40**	0	**140**	0
129	55		5	8,4368	9,2037	9,9707	10,7377	11,5047	12,2717	13,0386	13,8056	14,5726	15,3396	39	55		5
	50		10	8,4470	9,2149	9,9828	10,7508	11,5187	12,2866	13,0545	13,8224	14,5903	15,3582		50		10
	45		15	8,4573	9,2261	9,9949	10,7638	11,5326	12,3015	13,0703	13,8392	14,6080	15,3768		45		15
	40		20	8,4675	9,2373	10,0070	10,7768	11,5466	12,3163	13,0861	13,8559	14,6256	15,3954		40		20
	35		25	8,4777	9,2484	10,0191	10,7898	11,5605	12,3312	13,1019	13,8726	14,6433	15,4140		35		25
	30		30	8,4879	9,2595	10,0311	10,8027	11,5744	12,3460	13,1176	13,8892	14,6609	15,4325		30		30
	25		35	8,4980	9,2706	10,0431	10,8157	11,5882	12,3608	13,1333	13,9059	14,6784	15,4510		25		35
	20		40	8,5082	9,2817	10,0551	10,8286	11,6021	12,3755	13,1490	13,9225	14,6960	15,4694		20		40
	15		45	8,5183	9,2927	10,0671	10,8415	11,6159	12,3903	13,1647	13,9391	14,7135	15,4879		15		45
	10		50	8,5284	9,3037	10,0791	10,8544	11,6297	12,4050	13,1803	13,9556	14,7309	15,5062		10		50
	5	50	55	8,5385	9,3148	10,0910	10,8672	11,6434	12,4197	13,1959	13,9721	14,7484	15,5246		5	140	55
				50	54	59	63	68	72	77	82	86	91				
129	0	**51**	0	8,5486	9,3258	10,1029	10,8800	11,6572	12,4343	13,2115	13,9886	14,7658	15,5429	**39**	0	**141**	0
128	55		5	8,5587	9,3367	10,1148	10,8928	11,6709	12,4490	13,2270	14,0051	14,7831	15,5612	38	55		5
	50		10	8,5687	9,3477	10,1267	10,9056	11,6846	12,4636	13,2425	14,0215	14,8005	15,5795		50		10
	45		15	8,5787	9,3586	10,1385	10,9184	11,6983	12,4782	13,2580	14,0379	14,8178	15,5977		45		15
	40		20	8,5887	9,3695	10,1503	10,9311	11,7119	12,4927	13,2735	14,0543	14,8351	15,6159		40		20
	35		25	8,5987	9,3804	10,1621	10,9438	11,7255	12,5072	13,2889	14,0706	14,8523	15,6340		35		25
	30		30	8,6087	9,3913	10,1739	10,9565	11,7391	12,5217	13,3043	14,0869	14,8696	15,6522		30		30
	25		35	8,6186	9,4022	10,1857	10,9692	11,7527	12,5362	13,3197	14,1032	14,8867	15,6703		25		35
	20		40	8,6286	9,4130	10,1974	10,9818	11,7662	12,5507	13,3351	14,1195	14,9039	15,6883		20		40
	15		45	8,6385	9,4238	10,2091	10,9944	11,7798	12,5651	13,3504	14,1357	14,9210	15,7063		15		45
	10		50	8,6484	9,4346	10,2208	11,0070	11,7932	12,5795	13,3657	14,1519	14,9381	15,7243		10		50
	5	51	55	8,6583	9,4454	10,2325	11,0196	11,8067	12,5938	13,3809	14,1681	14,9552	15,7423		5	141	55
				49	53	58	62	66	71	75	80	84	89				
128	0	**52**	0	8,6681	9,4561	10,2441	11,0322	11,8202	12,6082	13,3962	14,1842	14,9722	15,7602	**38**	0	**142**	0
127	55		5	8,6780	9,4669	10,2558	11,0447	11,8336	12,6225	13,4114	14,2003	14,9892	15,7781	37	55		5
	50		10	8,6878	9,4776	10,2674	11,0572	11,8470	12,6368	13,4266	14,2164	15,0062	15,7960		50		10
	45		15	8,6976	9,4883	10,2790	11,0697	11,8603	12,6510	13,4417	14,2324	15,0231	15,8138		45		15
	40		20	8,7074	9,4990	10,2905	11,0821	11,8737	12,6653	13,4568	14,2484	15,0400	15,8316		40		20
	35		25	8,7171	9,5096	10,3021	11,0945	11,8870	12,6795	13,4719	14,2644	15,0569	15,8493		35		25
	30		30	8,7269	9,5202	10,3136	11,1069	11,9003	12,6937	13,4870	14,2804	15,0737	15,8671		30		30
	25		35	8,7366	9,5309	10,3251	11,1193	11,9136	12,7078	13,5020	14,2963	15,0905	15,8848		25		35
	20		40	8,7463	9,5414	10,3366	11,1317	11,9268	12,7219	13,5171	14,3122	15,1073	15,9024		20		40
	15		45	8,7560	9,5520	10,3480	11,1440	11,9400	12,7360	13,5320	14,3280	15,1240	15,9200		15		45
	10		50	8,7657	9,5626	10,3595	11,1563	11,9532	12,7501	13,5470	14,3439	15,1407	15,9376		10		50
	5	52	55	8,7754	9,5731	10,3709	11,1686	11,9664	12,7641	13,5619	14,3597	15,1574	15,9552		5	142	55
				48	52	56	61	65	69	74	78	82	87				
127	0	**53**	0	8,7850	9,5836	10,3823	11,1809	11,9795	12,7782	13,5768	14,3754	15,1741	15,9727	**37**	0	**143**	0
126	55		5	8,7946	9,5941	10,3936	11,1931	11,9926	12,7922	13,5917	14,3912	15,1907	15,9902	36	55		5
	50		10	8,8042	9,6046	10,4050	11,2054	12,0057	12,8061	13,6065	14,4069	15,2073	16,0077		50		10
	45		15	8,8138	9,6150	10,4163	11,2176	12,0188	12,8201	13,6213	14,4226	15,2238	16,0251		45		15
	40		20	8,8234	9,6255	10,4276	11,2297	12,0318	12,8340	13,6361	14,4382	15,2403	16,0425		40		20
	35		25	8,8329	9,6359	10,4389	11,2419	12,0449	12,8479	13,6508	14,4538	15,2568	16,0598		35		25
	30		30	8,8424	9,6463	10,4501	11,2540	12,0579	12,8617	13,6656	14,4694	15,2733	16,0771		30		30
	25		35	8,8519	9,6567	10,4614	11,2661	12,0708	12,8755	13,6803	14,4850	15,2897	16,0944		25		35
	20		40	8,8614	9,6670	10,4726	11,2782	12,0838	12,8893	13,6949	14,5005	15,3061	16,1117		20		40
	15		45	8,8709	9,6773	10,4838	11,2902	12,0967	12,9031	13,7096	14,5160	15,3224	16,1289		15		45
	10		50	8,8803	9,6876	10,4949	11,3023	12,1096	12,9169	13,7242	14,5315	15,3388	16,1461		10		50
	5	53	55	8,8898	9,6979	10,5061	11,3143	12,1224	12,9306	13,7387	14,5469	15,3551	16,1632		5	143	55
				47	51	55	59	63	68	72	76	80	85				
126	0	**54**	0	8,8992	9,7082	10,5172	11,3262	12,1353	12,9443	13,7533	14,5623	15,3713	16,1803	**36**	0	**144**	0
125	55		5	8,9086	9,7185	10,5283	11,3382	12,1481	12,9579	13,7678	14,5777	15,3875	16,1974	35	55		5
	50		10	8,9180	9,7287	10,5394	11,3501	12,1609	12,9716	13,7823	14,5930	15,4037	16,2145		50		10
	45		15	8,9273	9,7389	10,5505	11,3620	12,1736	12,9852	13,7968	14,6083	15,4199	16,2315		45		15
	40		20	8,9367	9,7491	10,5615	11,3739	12,1863	12,9988	13,8112	14,6236	15,4360	16,2485		40		20
	35		25	8,9460	9,7592	10,5725	11,3858	12,1991	13,0123	13,8256	14,6389	15,4521	16,2654		35		25
	30		30	8,9553	9,7694	10,5835	11,3976	12,2117	13,0258	13,8400	14,6541	15,4682	16,2823		30		30
	25		35	8,9646	9,7795	10,5945	11,4094	12,2244	13,0393	13,8543	14,6693	15,4842	16,2992		25		35
	20		40	8,9738	9,7896	10,6054	11,4212	12,2370	13,0528	13,8686	14,6844	15,5002	16,3160		20		40
	15		45	8,9831	9,7997	10,6163	11,4330	12,2496	13,0663	13,8829	14,6995	15,5162	16,3328		15		45
	10		50	8,9923	9,8098	10,6272	11,4447	12,2622	13,0797	13,8972	14,7146	15,5321	16,3496		10		50
	5	54	55	9,0015	9,8198	10,6381	11,4564	12,2748	13,0931	13,9114	14,7297	15,5480	16,3663		5	144	55
				45	49	54	58	62	66	70	74	78	82				
125	0	**55**	0	9,0107	9,8298	10,6490	11,4681	12,2873	13,1064	13,9256	14,7447	15,5639	16,3830	**35**	0	**145**	0
Grd.	Min.	Grd.	Min.	11	12	13	14	15	16	17	18	19	20	Grd.	Min.	Grd.	Min.
O+, W– Streich- und Vertikal-Winkel.		O+, W– Streich- und Vertikal-Winkel.		Vielfacher Cosinus. Streichcosinus. Breite. Sohle.										O+, W– Streich- und Vertikal-Winkel.		O–, W+	

Streich- und Vertikal-Winkel. O+, W—		Streich- und Vertikal-Winkel. O+, W—		Vielfacher Sinus. Streichsinus. Länge. Seigerteufe.										Streich- und Vertikal-Winkel. O+, W—		Streich- und Vertikal-Winkel. O—, W+	
Grd.	Min.	Grd.	Min.	1	2	3	4	5	6	7	8	9	10	Grd.	Min.	Grd.	Min.
				4	8	12	16	21	25	29	33	37	41				
125	0	**55**	0	0,8192	1,6383	2,4575	3,2766	4,0958	4,9149	5,7341	6,5532	7,3724	8,1915	**35**	0	**145**	0
124	55		5	0,8200	1,6400	2,4600	3,2799	4,0999	4,9199	5,7399	6,5599	7,3799	8,1999	34	55		5
	50		10	0,8208	1,6416	2,4625	3,2833	4,1041	4,9249	5,7457	6,5665	7,3874	8,2082		50		10
	45		15	0,8216	1,6433	2,4649	3,2866	4,1082	4,9299	5,7515	6,5732	7,3948	8,2165		45		15
	40		20	0,8225	1,6450	2,4674	3,2899	4,1124	4,9349	5,7573	6,5798	7,4023	8,2248		40		20
	35		25	0,8233	1,6466	2,4699	3,2932	4,1165	4,9398	5,7631	6,5864	7,4097	8,2330		35		25
	30		30	0,8241	1,6483	2,4724	3,2965	4,1206	4,9448	5,7689	6,5930	7,4171	8,2413		30		30
	25		35	0,8249	1,6499	2,4748	3,2998	4,1247	4,9497	5,7746	6,5996	7,4245	8,2495		25		35
	20		40	0,8258	1,6515	2,4773	3,3031	4,1289	4,9546	5,7804	6,6062	7,4319	8,2577		20		40
	15		45	0,8266	1,6532	2,4798	3,3064	4,1329	4,9595	5,7861	6,6127	7,4393	8,2659		15		45
	10		50	0,8274	1,6548	2,4822	3,3096	4,1370	4,9644	5,7919	6,6193	7,4467	8,2741		10		50
	5	55	55	0,8282	1,6564	2,4847	3,3129	4,1411	4,9693	5,7976	6,6258	7,4540	8,2822		5	145	55
				4	8	12	16	20	24	28	32	36	40				
124	0	**56**	0	0,8290	1,6581	2,4871	3,3162	4,1452	4,9742	5,8033	6,6323	7,4613	8,2904	**34**	0	**146**	0
123	55		5	0,8299	1,6597	2,4896	3,3194	4,1493	4,9791	5,8090	6,6388	7,4687	8,2985	33	55		5
	50		10	0,8307	1,6613	2,4920	3,3226	4,1533	4,9840	5,8146	6,6453	7,4759	8,3066		50		10
	45		15	0,8315	1,6629	2,4944	3,3259	4,1573	4,9888	5,8203	6,6518	7,4832	8,3147		45		15
	40		20	0,8323	1,6646	2,4968	3,3291	4,1614	4,9937	5,8259	6,6582	7,4905	8,3228		40		20
	35		25	0,8331	1,6662	2,4992	3,3323	4,1654	4,9985	5,8316	6,6647	7,4977	8,3308		35		25
	30		30	0,8339	1,6678	2,5017	3,3355	4,1694	5,0033	5,8372	6,6711	7,5050	8,3389		30		30
	25		35	0,8347	1,6694	2,5041	3,3388	4,1734	5,0081	5,8428	6,6775	7,5122	8,3469		25		35
	20		40	0,8355	1,6710	2,5065	3,3420	4,1774	5,0129	5,8484	6,6839	7,5194	8,3549		20		40
	15		45	0,8363	1,6726	2,5089	3,3451	4,1814	5,0177	5,8540	6,6903	7,5266	8,3629		15		45
	10		50	0,8371	1,6742	2,5112	3,3483	4,1854	5,0225	5,8596	6,6967	7,5337	8,3708		10		50
	5	56	55	0,8379	1,6758	2,5136	3,3515	4,1894	5,0273	5,8651	6,7030	7,5409	8,3788		5	146	55
				4	8	12	16	20	23	27	31	35	39				
123	0	**57**	0	0,8387	1,6773	2,5160	3,3547	4,1934	5,0320	5,8707	6,7094	7,5480	8,3867	**33**	0	**147**	0
122	55		5	0,8395	1,6789	2,5184	3,3578	4,1973	5,0368	5,8762	6,7157	7,5552	8,3946	32	55		5
	50		10	0,8403	1,6805	2,5208	3,3610	4,2013	5,0415	5,8818	6,7220	7,5623	8,4025		50		10
	45		15	0,8410	1,6821	2,5231	3,3642	4,2052	5,0462	5,8873	6,7283	7,5694	8,4104		45		15
	40		20	0,8418	1,6836	2,5255	3,3673	4,2091	5,0509	5,8928	6,7346	7,5764	8,4182		40		20
	35		25	0,8426	1,6852	2,5278	3,3704	4,2130	5,0557	5,8983	6,7409	7,5835	8,4261		35		25
	30		30	0,8434	1,6868	2,5302	3,3736	4,2170	5,0603	5,9037	6,7471	7,5905	8,4339		30		30
	25		35	0,8442	1,6883	2,5325	3,3767	4,2209	5,0650	5,9092	6,7534	7,5975	8,4417		25		35
	20		40	0,8450	1,6899	2,5349	3,3798	4,2248	5,0697	5,9147	6,7596	7,6046	8,4495		20		40
	15		45	0,8457	1,6915	2,5372	3,3829	4,2286	5,0744	5,9201	6,7658	7,6116	8,4573		15		45
	10		50	0,8465	1,6930	2,5395	3,3860	4,2325	5,0790	5,9255	6,7720	7,6185	8,4650		10		50
	5	57	55	0,8473	1,6946	2,5418	3,3891	4,2364	5,0837	5,9309	6,7782	7,6255	8,4728		5	147	55
				4	8	11	15	19	23	27	30	34	38				
122	0	**58**	0	0,8480	1,6961	2,5441	3,3922	4,2402	5,0883	5,9363	6,7844	7,6324	8,4805	**32**	0	**148**	0
121	55		5	0,8488	1,6976	2,5465	3,3953	4,2441	5,0929	5,9417	6,7905	7,6394	8,4882	31	55		5
	50		10	0,8496	1,6992	2,5488	3,3983	4,2479	5,0975	5,9471	6,7967	7,6463	8,4959		50		10
	45		15	0,8504	1,7007	2,5511	3,4014	4,2518	5,1021	5,9525	6,8028	7,6532	8,5035		45		15
	40		20	0,8511	1,7022	2,5534	3,4045	4,2556	5,1067	5,9578	6,8089	7,6601	8,5112		40		20
	35		25	0,8519	1,7038	2,5556	3,4075	4,2594	5,1113	5,9632	6,8150	7,6669	8,5188		35		25
	30		30	0,8526	1,7053	2,5579	3,4106	4,2632	5,1158	5,9685	6,8211	7,6738	8,5264		30		30
	25		35	0,8534	1,7068	2,5602	3,4136	4,2670	5,1204	5,9738	6,8272	7,6806	8,5340		25		35
	20		40	0,8542	1,7083	2,5625	3,4166	4,2708	5,1249	5,9791	6,8333	7,6874	8,5416		20		40
	15		45	0,8549	1,7098	2,5647	3,4196	4,2746	5,1295	5,9844	6,8393	7,6942	8,5491		15		45
	10		50	0,8557	1,7113	2,5670	3,4227	4,2783	5,1340	5,9897	6,8453	7,7010	8,5567		10		50
	5	58	55	0,8564	1,7128	2,5693	3,4257	4,2821	5,1385	5,9949	6,8513	7,7078	8,5642		5	148	55
				4	7	11	15	18	22	26	30	33	37				
121	0	**59**	0	0,8572	1,7143	2,5715	3,4287	4,2858	5,1430	6,0002	6,8573	7,7145	8,5717	**31**	0	**149**	0
120	55		5	0,8579	1,7158	2,5737	3,4317	4,2896	5,1475	6,0054	6,8633	7,7212	8,5792	30	55		5
	50		10	0,8587	1,7173	2,5760	3,4346	4,2933	5,1520	6,0106	6,8693	7,7280	8,5866		50		10
	45		15	0,8594	1,7188	2,5782	3,4376	4,2970	5,1564	6,0158	6,8753	7,7347	8,5941		45		15
	40		20	0,8601	1,7203	2,5804	3,4406	4,3007	5,1609	6,0210	6,8812	7,7413	8,6015		40		20
	35		25	0,8609	1,7218	2,5827	3,4436	4,3045	5,1653	6,0262	6,8871	7,7480	8,6089		35		25
	30		30	0,8616	1,7233	2,5849	3,4465	4,3081	5,1698	6,0314	6,8930	7,7547	8,6163		30		30
	25		35	0,8624	1,7247	2,5871	3,4495	4,3118	5,1742	6,0366	6,8989	7,7613	8,6237		25		35
	20		40	0,8631	1,7262	2,5893	3,4524	4,3155	5,1786	6,0417	6,9048	7,7679	8,6310		20		40
	15		45	0,8638	1,7277	2,5915	3,4553	4,3192	5,1830	6,0468	6,9107	7,7745	8,6384		15		45
	10		50	0,8646	1,7291	2,5937	3,4583	4,3228	5,1874	6,0520	6,9165	7,7811	8,6457		10		50
	5	59	55	0,8653	1,7306	2,5959	3,4612	4,3265	5,1918	6,0571	6,9224	7,7877	8,6530		5	149	55
				4	7	11	14	18	22	25	29	32	36				
120	0	**60**	0	0,8660	1,7321	2,5981	3,4641	4,3301	5,1962	6,0622	6,9282	7,7942	8,6603	**30**	0	**150**	0
Grd.	Min.	Grd.	Min.	1	2	3	4	5	6	7	8	9	10	Grd.	Min.	Grd.	Min.
O+, W— Streich- und Vertikal-Winkel.		O+, W— Streich- und Vertikal-Winkel.		Vielfacher Cosinus. Streichcosinus. Breite. Sohle.										O+, W— Streich- und Vertikal-Winkel.		O—, W+ Streich- und Vertikal-Winkel.	

Vielfacher Sinus. Streichsinus. Länge. Seigerteufe.

Streich- und Vertikal-Winkel. O+, W— Grd.	Min.	O+, W— Grd.	Min.	11	12	13	14	15	16	17	18	19	20	Streich- und Vertikal-Winkel. O+, W— Grd.	Min.	O—, W+ Grd.	Min.
				45	49	54	58	62	66	70	74	78	82				
125	0	**55**	0	9,0107	9,8298	10,6490	11,4681	12,2873	13,1064	13,9256	14,7447	15,5639	16,3830	**35**	0	**145**	0
124	55		5	9,0198	9,8398	10,6598	11,4798	12,2998	13,1198	13,9398	14,7597	15,5797	16,3997	34	55		5
	50		10	9,0290	9,8498	10,6706	11,4914	12,3123	13,1331	13,9539	14,7747	15,5955	16,4163		50		10
	45		15	9,0381	9,8598	10,6814	11,5031	12,3247	13,1464	13,9680	14,7896	15,6113	16,4329		45		15
	40		20	9,0472	9,8697	10,6922	11,5147	12,3371	13,1596	13,9821	14,8046	15,6270	16,4495		40		20
	35		25	9,0563	9,8796	10,7029	11,5262	12,3495	13,1728	13,9961	14,8194	15,6427	16,4660		35		25
	30		30	9,0654	9,8895	10,7136	11,5378	12,3619	13,1860	14,0101	14,8343	15,6584	16,4825		30		30
	25		35	9,0744	9,8994	10,7243	11,5493	12,3742	13,1992	14,0241	14,8491	15,6740	16,4990		25		35
	20		40	9,0835	9,9092	10,7350	11,5608	12,3866	13,2123	14,0381	14,8639	15,6896	16,5154		20		40
	15		45	9,0925	9,9191	10,7457	11,5723	12,3988	13,2254	14,0520	14,8786	15,7052	16,5318		15		45
	10		50	9,1015	9,9289	10,7563	11,5837	12,4111	13,2385	14,0659	14,8933	15,7207	16,5481		10		50
	5	55	55	9,1105	9,9387	10,7669	11,5951	12,4234	13,2516	14,0798	14,9080	15,7362	16,5645		5	145	55
				44	48	52	56	60	64	68	72	76	80				
124	0	**56**	0	9,1194	9,9485	10,7775	11,6065	12,4356	13,2646	14,0936	14,9227	15,7517	16,5808	**34**	0	**146**	0
123	55		5	9,1284	9,9582	10,7881	11,6179	12,4478	13,2776	14,1075	14,9373	15,7672	16,5970	33	55		5
	50		10	9,1373	9,9679	10,7986	11,6292	12,4599	13,2906	14,1212	14,9519	15,7826	16,6132		50		10
	45		15	9,1462	9,9776	10,8091	11,6406	12,4720	13,3035	14,1350	14,9665	15,7979	16,6294		45		15
	40		20	9,1550	9,9873	10,8196	11,6519	12,4842	13,3164	14,1487	14,9810	15,8133	16,6455		40		20
	35		25	9,1639	9,9970	10,8301	11,6632	12,4962	13,3293	14,1624	14,9955	15,8286	16,6616		35		25
	30		30	9,1727	10,0066	10,8405	11,6744	12,5083	13,3422	14,1761	15,0099	15,8438	16,6777		30		30
	25		35	9,1816	10,0163	10,8509	11,6856	12,5203	13,3550	14,1897	15,0244	15,8591	16,6938		25		35
	20		40	9,1904	10,0259	10,8613	11,6968	12,5323	13,3678	14,2033	15,0388	15,8743	16,7098		20		40
	15		45	9,1991	10,0354	10,8717	11,7080	12,5443	13,3806	14,2169	15,0532	15,8894	16,7257		15		45
	10		50	9,2079	10,0450	10,8821	11,7192	12,5562	13,3933	14,2304	15,0675	15,9046	16,7417		10		50
	5	56	55	9,2167	10,0545	10,8924	11,7303	12,5682	13,4060	14,2439	15,0818	15,9197	16,7576		5	146	55
				43	47	51	55	59	63	67	70	74	78				
123	0	**57**	0	9,2254	10,0640	10,9027	11,7414	12,5801	13,4187	14,2574	15,0961	15,9347	16,7734	**33**	0	**147**	0
122	55		5	9,2341	10,0735	10,9130	11,7525	12,5919	13,4314	14,2709	15,1103	15,9498	16,7892	32	55		5
	50		10	9,2428	10,0830	10,9233	11,7635	12,6038	13,4440	14,2843	15,1245	15,9648	16,8050		50		10
	45		15	9,2514	10,0925	10,9335	11,7745	12,6156	13,4566	14,2977	15,1387	15,9797	16,8208		45		15
	40		20	9,2601	10,1019	10,9437	11,7855	12,6274	13,4692	14,3110	15,1528	15,9947	16,8365		40		20
	35		25	9,2687	10,1113	10,9539	11,7965	12,6391	13,4817	14,3244	15,1670	16,0096	16,8522		35		25
	30		30	9,2773	10,1207	10,9641	11,8075	12,6509	13,4943	14,3377	15,1810	16,0244	16,8678		30		30
	25		35	9,2859	10,1301	10,9742	11,8184	12,6626	13,5068	14,3509	15,1951	16,0393	16,8834		25		35
	20		40	9,2945	10,1394	10,9844	11,8293	12,6743	13,5192	14,3642	15,2091	16,0541	16,8990		20		40
	15		45	9,3030	10,1487	10,9945	11,8402	12,6859	13,5316	14,3774	15,2231	16,0688	16,9146		15		45
	10		50	9,3115	10,1580	11,0045	11,8510	12,6975	13,5440	14,3906	15,2371	16,0836	16,9301		10		50
	5	57	55	9,3200	10,1673	11,0146	11,8619	12,7091	13,5564	14,4037	15,2510	16,0983	16,9455		5	147	55
				42	46	49	53	57	61	65	68	72	76				
122	0	**58**	0	9,3285	10,1766	11,0246	11,8727	12,7207	13,5688	14,4168	15,2649	16,1129	16,9610	**32**	0	**148**	0
121	55		5	9,3370	10,1858	11,0346	11,8835	12,7323	13,5811	14,4299	15,2787	16,1275	16,9764	31	55		5
	50		10	9,3454	10,1950	11,0446	11,8942	12,7438	13,5934	14,4430	15,2925	16,1421	16,9917		50		10
	45		15	9,3539	10,2042	11,0546	11,9049	12,7553	13,6056	14,4560	15,3063	16,1567	17,0070		45		15
	40		20	9,3623	10,2134	11,0645	11,9156	12,7668	13,6179	14,4690	15,3201	16,1712	17,0223		40		20
	35		25	9,3707	10,2226	11,0744	11,9263	12,7782	13,6301	14,4819	15,3338	16,1857	17,0376		35		25
	30		30	9,3790	10,2317	11,0843	11,9370	12,7896	13,6422	14,4949	15,3475	16,2002	17,0528		30		30
	25		35	9,3874	10,2408	11,0942	11,9476	12,8010	13,6544	14,5078	15,3612	16,2146	17,0680		25		35
	20		40	9,3957	10,2499	11,1040	11,9582	12,8123	13,6665	14,5207	15,3748	16,2290	17,0831		20		40
	15		45	9,4040	10,2589	11,1139	11,9688	12,8237	13,6786	14,5335	15,3884	16,2433	17,0982		15		45
	10		50	9,4123	10,2680	11,1237	11,9793	12,8350	13,6906	14,5463	15,4020	16,2576	17,1133		10		50
	5	58	55	9,4206	10,2770	11,1334	11,9898	12,8463	13,7027	14,5591	15,4155	16,2719	17,1283		5	148	55
				41	44	48	52	55	59	63	67	70	74				
121	0	**59**	0	9,4288	10,2860	11,1432	12,0003	12,8575	13,7147	14,5718	15,4290	16,2862	17,1433	**31**	0	**149**	0
120	55		5	9,4371	10,2950	11,1529	12,0108	12,8687	13,7266	14,5846	15,4425	16,3004	17,1583	30	55		5
	50		10	9,4453	10,3039	11,1626	12,0213	12,8799	13,7386	14,5973	15,4559	16,3146	17,1732		50		10
	45		15	9,4535	10,3129	11,1723	12,0317	12,8911	13,7505	14,6099	15,4693	16,3287	17,1881		45		15
	40		20	9,4616	10,3218	11,1819	12,0421	12,9022	13,7624	14,6225	15,4827	16,3428	17,2030		40		20
	35		25	9,4698	10,3307	11,1916	12,0525	12,9134	13,7742	14,6351	15,4960	16,3569	17,2178		35		25
	30		30	9,4779	10,3395	11,2012	12,0628	12,9244	13,7861	14,6477	15,5093	16,3710	17,2326		30		30
	25		35	9,4860	10,3484	11,2108	12,0731	12,9355	13,7979	14,6602	15,5226	16,3850	17,2473		25		35
	20		40	9,4941	10,3572	11,2203	12,0834	12,9465	13,8096	14,6727	15,5358	16,3989	17,2620		20		40
	15		45	9,5022	10,3660	11,2299	12,0937	12,9575	13,8214	14,6852	15,5490	16,4129	17,2767		15		45
	10		50	9,5102	10,3748	11,2394	12,1039	12,9685	13,8331	14,6976	15,5622	16,4268	17,2913		10		50
	5	59	55	9,5183	10,3836	11,2489	12,1142	12,9795	13,8448	14,7101	15,5754	16,4406	17,3059		5	149	55
				39	43	47	50	54	57	61	65	68	72				
120	0	**60**	0	9,5263	10,3923	11,2583	12,1244	12,9904	13,8564	14,7224	15,5885	16,4545	17,3205	**30**	0	**150**	0
Grd.	Min.	Grd.	Min.	11	12	13	14	15	16	17	18	19	20	Grd.	Min.	Grd.	Min.
O+, W— Streich- und Vertikal-Winkel.		O+, W—												O+, W— Streich- und Vertikal-Winkel.		O—, W+	

Vielfacher Cosinus. Streichcosinus. Breite. Sohle.

Streich- und Vertikal-Winkel.				Vielfacher Sinus. Streichsinus. Länge. Seigerteufe.										Streich- und Vertikal-Winkel.			
O+, W—		O+, W—												O+, W -		O—, W+	
Grd.	Min.	Grd.	Min.	1	2	3	4	5	6	7	8	9	10	Grd.	Min.	Grd.	Min.
				4	7	11	14	18	22	25	29	32	36				
120	0	**60**	0	0,8660	1,7321	2,5981	3,4641	4,3301	5,1962	6,0622	6,9282	7,7942	8,6603	**30**	0	**150**	0
119	55		5	0,8668	1,7335	2,6003	3,4670	4,3338	5,2005	6,0673	6,9340	7,8008	8,6675	29	55		5
	50		10	0,8675	1,7350	2,6024	3,4699	4,3374	5,2049	6,0723	6,9398	7,8073	8,6748		50		10
	45		15	0,8682	1,7364	2,6046	3,4728	4,3410	5,2092	6,0774	6,9456	7,8138	8,6820		45		15
	40		20	0,8689	1,7378	2,6068	3,4757	4,3446	5,2135	6,0824	6,9514	7,8203	8,6892		40		20
	35		25	0,8696	1,7393	2,6089	3,4786	4,3482	5,2178	6,0875	6,9571	7,8267	8,6964		35		25
	30		30	0,8704	1,7407	2,6111	3,4814	4,3518	5,2221	6,0925	6,9628	7,8332	8,7036		30		30
	25		35	0,8711	1,7421	2,6132	3,4843	4,3554	5,2264	6,0975	6,9686	7,8396	8,7107		25		35
	20		40	0,8718	1,7436	2,6154	3,4871	4,3589	5,2307	6,1025	6,9743	7,8461	8,7178		20		40
	15		45	0,8725	1,7450	2,6175	3,4900	4,3625	5,2350	6,1075	6,9800	7,8525	8,7250		15		45
	10		50	0,8732	1,7464	2,6196	3,4928	4,3660	5,2392	6,1124	6,9856	7,8589	8,7321		10		50
	5	60	55	0,8739	1,7478	2,6217	3,4957	4,3696	5,2435	6,1174	6,9913	7,8652	8,7391		5	150	55
				3	7	10	14	17	21	24	28	31	35				
119	0	**61**	0	0,8746	1,7492	2,6239	3,4985	4,3731	5,2477	6,1223	6,9970	7,8716	8,7462	**29**	0	**151**	0
118	55		5	0,8753	1,7506	2,6260	3,5013	4,3766	5,2519	6,1273	7,0026	7,8779	8,7532	28	55		5
	50		10	0,8760	1,7521	2,6281	3,5041	4,3801	5,2562	6,1322	7,0082	7,8842	8,7603		50		10
	45		15	0,8767	1,7535	2,6302	3,5069	4,3836	5,2604	6,1371	7,0138	7,8905	8,7673		45		15
	40		20	0,8774	1,7549	2,6323	3,5097	4,3871	5,2646	6,1420	7,0194	7,8968	8,7743		40		20
	35		25	0,8781	1,7562	2,6344	3,5125	4,3906	5,2687	6,1469	7,0250	7,9031	8,7812		35		25
	30		30	0,8788	1,7576	2,6365	3,5153	4,3941	5,2729	6,1517	7,0305	7,9094	8,7882		30		30
	25		35	0,8795	1,7590	2,6385	3,5180	4,3976	5,2771	6,1566	7,0361	7,9156	8,7951		25		35
	20		40	0,8802	1,7604	2,6406	3,5208	4,4010	5,2812	6,1614	7,0416	7,9218	8,8020		20		40
	15		45	0,8809	1,7618	2,6427	3,5236	4,4045	5,2853	6,1662	7,0471	7,9280	8,8089		15		45
	10		50	0,8816	1,7632	2,6447	3,5263	4,4079	5,2895	6,1710	7,0526	7,9342	8,8158		10		50
	5	61	55	0,8823	1,7645	2,6468	3,5291	4,4113	5,2936	6,1758	7,0581	7,9404	8,8226		5	151	55
				3	7	10	13	17	20	24	27	30	34				
118	0	**62**	0	0,8829	1,7659	2,6488	3,5318	4,4147	5,2977	6,1806	7,0636	7,9465	8,8295	**28**	0	**152**	0
117	55		5	0,8836	1,7673	2,6509	3,5345	4,4181	5,3018	6,1854	7,0690	7,9527	8,8363	27	55		5
	50		10	0,8843	1,7686	2.6529	3,5372	4,4215	5,3059	6,1902	7,0745	7,9588	8,8431		50		10
	45		15	0,8850	1,7700	2,6550	3,5400	4,4249	5,3099	6,1949	7,0799	7,9649	8,8499		45		15
	40		20	0,8857	1,7713	2,6570	3,5427	4,4283	5,3140	6,1996	7,0853	7,9710	8,8566		40		20
	35		25	0,8863	1,7727	2,6590	3,5454	4,4317	5,3180	6,2044	7,0907	7,9770	8,8634		35		25
	30		30	0,8870	1,7740	2,6610	3,5480	4,4351	5,3221	6,2091	7,0961	7,9831	8,8701		30		30
	25		35	0,8877	1,7754	2,6630	3,5507	4,4384	5,3261	6,2138	7,1015	7,9891	8,8768		25		35
	20		40	0,8884	1,7767	2,6651	3,5534	4,4418	5,3301	6,2185	7,1068	7,9952	8,8835		20		40
	15		45	0,8890	1,7780	2,6671	3,5561	4,4451	5,3341	6,2231	7,1121	8,0012	8,8902		15		45
	10		50	0,8897	1,7794	2,6690	3,5587	4,4484	5,3381	6,2278	7,1175	8,0071	8,8968		10		50
	5	62	55	0,8903	1,7807	2,6710	3,5614	4,4517	5,3421	6,2324	7,1228	8,0131	8,9035		5	152	55
				3	6	10	13	16	19	23	26	29	32				
117	0	**63**	0	0,8910	1,7820	2,6730	3,5640	4,4550	5,3460	6,2370	7,1281	8,0191	8,9101	**27**	0	**153**	0
116	55		5	0,8917	1,7833	2,6750	3,5667	4,4583	5,3500	6,2417	7,1333	8,0250	8,9167	26	55		5
	50		10	0,8923	1,7846	2,6770	3,5693	4,4616	5,3539	6,2463	7,1386	8,0309	8,9232		50		10
	45		15	0,8930	1,7860	2,6789	3,5719	4,4649	5,3579	6,2509	7,1438	8,0368	8,9298		45		15
	40		20	0,8936	1,7873	2,6809	3,5745	4,4682	5,3618	6,2554	7,1491	8,0427	8,9363		40		20
	35		25	0,8943	1,7886	2,6829	3,5771	4,4714	5,3657	6,2600	7,1543	8,0486	8,9428		35		25
	30		30	0,8949	1,7899	2,6848	3,5797	4,4747	5,3696	6,2645	7,1595	8,0544	8,9493		30		30
	25		35	0,8956	1,7912	2,6867	3,5823	4,4779	5,3735	6,2691	7,1647	8,0602	8,9558		25		35
	20		40	0,8962	1,7925	2,6887	3,5849	4,4811	5,3774	6,2736	7,1698	8,0661	8,9623		20		40
	15		45	0,8969	1,7937	2,6906	3,5875	4,4844	5,3812	6,2781	7,1750	8,0719	8,9687		15		45
	10		50	0,8975	1,7950	2,6925	3,5901	4,4876	5,3851	6,2826	7,1801	8,0776	8,9752		10		50
	5	63	55	0,8982	1,7963	2,6945	3,5926	4,4908	5,3889	6,2871	7,1852	8,0834	8,9816		5	153	55
				3	6	9	13	16	19	22	25	28	31				
116	0	**64**	0	0,8988	1,7976	2,6964	3,5952	4,4940	5,3928	6,2916	7,1904	8,0891	8,9879	**26**	0	**154**	0
115	55		5	0,8994	1,7989	2,6983	3,5977	4,4972	5,3966	6,2960	7,1954	8,0949	8,9943	25	55		5
	50		10	0,9001	1,8001	2,7002	3,6003	4,5003	5,4004	6,3005	7,2005	8,1006	9,0007		50		10
	45		15	0,9007	1,8014	2,7021	3,6028	4,5035	5,4042	6,3049	7,2056	8,1063	9,0070		45		15
	40		20	0,9013	1,8027	2,7040	3,6053	4,5066	5,4080	6,3093	7,2106	8,1120	9,0133		40		20
	35		25	0,9020	1,8039	2,7059	3,6078	4,5098	5,4117	6,3137	7,2157	8,1176	9,0196		35		25
	30		30	0,9026	1,8052	2,7078	3,6103	4,5129	5,4155	6,3181	7,2207	8,1233	9,0259		30		30
	25		35	0,9032	1,8064	2,7096	3,6128	4,5161	5,4193	6,3225	7,2257	8,1289	9,0321		25		35
	20		40	0,9038	1,8077	2,7115	3,6153	4,5192	5,4230	6,3268	7,2307	8,1345	9,0383		20		40
	15		45	0,9045	1,8089	2,7134	3,6178	4,5223	5,4267	6,3312	7,2356	8,1401	9,0446		15		45
	10		50	0,9051	1,8101	2,7152	3,6203	4,5254	5,4304	6,3355	7,2406	8,1457	9,0507		10		50
	5	64	55	0,9057	1,8114	2,7171	3,6228	4,5285	5,4342	6,3398	7,2455	8,1512	9,0569		5	154	55
				3	6	9	12	15	18	21	24	27	30				
115	0	**65**	0	0,9063	1,8126	2,7189	3,6252	4,5315	5,4378	6,3442	7,2505	8,1568	9,0631	**25**	0	**155**	0
Grd.	Min.	Grd.	Min.	1	2	3	4	5	6	7	8	9	10	Grd.	Min.	Grd.	Min.
O+, W—		O+, W—												O+, W—		O—, W+	
Streich- und Vertikal-Winkel.				Vielfacher Cosinus. Streichcosinus. Breite. Sohle.										Streich- und Vertikal-Winkel.			

Vielfacher Sinus. Streichsinus. Länge. Seigerteufe.

Streich- und Vertikal-Winkel. O+, W– Grd.	Min.	O+, W– Grd.	Min.	11	12	13	14	15	16	17	18	19	20	Streich- und Vertikal-Winkel. O+, W– Grd.	Min.	O–, W+ Grd.	Min.
				39	43	47	50	54	57	61	65	68	72				
120	0	**60**	0	9,5263	10,3923	11,2583	12,1244	12,9904	13,8564	14,7224	15,5885	16,4545	17,3205	**30**	0	**150**	0
119	55		5	9,5343	10,4010	11,2678	12,1345	13,0013	13,8680	14,7348	15,6015	16,4683	17,3350	29	55		5
	50		10	9,5422	10,4097	11,2772	12,1447	13,0121	13,8796	14,7471	15,6146	16,4820	17,3495		50		10
	45		15	9,5502	10,4184	11,2866	12,1548	13,0230	13,8912	14,7594	15,6276	16,4958	17,3640		45		15
	40		20	9,5581	10,4270	11,2960	12,1649	13,0338	13,9027	14,7716	15,6406	16,5095	17,3784		40		20
	35		25	9,5660	10,4357	11,3053	12,1749	13,0446	13,9142	14,7839	15,6535	16,5231	17,3928		35		25
	30		30	9,5739	10,4443	11,3146	12,1850	13,0553	13,9257	14,7960	15,6664	16,5368	17,4071		30		30
	25		35	9,5818	10,4529	11,3239	12,1950	13,0661	13,9371	14,8082	15,6793	16,5503	17,4214		25		35
	20		40	9,5896	10,4614	11,3332	12,2050	13,0768	13,9486	14,8203	15,6921	16,5639	17,4357		20		40
	15		45	9,5975	10,4700	11,3424	12,2149	13,0874	13,9599	14,8324	15,7049	16,5774	17,4499		15		45
	10		50	9,6053	10,4785	11,3517	12,2249	13,0981	13,9713	14,8445	15,7177	16,5909	17,4641		10		50
	5	60	55	9,6131	10,4870	11,3609	12,2348	13,1087	13,9826	14,8565	15,7304	16,6044	17,4783		5	150	55
				38	42	45	49	52	56	59	63	66	69				
119	0	**61**	0	9,6208	10,4954	11,3701	12,2447	13,1193	13,9939	14,8685	15,7432	16,6178	17,4924	**29**	0	**151**	0
118	55		5	9,6286	10,5039	11,3792	12,2545	13,1299	14,0052	14,8805	15,7558	16,6312	17,5065	28	55		5
	50		10	9,6363	10,5123	11,3883	12,2644	13,1404	14,0164	14,8924	15,7685	16,6445	17,5205		50		10
	45		15	9,6440	10,5207	11,3974	12,2742	13,1509	14,0276	14,9044	15,7811	16,6578	17,5345		45		15
	40		20	9,6517	10,5291	11,4065	12,2840	13,1614	14,0388	14,9162	15,7937	16,6711	17,5485		40		20
	35		25	9,6593	10,5375	11,4156	12,2937	13,1718	14,0500	14,9281	15,8062	16,6843	17,5624		35		25
	30		30	9,6670	10,5458	11,4246	12,3034	13,1823	14,0611	14,9399	15,8187	16,6975	17,5763		30		30
	25		35	9,6746	10,5541	11,4336	12,3131	13,1927	14,0722	14,9517	15,8312	16,7107	17,5902		25		35
	20		40	9,6822	10,5624	11.4426	12,3228	13,2030	14,0832	14,9634	15,8436	16,7238	17,6040		20		40
	15		45	9,6898	10,5707	11,4516	12,3325	13 2134	14,0943	14,9751	15,8560	16,7369	17,6178		15		45
	10		50	9,6974	10,5789	11,4605	12,3421	13,2237	14,1053	14,9868	15,8684	16,7500	17,6316		10		50
	5	61	55	9,7049	10,5872	11,4694	12,3517	13.2340	14,1162	14,9985	15,8807	16,7630	17,6453		5	151	55
				37	40	44	47	50	54	57	61	64	67				
118	0	**62**	0	9,7124	10,5954	11,4783	12,3613	13,2442	14,1272	15,0101	15,8931	16,7760	17.6590	**28**	0	**152**	0
117	55		5	9,7199	10,6036	11,4872	12,3708	13,2544	14,1381	15,0217	15,9053	16,7890	17,6726	27	55		5
	50		10	9,7274	10,6117	11,4960	12,3803	13,2646	14,1490	15,0333	15,9176	16,8019	17,6862		50		10
	45		15	9,7349	10,6199	11,5048	12,3898	13,2748	14,1598	15,0448	15,9298	16,8148	17,6998		45		15
	40		20	9,7423	10,6280	11,5136	12,3993	13,2850	14,1706	15,0563	15.9420	16,8276	17,7133		40		20
	35		25	9,7497	10,6361	11,5224	12,4087	13,2951	14,1814	15,0678	15,9541	16,8404	17,7268		35		25
	30		30	9,7571	10,6441	11,5311	12,4182	13,3052	14,1922	15,0792	15,9662	16,8532	17,7402		30		30
	25		35	9,7645	10,6522	11,5399	12,4275	13,3152	14,2029	15,0906	15,9783	16,8659	17,7536		25		35
	20		40	9,7719	10,6602	11,5486	12,4369	13,3253	14,2136	15,1020	15,9903	16,8787	17,7670		20		40
	15		45	9,7792	10,6682	11,5572	12,4462	13,3353	14,2243	15,1133	16,0023	16,8913	17,7803		15		45
	10		50	9,7865	10,6762	11,5659	12,4556	13,3452	14.2349	15,1246	16,0143	16,9040	17,7936		10		50
	5	62	55	9,7938	10,6841	11,5745	12,4648	13,3552	14,2455	15,1359	16,0262	16,9166	17,8069		5	152	55
				36	39	42	45	49	52	55	59	62	65				
117	0	**63**	0	9,8011	10,6921	11,5831	12,4741	13,3651	14,2561	15,1471	16,0381	16,9291	17,8201	**27**	0	**153**	0
116	55		5	9,8083	10,7000	11,5917	12.4833	13,3750	14,2667	15,1583	16,0500	16,9417	17,8333	26	55		5
	50		10	9,8156	10,7079	11,6002	12,4925	13,3849	14,2772	15,1695	16,0618	16,9541	17,8465		50		10
	45		15	9,8228	10,7157	11,6087	12,5017	13,3947	14,2877	15,1806	16,0736	16,9666	17,8596		45		15
	40		20	9,8300	10,7236	11,6172	12.5109	13,4045	14,2981	15,1918	16,0854	16,9790	17,8727		40		20
	35		25	9,8371	10,7314	11,6257	12,5200	13,4143	14,3085	15,2028	16,0971	16,9914	17,8857		35		25
	30		30	9,8443	10,7392	11,6341	12,5291	13,4240	14,3189	15,2139	16,1088	17,0038	17,8987		30		30
	25		35	9,8514	10,7470	11,6426	12,5382	13,4337	14,3293	15,2249	16,1205	17,0161	17,9116		25		35
	20		40	9,8585	10,7547	11,6510	12,5472	13,4434	14,3397	15,2359	16,1321	17,0283	17,9246		20		40
	15		45	9,8656	10,7625	11,6593	12,5562	13,4531	14,3500	15,2468	16,1437	17,0406	17,9375		15		45
	10		50	9,8727	10,7702	11,6677	12,5652	13,4627	14,3602	15,2578	16,1553	17,0528	17,9503		10		50
	5	63	55	9,8797	10,7779	11,6760	12,5742	13,4723	14,3705	15,2686	16,1668	17,0650	17,9631		5	153	55
				34	38	41	44	47	50	53	56	60	63				
116	0	**64**	0	9,8867	10,7855	11,6843	12,5831	13,4819	14,3807	15,2795	16,1783	17,0771	17,9759	**26**	0	**154**	0
115	55		5	9,8937	10,7932	11,6926	12,5920	13,4915	14.3909	15,2903	16,1898	17,0892	17,9886	25	55		5
	50		10	9,9007	10,8008	11,7009	12,6009	13,5010	14,4010	15,3011	16,2012	17,1012	18,0013		50		10
	45		15	9.9077	10,8084	11,7091	12,6098	13,5105	14,4112	15,3119	16,2126	17,1133	18,0140		45		15
	40		20	9,9146	10,8159	11,7173	12,6186	13,5199	14,4213	15,3226	16,2239	17,1253	18,0266		40		20
	35		25	9,9215	10,8235	11,7255	12,6274	13,5294	14,4313	15,3333	16,2352	17,1372	18,0392		35		25
	30		30	9,9284	10,8310	11,7336	12,6362	13,5388	14,4414	15,3439	16,2465	17,1491	18,0517		30		30
	25		35	9,9353	10,8385	11,7417	12,6449	13,5482	14,4514	15,3546	16,2578	17,1610	18,0642		25		35
	20		40	9,9422	10,8460	11,7498	12,6537	13,5575	14,4613	15,3652	16,2690	17,1728	18,0767		20		40
	15		45	9,9490	10,8535	11,7579	12,6624	13,5668	14,4713	15,3757	16,2802	17,1846	18,0891		15		45
	10		50	9,9558	10,8609	11,7660	12,6710	13,5761	14,4812	15,3863	16,2913	17,1964	18,1015		10		50
	5	64	55	9,9626	10,8683	11,7740	12,6797	13,5854	14,4911	15,3968	16,3025	17,2082	18,1138		5	154	55
				33	36	39	42	45	48	51	54	57	60				
115	0	**65**	0	9,9694	10,8757	11,7820	12,6883	13,5946	14,5009	15,4072	16,3135	17,2198	18,1262	**25**	0	**155**	0
Grd.	Min.	Grd.	Min.	11	12	13	14	15	16	17	18	19	20	Grd.	Min.	Grd.	Min.
O+, W– Streich- und Vertikal-Winkel.		O+, W–												O+, W– Streich- und Vertikal-Winkel.		O–, W+	

Vielfacher Cosinus. Streichcosinus. Breite. Sohle.

Streich- und Vertikal-Winkel.				Vielfacher Sinus. Streichsinus. Länge. Seigerteufe.										Streich- und Vertikal-Winkel.			
O+, W−		O+, W−												O+, W−		O−, W+	
Grd.	Min.	Grd.	Min.	1	2	3	4	5	6	7	8	9	10	Grd.	Min.	Grd.	Min.
				3	6	9	12	15	18	21	24	27	30				
115	0	**65**	0	0,9063	1,8126	2,7189	3,6252	4,5315	5,4378	6,3442	7,2505	8,1568	9,0631	**25**	0	**155**	0
114	55		5	0,9069	1,8138	2,7208	3,6277	4,5346	5,4415	6,3485	7,2554	8,1623	9,0692	24	55		5
	50		10	0,9075	1,8151	2,7226	3,6301	4,5377	5,4452	6,3527	7,2603	8,1678	9,0753		50		10
	45		15	0,9081	1,8163	2,7244	3,6326	4,5407	5,4489	6,3570	7,2651	8,1733	9,0814		45		15
	40		20	0,9088	1,8175	2,7263	3,6350	4,5438	5,4525	6,3613	7,2700	8,1788	9,0875		40		20
	35		25	0,9094	1,8187	2,7281	3,6374	4,5468	5,4561	6,3655	7,2749	8,1842	9,0936		35		25
	30		30	0,9100	1,8199	2,7299	3,6398	4,5498	5,4598	6,3697	7,2797	8,1897	9,0996		30		30
	25		35	0,9106	1,8211	2,7317	3,6423	4,5528	5,4634	6,3739	7,2845	8,1951	9,1056		25		35
	20		40	0,9112	1,8223	2,7335	3,6447	4,5558	5,4670	6,3781	7,2893	8,2005	9,1116		20		40
	15		45	0,9118	1,8235	2,7353	3,6470	4,5588	5,4706	6,3823	7,2941	8,2059	9,1176		15		45
	10		50	0,9124	1,8247	2,7371	3,6494	4,5618	5,4742	6,3865	7,2989	8,2112	9,1236		10		50
	5	65	55	0,9130	1,8259	2,7389	3,6518	4,5648	5,4777	6,3907	7,3036	8,2166	9,1295		5	155	55
				3	6	9	12	15	17	20	23	26	29				
114	0	**66**	0	0,9135	1,8271	2,7406	3,6542	4,5677	5,4813	6,3948	7,3084	8,2219	9,1355	**24**	0	**156**	0
113	55		5	0,9141	1,8283	2,7424	3,6565	4,5707	5,4848	6,3990	7,3131	8,2272	9,1414	23	55		5
	50		10	0,9147	1,8294	2,7442	3,6589	4,5736	5,4883	6,4031	7,3178	8,2325	9,1472		50		10
	45		15	0,9153	1,8306	2,7459	3,6612	4,5766	5,4919	6,4072	7,3225	8,2378	9,1531		45		15
	40		20	0,9159	1,8318	2,7477	3,6636	4,5795	5,4954	6,4113	7,3272	8,2431	9,1590		40		20
	35		25	0,9165	1,8330	2,7494	3,6659	4,5824	5,4989	6,4154	7,3318	8,2483	9,1648		35		25
	30		30	0,9171	1,8341	2,7512	3,6682	4,5853	5,5024	6,4194	7,3365	8,2535	9,1706		30		30
	25		35	0,9176	1,8353	2,7529	3,6706	4,5882	5,5058	6,4235	7,3411	8,2588	9,1764		25		35
	20		40	0,9182	1,8364	2,7546	3,6729	4,5911	5,5093	6,4275	7,3457	8,2639	9,1822		20		40
	15		45	0,9188	1,8376	2,7564	3,6752	4,5940	5,5127	6,4315	7,3503	8,2691	9,1879		15		45
	10		50	0,9194	1,8387	2,7581	3,6775	4,5968	5,5162	6,4356	7,3549	8,2743	9,1936		10		50
	5	66	55	0,9199	1,8399	2,7598	3,6797	4,5997	5,5196	6,4395	7,3595	8,2794	9,1994		5	156	55
				3	6	8	11	14	17	20	22	25	28				
113	0	**67**	0	0,9205	1,8410	2,7615	3,6820	4,6025	5,5230	6,4435	7,3640	8,2845	9,2050	**23**	0	**157**	0
112	55		5	0,9211	1,8421	2,7632	3,6843	4,6054	5,5264	6,4475	7,3686	8,2896	9,2107	22	55		5
	50		10	0,9216	1,8433	2,7649	3,6866	4,6082	5,5298	6,4515	7,3731	8,2947	9,2164		50		10
	45		15	0,9222	1,8444	2,7666	3,6888	4,6110	5,5332	6,4554	7,3776	8,2998	9,2220		45		15
	40		20	0,9228	1,8455	2,7683	3,6910	4,6138	5,5366	6,4593	7,3821	8,3049	9,2276		40		20
	35		25	0,9233	1,8466	2,7700	3,6933	4,6166	5,5399	6,4633	7,3866	8,3099	9,2332		35		25
	30		30	0,9239	1,8478	2,7716	3,6955	4,6194	5,5433	6,4672	7,3910	8,3149	9,2388		30		30
	25		35	0,9244	1,8489	2,7733	3,6977	4,6222	5,5466	6,4710	7,3955	8,3199	9,2444		25		35
	20		40	0,9250	1,8500	2,7750	3,7000	4,6249	5,5499	6,4749	7,3999	8,3249	9,2499		20		40
	15		45	0,9255	1,8511	2,7766	3,7022	4,6277	5,5532	6,4788	7,4043	8,3299	9,2554		15		45
	10		50	0,9261	1,8522	2,7783	3,7044	4,6305	5,5565	6,4826	7,4087	8,3348	9,2609		10		50
	5	67	55	0,9266	1,8533	2,7799	3,7066	4,6332	5,5598	6,4865	7,4131	8,3397	9,2664		5	157	55
				3	5	8	11	13	16	19	21	24	27				
112	0	**68**	0	0,9272	1,8544	2,7816	3,7087	4,6359	5,5631	6,4903	7,4175	8,3447	9,2718	**22**	0	**158**	0
111	55		5	0,9277	1,8555	2,7832	3,7109	4,6386	5,5664	6,4941	7,4218	8,3495	9,2773	21	55		5
	50		10	0,9283	1,8565	2,7848	3,7131	4,6413	5,5696	6,4979	7,4262	8,3544	9,2827		50		10
	45		15	0,9288	1,8576	2,7864	3,7152	4,6440	5,5729	6,5017	7,4305	8,3593	9,2881		45		15
	40		20	0,9293	1,8587	2,7880	3,7174	4,6467	5,5761	6,5054	7,4348	8,3641	9,2935		40		20
	35		25	0,9299	1,8598	2,7897	3,7195	4,6494	5,5793	6,5092	7,4391	8,3690	9,2988		35		25
	30		30	0,9304	1,8608	2,7913	3,7217	4,6521	5,5825	6,5129	7,4433	8,3738	9,3042		30		30
	25		35	0,9309	1,8619	2,7928	3,7238	4,6547	5,5857	6,5166	7,4476	8,3785	9,3095		25		35
	20		40	0,9315	1,8630	2,7944	3,7259	4,6574	5,5889	6,5204	7,4518	8,3833	9,3148		20		40
	15		45	0,9320	1,8640	2,7960	3,7280	4,6600	5,5920	6,5241	7,4561	8,3881	9,3201		15		45
	10		50	0,9325	1,8651	2,7976	3,7301	4,6627	5,5952	6,5277	7,4603	8,3928	9,3253		10		50
	5	68	55	0,9331	1,8661	2,7992	3,7322	4,6653	5,5983	6,5314	7,4645	8,3975	9,3306		5	158	55
				3	5	8	10	13	15	18	20	23	26				
111	0	**69**	0	0,9336	1,8672	2,8007	3,7343	4,6679	5,6015	6,5351	7,4686	8,4022	9,3358	**21**	0	**159**	0
110	55		5	0,9341	1,8682	2,8023	3,7364	4,6705	5,6046	6,5387	7,4728	8,4069	9,3410	20	55		5
	50		10	0,9346	1,8692	2,8039	3,7385	4,6731	5,6077	6,5423	7,4770	8,4116	9,3462		50		10
	45		15	0,9351	1,8703	2,8054	3,7405	4,6757	5,6108	6,5459	7,4811	8,4162	9,3514		45		15
	40		20	0,9356	1,8713	2,8069	3,7426	4,6782	5,6139	6,5495	7,4852	8,4208	9,3565		40		20
	35		25	0,9362	1,8723	2,8085	3,7446	4,6808	5,6170	6,5531	7,4893	8,4255	9,3616		35		25
	30		30	0,9367	1,8733	2,8100	3,7467	4,6834	5,6200	6,5567	7,4934	8,4300	9,3667		30		30
	25		35	0,9372	1,8744	2,8115	3,7487	4,6859	5,6231	6,5603	7,4974	8,4346	9,3718		25		35
	20		40	0,9377	1,8754	2,8131	3,7507	4,6884	5,6261	6,5638	7,5015	8,4392	9,3769		20		40
	15		45	0,9382	1,8764	2,8146	3,7528	4,6910	5,6291	6,5673	7,5055	8,4437	9,3819		15		45
	10		50	0,9387	1,8774	2,8161	3,7548	4,6935	5,6322	6,5709	7,5096	8,4482	9,3869		10		50
	5	69	55	0,9392	1,8784	2,8176	3,7568	4,6960	5,6352	6,5744	7,5136	8,4527	9,3919		5	159	55
				2	5	7	10	12	15	17	19	22	24				
110	0	**70**	0	0,9397	1,8794	2,8191	3,7588	4,6985	5,6382	6,5778	7,5175	8,4572	9,3969	**20**	0	**160**	0
Grd.	Min.	Grd.	Min.	1	2	3	4	5	6	7	8	9	10	Grd.	Min.	Grd.	Min.
O+, W−		O+, W−												O+, W−		O−, W+	
Streich- und Vertikal-Winkel.				Vielfacher Cosinus. Streichcosinus. Breite. Sohle.										Streich- und Vertikal-Winkel.			

Streich- und Vertikal-Winkel.				Vielfacher Sinus. Streichsinus. Länge. Seigerteufe.										Streich- und Vertikal-Winkel.			
O+, W—		O+, W—												O+, W—		O—, W+	
Grd.	Min.	Grd.	Min.	11	12	13	14	15	16	17	18	19	20	Grd.	Min	Grd.	Min.
				33	36	39	42	45	48	51	54	57	60				
115	0	**65**	0	9,9694	10,8757	11,7820	12,6883	13,5946	14,5009	15,4072	16,3135	17,2198	18,1262	**25**	0	**155**	0
114	55		5	9,9761	10,8831	11,7900	12,6969	13,6038	14,5107	15,4177	16,3246	17,2315	18,1384	24	55		5
	50		10	9,9829	10,8904	11,7979	12,7055	13,6130	14,5205	15,4281	16,3356	17,2431	18,1507		50		10
	45		15	9,9896	10,8977	11,8059	12,7140	13,6221	14,5303	15,4384	16,3466	17,2547	18,1629		45		15
	40		20	9,9963	10,9050	11,8138	12,7225	13,6313	14,5400	15,4488	16,3575	17,2663	18,1750		40		20
	35		25	10,0029	10,9123	11,8216	12,7310	13,6404	14,5497	15,4591	16,3684	17,2778	18,1871		35		25
	30		30	10,0096	10,9195	11,8295	12,7395	13,6494	14,5594	15,4693	16,3793	17,2893	18,1992		30		30
	25		35	10,0162	10,9268	11,8373	12,7479	13,6585	14,5690	15,4796	16,3901	17,3007	18,2113		25		35
	20		40	10,0228	10,9340	11,8451	12,7563	13,6675	14,5786	15,4898	16,4009	17,3121	18,2233		20		40
	15		45	10,0294	10,9411	11,8529	12,7647	13,6764	14,5882	15,5000	16,4117	17,3235	18,2352		15		45
	10		50	10,0359	10,9483	11,8607	12,7730	13,6854	14,5977	15,5101	16,4225	17,3348	18,2472		10		50
	5	65	55	10,0425	10,9554	11,8684	12,7813	13,6943	14,6072	15,5202	16,4332	17,3461	18,2591		5	155	55
				32	35	38	41	44	46	49	52	55	58				
114	0	**66**	0	10,0490	10,9625	11,8761	12,7896	13,7032	14,6167	15,5303	16,4438	17,3574	18,2709	**24**	0	**156**	0
113	55		5	10,0555	10,9696	11,8838	12,7979	13,7120	14,6262	15,5403	16,4544	17,3686	18,2827	23	55		5
	50		10	10,0620	10,9767	11,8914	12,8061	13,7209	14,6356	15,5503	16,4650	17,3798	18,2945		50		10
	45		15	10,0684	10,9837	11,8990	12,8144	13,7297	14,6450	15,5603	16,4756	17,3909	18,3062		45		15
	40		20	10,0749	10,9908	11,9067	12,8225	13,7384	14,6543	15,5702	16,4861	17,4020	18,3179		40		20
	35		25	10,0813	10,9977	11,9142	12,8307	13,7472	14,6637	15,5801	16,4966	17,4131	18,3296		35		25
	30		30	10,0877	11,0047	11,9218	12,8388	13,7559	14,6730	15,5900	16,5071	17,4241	18,3412		30		30
	25		35	10,0940	11,0117	11,9293	12,8469	13,7646	14,6822	15,5999	16,5175	17,4351	18,3528		25		35
	20		40	10,1004	11,0186	11,9368	12,8550	13,7732	14,6915	15,6097	16,5279	17,4461	18,3643		20		40
	15		45	10,1067	11,0255	11,9443	12,8631	13,7819	14,7007	15,6195	16,5382	17,4570	18,3758		15		45
	10		50	10,1130	11,0324	11,9517	12,8711	13,7905	14,7098	15,6292	16,5486	17,4679	18,3873		10		50
	5	66	55	10,1193	11,0392	11,9592	12,8791	13,7990	14,7190	15,6389	16,5588	17,4788	18,3987		5	156	55
				31	33	36	39	42	45	47	50	53	56				
113	0	**67**	0	10,1256	11,0461	11,9666	12,8871	13,8076	14,7281	15,6486	16,5691	17,4896	18,4101	**23**	0	**157**	0
112	55		5	10,1318	11,0529	11,9739	12,8950	13,8161	14,7372	15,6582	16,5793	17,5004	18,4214	22	55		5
	50		10	10,1380	11,0597	11,9813	12,9029	13,8246	14,7462	15,6678	16,5895	17,5111	18,4328		50		10
	45		15	10,1442	11,0664	11,9886	12,9108	13,8330	14,7552	15,6774	16,5996	17,5218	18,4440		45		15
	40		20	10,1504	11,0731	11,9959	12,9187	13,8414	14,7642	15,6870	16,6097	17,5325	18,4552		40		20
	35		25	10,1565	11,0799	12,0032	12,9265	13,8498	14,7732	15,6965	16,6198	17,5431	18,4664		35		25
	30		30	10,1627	11,0866	12,0104	12,9343	13,8582	14,7821	15,7060	16,6298	17,5537	18,4776		30		30
	25		35	10,1688	11,0932	12,0177	12,9421	13,8665	14,7910	15,7154	16,6398	17,5643	18,4887		25		35
	20		40	10,1749	11,0999	12,0249	12,9498	13,8748	14,7998	15,7248	16,6498	17,5748	18,4998		20		40
	15		45	10,1809	11,1065	12,0320	12,9576	13,8831	14,8086	15,7342	16,6597	17,5853	18,5108		15		45
	10		50	10,1870	11,1131	12,0392	12,9653	13,8914	14,8174	15,7435	16,6696	17,5957	18,5218		10		50
	5	67	55	10,1930	11,1197	12,0463	12,9729	13,8996	14,8262	15,7528	16,6795	17,6061	18,5328		5	157	55
				29	32	35	37	40	43	45	48	51	53				
112	0	**68**	0	10,1990	11,1262	12,0534	12,9806	13,9078	14,8349	15,7621	16,6893	17,6165	18,5437	**22**	0	**158**	0
111	55		5	10,2050	11,1327	12,0605	12,9882	13,9159	14,8436	15,7714	16,6991	17,6268	18,5546	21	55		5
	50		10	10,2110	11,1392	12,0675	12,9958	13,9240	14,8523	15,7806	16,7089	17,6371	18,5654		50		10
	45		15	10,2169	11,1457	12,0745	13,0033	13,9321	14,8610	15,7898	16,7186	17,6474	18,5762		45		15
	40		20	10,2228	11,1522	12,0815	13,0109	13,9402	14,8696	15,7989	16,7283	17,6576	18,5870		40		20
	35		25	10,2287	11,1586	12,0885	13,0184	13,9483	14,8781	15,8080	16,7379	17,6678	18,5977		35		25
	30		30	10,2346	11,1650	12,0954	13,0258	13,9563	14,8867	15,8171	16,7475	17,6779	18,6084		30		30
	25		35	10,2404	11,1714	12,1023	13,0333	13,9642	14,8952	15,8261	16,7571	17,6880	18,6190		25		35
	20		40	10,2463	11,1778	12,1092	13,0407	13,9722	14,9037	15,8352	16,7666	17,6981	18,6296		20		40
	15		45	10,2521	11,1841	12,1161	13,0481	13,9801	14,9121	15,8441	16,7761	17,7081	18,6402		15		45
	10		50	10,2579	11,1904	12,1229	13,0555	13,9880	14,9205	15,8531	16,7856	17,7181	18,6507		10		50
	5	68	55	10,2636	11,1967	12,1298	13,0628	13,9959	14,9289	15,8620	16,7950	17,7281	18,6612		5	158	55
				28	31	33	36	38	41	43	46	48	51				
111	0	**69**	0	10,2694	11,2030	12,1365	13,0701	14,0037	14,9373	15,8709	16,8044	17,7380	18,6716	**21**	0	**159**	0
110	55		5	10,2751	11,2092	12,1433	13,0774	14,0115	14,9456	15,8797	16,8138	17,7479	18,6820	20	55		5
	50		10	10,2808	11,2154	12,1500	13,0847	14,0193	14,9539	15,8885	16,8231	17,7578	18,6924		50		10
	45		15	10,2865	11,2216	12,1568	13,0919	14,0270	14,9622	15,8973	16,8324	17,7676	18,7027		45		15
	40		20	10,2921	11,2278	12,1634	13,0991	14,0347	14,9704	15,9060	16,8417	17,7773	18,7130		40		20
	35		25	10,2978	11,2339	12,1701	13,1063	14,0424	14,9786	15,9148	16,8509	17,7871	18,7232		35		25
	30		30	10,3034	11,2401	12,1767	13,1134	14,0501	14,9868	15,9234	16,8601	17,7968	18,7334		30		30
	25		35	10,3090	11,2462	12,1833	13,1205	14,0577	14,9949	15,9321	16,8692	17,8064	18,7436		25		35
	20		40	10,3146	11,2522	12,1899	13,1276	14,0653	15,0030	15,9407	16,8784	17,8161	18,7537		20		40
	15		45	10,3201	11,2583	12,1965	13,1347	14,0729	15,0111	15,9493	16,8874	17,8256	18,7638		15		45
	10		50	10,3256	11,2643	12,2030	13,1417	14,0804	15,0191	15,9578	16,8965	17,8352	18,7739		10		50
	5	69	55	10,3311	11,2703	12,2095	13,1487	14,0879	15,0271	15,9663	16,9055	17,8447	18,7839		5	159	55
				27	29	32	34	36	39	41	44	46	49				
110	0	**70**	0	10,3366	11,2763	12,2160	13,1557	14,0954	15,0351	15,9748	16,9145	17,8542	18,7939	**20**	0	**160**	0
Grd.	Min.	Grd.	Min.	11	12	13	14	15	16	17	18	19	20	Grd.	Min.	Grd.	Min.
O+, W—		O+, W—												O+, W—		O—, W+	
Streich- und Vertikal-Winkel.				Vielfacher Cosinus. Streichcosinus. Breite. Sohle.										Streich- und Vertikal-Winkel.			

Streich- und Vertikal-Winkel.				Vielfacher Sinus. Streichsinus. Länge. Seigerteufe.										Streich- und Vertikal-Winkel.			
O+, W—		O+, W—												O+, W—		O—, W+	
Grd.	Min.	Grd.	Min.	1	2	3	4	5	6	7	8	9	10	Grd.	Min.	Grd.	Min.
				2	5	7	10	12	15	17	19	22	24				
110	0	**70**	0	0,9397	1,8794	2,8191	3,7588	4,6985	5,6382	6,5778	7,5175	8,4572	9,3969	**20**	0	**160**	0
109	55		5	0,9402	1,8804	2,8206	3,7608	4,7009	5,6411	6,5813	7,5215	8,4617	9,4019	19	55		5
	50		10	0,9407	1,8814	2,8221	3,7627	4,7034	5,6441	6,5848	7,5255	8,4662	9,4068		50		10
	45		15	0,9412	1,8824	2,8235	3,7647	4,7059	5,6471	6,5882	7,5294	8,4706	9,4118		45		15
	40		20	0,9417	1,8833	2,8250	3,7667	4,7083	5,6500	6,5917	7,5333	8,4750	9,4167		40		20
	35		25	0,9422	1,8843	2,8265	3,7686	4,7108	5,6529	6,5951	7,5372	8,4794	9,4215		35		25
	30		30	0,9426	1,8853	2,8279	3,7706	4,7132	5,6558	6,5985	7,5411	8,4838	9,4264		30		30
	25		35	0,9431	1,8863	2,8294	3,7725	4,7156	5,6588	6,6019	7,5450	8,4881	9,4313		25		35
	20		40	0,9436	1,8872	2,8308	3,7744	4,7180	5,6617	6,6053	7,5489	8,4925	9,4361		20		40
	15		45	0,9441	1,8882	2,8323	3,7764	4,7204	5,6645	6,6086	7,5527	8,4968	9,4409		15		45
	10		50	0,9446	1,8891	2,8337	3,7783	4,7228	5,6674	6,6120	7,5565	8,5011	9,4457		10		50
	5	70	55	0,9450	1,8901	2,8351	3,7802	4,7252	5,6703	6,6153	7,5604	8,5054	9,4504		5	160	55
				2	5	7	9	12	14	16	19	21	23				
109	0	**71**	0	0,9455	1,8910	2,8366	3,7821	4,7276	5,6731	6,6186	7,5641	8,5097	9,4552	**19**	0	**161**	0
108	55		5	0,9460	1,8920	2,8380	3,7840	4,7300	5,6759	6,6219	7,5679	8,5139	9,4599	18	55		5
	50		10	0,9465	1,8929	2,8394	3,7858	4,7323	5,6788	6,6252	7,5717	8,5182	9,4646		50		10
	45		15	0,9469	1,8939	2,8408	3,7877	4,7347	5,6816	6,6285	7,5754	8,5224	9,4693		45		15
	40		20	0,9474	1,8948	2,8422	3,7896	4,7370	5,6844	6,6318	7,5792	8,5266	9,4740		40		20
	35		25	0,9479	1,8957	2,8436	3,7914	4,7393	5,6872	6,6350	7,5829	8,5308	9,4786		35		25
	30		30	0,9483	1,8966	2,8450	3,7933	4,7416	5,6899	6,6383	7,5866	8,5349	9,4832		30		30
	25		35	0,9488	1,8976	2,8464	3,7951	4,7439	5,6927	6,6415	7,5903	8,5391	9,4878		25		35
	20		40	0,9492	1,8985	2,8477	3,7970	4,7462	5,6955	6,6447	7,5939	8,5432	9,4924		20		40
	15		45	0,9497	1,8994	2,8491	3,7988	4,7485	5,6982	6,6479	7,5976	8,5473	9,4970		15		45
	10		50	0,9502	1,9003	2,8505	3,8006	4,7508	5,7009	6,6511	7,6012	8,5514	9,5015		10		50
	5	71	55	0,9506	1,9012	2,8518	3,8024	4,7530	5,7036	6,6542	7,6048	8,5555	9,5061		5	161	55
				2	4	7	9	11	13	15	18	20	22				
108	0	**72**	0	0,9511	1,9021	2,8532	3,8042	4,7553	5,7063	6,6574	7,6085	8,5595	9,5106	**18**	0	**162**	0
107	55		5	0,9515	1,9030	2,8545	3,8060	4,7575	5,7090	6,6605	7,6120	8,5635	9,5150	17	55		5
	50		10	0,9520	1,9039	2,8559	3,8078	4,7598	5,7117	6,6637	7,6156	8,5676	9,5195		50		10
	45		15	0,9524	1,9048	2,8572	3,8096	4,7620	5,7144	6,6668	7,6192	8,5716	9,5240		45		15
	40		20	0,9528	1,9057	2,8585	3,8114	4,7642	5,7170	6,6699	7,6227	8,5755	9,5284		40		20
	35		25	0,9533	1,9066	2,8598	3,8131	4,7664	5,7197	6,6730	7,6262	8,5795	9,5328		35		25
	30		30	0,9537	1,9074	2,8612	3,8149	4,7686	5,7223	6,6760	7,6297	8,5835	9,5372		30		30
	25		35	0,9542	1,9083	2,8625	3,8166	4,7708	5,7249	6,6791	7,6332	8,5874	9,5415		25		35
	20		40	0,9546	1,9092	2,8638	3,8184	4,7729	5,7275	6,6821	7,6367	8,5913	9,5459		20		40
	15		45	0,9550	1,9100	2,8651	3,8201	4,7751	5,7301	6,6851	7,6402	8,5952	9,5502		15		45
	10		50	0,9555	1,9109	2,8664	3,8218	4,7773	5,7327	6,6882	7,6436	8,5991	9,5545		10		50
	5	72	55	0,9559	1,9118	2,8676	3,8235	4,7794	5,7353	6,6911	7,6470	8,6029	9,5588		5	162	55
				2	4	6	8	10	12	14	17	19	21				
107	0	**73**	0	0,9563	1,9126	2,8689	3,8252	4,7815	5,7378	6,6941	7,6504	8,6067	9,5630	**17**	0	**163**	0
106	55		5	0,9567	1,9135	2,8702	3,8269	4,7836	5,7404	6,6971	7,6538	8,6106	9,5673	16	55		5
	50		10	0,9572	1,9143	2,8715	3,8286	4,7858	5,7429	6,7001	7,6572	8,6144	9,5715		50		10
	45		15	0,9576	1,9151	2,8727	3,8303	4,7879	5,7454	6,7030	7,6606	8,6181	9,5757		45		15
	40		20	0,9580	1,9160	2,8740	3,8320	4,7899	5,7479	6,7059	7,6639	8,6219	9,5799		40		20
	35		25	0,9584	1,9168	2,8752	3,8336	4,7920	5,7504	6,7088	7,6672	8,6257	9,5841		35		25
	30		30	0,9588	1,9176	2,8765	3,8353	4,7941	5,7529	6,7117	7,6706	8,6294	9,5882		30		30
	25		35	0,9592	1,9185	2,8777	3,8369	4,7962	5,7554	6,7146	7,6739	8,6331	9,5923		25		35
	20		40	0,9596	1,9193	2,8789	3,8386	4,7982	5,7579	6,7175	7,6771	8,6368	9,5964		20		40
	15		45	0,9600	1,9201	2,8801	3,8402	4,8002	5,7603	6,7203	7,6804	8,6404	9,6005		15		45
	10		50	0,9605	1,9209	2,8814	3,8418	4,8023	5,7627	6,7232	7,6836	8,6441	9,6046		10		50
	5	73	55	0,9609	1,9217	2,8826	3,8434	4,8043	5,7652	6,7260	7,6869	8,6477	9,6086		5	163	55
				2	4	6	8	10	12	14	16	18	19				
106	0	**74**	0	0,9613	1,9225	2,8838	3,8450	4,8063	5,7676	6,7288	7,6901	8,6514	9,6126	**16**	0	**164**	0
105	55		5	0,9617	1,9233	2,8850	3,8466	4,8083	5,7700	6,7316	7,6933	8,6550	9,6166	15	55		5
	50		10	0,9621	1,9241	2,8862	3,8482	4,8103	5,7724	6,7344	7,6965	8,6585	9,6206		50		10
	45		15	0,9625	1,9249	2,8874	3,8498	4,8123	5,7747	6,7372	7,6996	8,6621	9,6246		45		15
	40		20	0,9628	1,9257	2,8885	3,8514	4,8142	5,7771	6,7399	7,7028	8,6656	9,6285		40		20
	35		25	0,9632	1,9265	2,8897	3,8530	4,8162	5,7794	6,7427	7,7059	8,6692	9,6324		35		25
	30		30	0,9636	1,9273	2,8909	3,8545	4,8182	5,7818	6,7454	7,7090	8,6727	9,6363		30		30
	25		35	0,9640	1,9280	2,8921	3,8561	4,8201	5,7841	6,7481	7,7121	8,6762	9,6402		25		35
	20		40	0,9644	1,9288	2,8932	3,8576	4,8220	5,7864	6,7508	7,7152	8,6796	9,6440		20		40
	15		45	0,9648	1,9296	2,8944	3,8591	4,8239	5,7887	6,7535	7,7183	8,6831	9,6479		15		45
	10		50	0,9652	1,9303	2,8955	3,8607	4,8258	5,7910	6,7562	7,7214	8,6865	9,6517		10		50
	5	74	55	0,9655	1,9311	2,8966	3,8622	4,8277	5,7933	6,7588	7,7244	8,6899	9,6555		5	164	55
				2	4	5	7	9	11	13	15	16	18				
105	0	**75**	0	0,9659	1,9319	2,8978	3,8637	4,8296	5,7956	6,7615	7,7274	8,6933	9,6593	**15**	0	**165**	0
Grd.	Min.	Grd.	Min.	1	2	3	4	5	6	7	8	9	10	Grd.	Min.	Grd.	Min.
O+, W—		O+, W—												O+, W—		O—, W+	
Streich- und Vertikal-Winkel.				Vielfacher Cosinus. Streichcosinus. Breite. Sohle.										Streich- und Vertikal-Winkel.			

Streich- und Vertikal-Winkel. O+, W—		O+, W—		Vielfacher Sinus. Streichsinus. Länge. Seigerteufe.										Streich- und Vertikal-Winkel. O+, W—		O—, W+	
Grd.	Min.	Grd.	Min.	11	12	13	14	15	16	17	18	19	20	Grd.	Min.	Grd.	Min.
				27	29	32	34	36	39	41	44	46	49				
110	0	**70**	0	10,3366	11,2763	12,2160	13,1557	14,0954	15,0351	15,9748	16,9145	17,8542	18,7939	**20**	0	**160**	0
109	55		5	10,3421	11,2823	12,2225	13,1626	14,1028	15,0430	15,9832	16,9234	17,8636	18,8038	19	55		5
	50		10	10,3475	11,2882	12,2289	13,1696	14,1103	15,0509	15,9916	16,9323	17,8730	18,8137		50		10
	45		15	10,3529	11,2941	12,2353	13,1765	14,1176	15,0588	16,0000	16,9412	17,8823	18,8235		45		15
	40		20	10,3583	11,3000	12,2417	13,1833	14,1250	15,0667	16,0083	16,9500	17,8917	18,8333		40		20
	35		25	10,3637	11,3059	12,2480	13,1902	14,1323	15,0745	16,0166	16,9588	17,9009	18,8431		35		25
	30		30	10,3691	11,3117	12,2543	13,1970	14,1396	15,0823	16,0249	16,9675	17,9102	18,8528		30		30
	25		35	10,3744	11,3175	12,2606	13,2038	14,1469	15,0900	16,0331	16,9763	17,9194	18,8625		25		35
	20		40	10,3797	11,3233	12,2669	13,2105	14,1541	15,0977	16,0413	16,9850	17,9286	18,8722		20		40
	15		45	10,3850	11,3291	12,2732	13,2172	14,1613	15,1054	16,0495	16,9936	17,9377	18,8818		15		45
	10		50	10,3902	11,3348	12,2794	13,2239	14,1685	15,1131	16,0576	17,0022	17,9468	18,8914		10		50
	5	70	55	10,3955	11,3405	12,2856	13,2306	14,1757	15,1207	16,0657	17,0108	17,9558	18,9009		5	160	55
				25	28	30	32	35	37	39	42	44	46				
109	0	**71**	0	10,4007	11,3462	12,2917	13,2373	14,1828	15,1283	16,0738	17,0193	17,9649	18,9104	**19**	0	**161**	0
108	55		5	10,4059	11,3519	12,2979	13,2439	14,1899	15,1359	16,0818	17,0278	17,9738	18,9198	18	55		5
	50		10	10,4111	11,3575	12,3040	13,2505	14,1969	15,1434	16,0898	17,0363	17,9828	18,9292		50		10
	45		15	10,4162	11,3632	12,3101	13,2570	14,2040	15,1509	16,0978	17,0447	17,9917	18,9386		45		15
	40		20	10,4214	11,3688	12,3162	13,2636	14,2109	15,1583	16,1057	17,0531	18,0005	18,9479		40		20
	35		25	10,4265	11,3743	12,3222	13,2701	14,2179	15,1658	16,1136	17,0615	18,0094	18,9572		35		25
	30		30	10,4316	11,3799	12,3282	13,2765	14,2249	15,1732	16,1215	17,0698	18,0181	18,9665		30		30
	25		35	10,4366	11,3854	12,3342	13,2830	14,2318	15,1805	16,1293	17,0781	18,0269	18,9757		25		35
	20		40	10,4417	11,3909	12,3402	13,2894	14,2386	15,1879	16,1371	17,0864	18,0356	18,9849		20		40
	15		45	10,4467	11,3964	12,3461	13,2958	14,2455	15,1952	16,1449	17,0946	18,0443	18,9940		15		45
	10		50	10,4517	11,4018	12,3520	13,3022	14,2523	15,2025	16,1526	17,1028	18,0529	19,0031		10		50
	5	71	55	10,4567	11,4073	12,3579	13,3085	14,2591	15,2097	16,1603	17,1109	18,0615	19,0121		5	161	55
				24	26	28	31	33	35	37	39	42	44				
108	0	**72**	0	10,4616	11,4127	12,3637	13,3148	14,2658	15,2169	16,1680	17,1190	18,0701	19,0211	**18**	0	**162**	0
107	55		5	10,4666	11,4181	12,3696	13,3211	14,2726	15,2241	16,1756	17,1271	18,0786	19,0301	17	55		5
	50		10	10,4715	11,4234	12,3754	13,3273	14,2793	15,2312	16,1832	17,1351	18,0871	19,0390		50		10
	45		15	10,4764	11,4287	12,3811	13,3335	14,2859	15,2383	16,1907	17,1431	18,0955	19,0479		45		15
	40		20	10,4812	11,4341	12,3869	13,3397	14,2926	15,2454	16,1982	17,1511	18,1039	19,0568		40		20
	35		25	10,4861	11,4393	12,3926	13,3459	14,2992	15,2525	16,2057	17,1590	18,1123	19,0656		35		25
	30		30	10,4909	11,4446	12,3983	13,3520	14,3058	15,2595	16,2132	17,1669	18,1206	19,0743		30		30
	25		35	10,4957	11,4498	12,4040	13,3581	14,3123	15,2665	16,2206	17,1748	18,1289	19,0831		25		35
	20		40	10,5005	11,4551	12,4096	13,3642	14,3188	15,2734	16,2280	17,1826	18,1372	19,0918		20		40
	15		45	10,5052	11,4602	12,4153	13,3703	14,3253	15,2803	16,2353	17,1904	18,1454	19,1004		15		45
	10		50	10,5100	11,4654	12,4209	13,3763	14,3318	15,2872	16,2427	17,1981	18,1536	19,1090		10		50
	5	72	55	10,5147	11,4705	12,4264	13,3823	14,3382	15,2941	16,2499	17,2058	18,1617	19,1176		5	162	55
				23	25	27	29	31	33	35	37	39	41				
107	0	**73**	0	10,5194	11,4757	12,4320	13,3883	14,3446	15,3009	16,2572	17,2135	18,1698	19,1261	**17**	0	**163**	0
106	55		5	10,5240	11,4807	12,4375	13,3942	14,3509	15,3077	16,2644	17,2211	18,1779	19,1346	16	55		5
	50		10	10,5287	11,4858	12,4430	13,4001	14,3573	15,3144	16,2716	17,2287	18,1859	19,1430		50		10
	45		15	10,5333	11,4909	12,4484	13,4060	14,3636	15,3211	16,2787	17,2363	18,1939	19,1514		45		15
	40		20	10,5379	11,4959	12,4539	13,4119	14,3698	15,3278	16,2858	17,2438	18,2018	19,1598		40		20
	35		25	10,5425	11,5009	12,4593	13,4177	14,3761	15,3345	16,2929	17,2513	18,2097	19,1681		35		25
	30		30	10,5470	11,5058	12,4647	13,4235	14,3823	15,3411	16,2999	17,2588	18,2176	19,1764		30		30
	25		35	10,5515	11,5108	12,4700	13,4292	14,3885	15,3477	16,3069	17,2662	18,2254	19,1846		25		35
	20		40	10,5561	11,5157	12,4753	13,4350	14,3946	15,3543	16,3139	17,2736	18,2332	19,1928		20		40
	15		45	10,5605	11,5206	12,4806	13,4407	14,4007	15,3608	16,3208	17,2809	18,2409	19,2010		15		45
	10		50	10,5650	11,5255	12,4859	13,4464	14,4068	15,3673	16,3277	17,2882	18,2487	19,2091		10		50
	5	73	55	10,5695	11,5303	12,4912	13,4520	14,4129	15,3738	16,3346	17,2955	18,2563	19,2172		5	163	55
				21	23	25	27	29	31	33	35	37	39				
106	0	**74**	0	10,5739	11,5351	12,4964	13,4577	14,4189	15,3802	16,3414	17,3027	18,2640	19,2252.	**16**	0	**164**	0
105	55		5	10,5783	11,5399	12,5016	13,4633	14,4249	15,3866	16,3482	17,3099	18,2716	19,2332	15	55		5
	50		10	10,5827	11,5447	12,5068	13,4688	14,4309	15,3930	16,3550	17,3171	18,2791	19,2412		50		10
	45		15	10,5870	11,5495	12,5119	13,4744	14,4368	15,3993	16,3617	17,3242	18,2866	19,2491		45		15
	40		20	10,5913	11,5542	12,5170	13,4799	14,4427	15,4056	16,3684	17,3313	18,2941	19,2570		40		20
	35		25	10,5956	11,5589	12,5221	13,4854	14,4486	15,4119	16,3751	17,3383	18,3016	19,2648		35		25
	30		30	10,5999	11,5636	12,5272	13,4908	14,4545	15,4181	16,3817	17,3453	18,3090	19,2726		30		30
	25		35	10,6042	11,5682	12,5322	13,4963	14,4603	15,4243	16,3883	17,3523	18,3163	19,2804		25		35
	20		40	10,6084	11,5728	12,5372	13,5017	14,4661	15,4305	16,3949	17,3593	18,3237	19,2881		20		40
	15		45	10,6127	11,5774	12,5422	13,5070	14,4718	15,4366	16,4014	17,3662	18,3310	19,2957		15		45
	10		50	10,6169	11,5820	12,5472	13,5124	14,4775	15,4427	16,4079	17,3730	18,3382	19,3034		10		50
	5	74	55	10,6210	11,5866	12,5521	13,5177	14,4832	15,4488	16,4143	17,3799	18,3454	19,3110		5	164	55
				20	22	24	26	27	29	31	33	35	37				
105	0	**75**	0	10,6252	11,5911	12,5570	13,5230	14,4889	15,4548	16,4207	17,3867	18,3526	19,3185	**15**	0	**165**	0
Grd.	Min.	Grd.	Min.	11	12	13	14	15	16	17	18	19	20	Grd.	Min.	Grd.	Min.
O+, W— Streich- und Vertikal-Winkel.		O+, W—		Vielfacher Cosinus. Streichcosinus. Breite. Sohle.										O+, W— Streich- und Vertikal-Winkel.		O—, W+	

Streich- und Vertikal-Winkel. O+, W—		O+, W—		Vielfacher Sinus. Streichsinus. Länge. Seigerteufe.										Streich- und Vertikal-Winkel. O+, W—		O—, W+	
Grd.	Min.	Grd.	Min.	1	2	3	4	5	6	7	8	9	10	Grd.	Min.	Grd.	Min.
				2	4	5	7	9	11	13	15	16	18				
105	0	**75**	0	0,9659	1,9319	2,8978	3,8637	4,8296	5,7956	6,7615	7,7274	8,6933	9,6593	**15**	0	**165**	0
104	55		5	0,9663	1,9326	2,8989	3,8652	4,8315	5,7978	6,7641	7,7304	8,6967	9,6630	14	55		5
	50		10	0,9667	1,9333	2,9000	3,8667	4,8334	5,8000	6,7667	7,7334	8,7001	9,6667		50		10
	45		15	0,9670	1,9341	2,9011	3,8682	4,8352	5,8023	6,7693	7,7364	8,7034	9,6705		45		15
	40		20	0,9674	1,9348	2,9022	3,8697	4,8371	5,8045	6,7719	7,7393	8,7067	9,6742		40		20
	35		25	0,9678	1,9356	2,9033	3,8711	4,8389	5,8067	6,7745	7,7423	8,7100	9,6778		35		25
	30		30	0,9681	1,9363	2,9044	3,8726	4,8407	5,8089	6,7770	7,7452	8,7133	9,6815		30		30
	25		35	0,9685	1,9370	2,9055	3,8740	4,8426	5,8111	6,7796	7,7481	8,7166	9,6851		25		35
	20		40	0,9689	1,9377	2,9066	3,8755	4,8444	5,8132	6,7821	7,7510	8,7198	9,6887		20		40
	15		45	0,9692	1,9385	2,9077	3,8769	4,8462	5,8154	6,7846	7,7538	8,7231	9,6923		15		45
	10		50	0,9696	1,9392	2,9088	3,8784	4,8479	5,8175	6,7871	7,7567	8,7263	9,6959		10		50
	5	75	55	0,9699	1,9399	2,9098	3,8798	4,8497	5,8197	6,7896	7,7595	8,7295	9,6994		5	165	55
				2	3	5	7	9	10	12	14	15	17				
104	0	**76**	0	0,9703	1,9406	2,9109	3,8812	4,8515	5,8218	6,7921	7,7624	8,7327	9,7030	**14**	0	**166**	0
103	55		5	0,9706	1,9413	2,9119	3,8826	4,8532	5,8239	6,7945	7,7652	8,7358	9,7065	13	55		5
	50		10	0,9710	1,9420	2,9130	3,8840	4,8550	5,8260	6,7970	7,7680	8,7390	9,7100		50		10
	45		15	0,9713	1,9427	2,9140	3,8854	4,8567	5,8281	6,7994	7,7707	8,7421	9,7134		45		15
	40		20	0,9717	1,9434	2,9151	3,8867	4,8584	5,8301	6,8018	7,7735	8,7452	9,7169		40		20
	35		25	0,9720	1,9441	2,9161	3,8881	4,8601	5,8322	6,8042	7,7762	8,7483	9,7203		35		25
	30		30	0,9724	1,9447	2,9171	3,8895	4,8618	5,8342	6,8066	7,7790	8,7513	9,7237		30		30
	25		35	0,9727	1,9454	2,9181	3,8908	4,8635	5,8363	6,8090	7,7817	8,7544	9,7271		25		35
	20		40	0,9730	1,9461	2,9191	3,8922	4,8652	5,8383	6,8113	7,7844	8,7574	9,7304		20		40
	15		45	0,9734	1,9468	2,9201	3,8935	4,8669	5,8403	6,8137	7,7870	8,7604	9,7338		15		45
	10		50	0,9737	1,9474	2,9211	3,8948	4,8686	5,8423	6,8160	7,7897	8,7634	9,7371		10		50
	5	76	55	0,9740	1,9481	2,9221	3,8962	4,8702	5,8443	6,8183	7,7923	8,7664	9,7404		5	166	55
				2	3	5	6	8	9	11	13	14	16				
103	0	**77**	0	0,9744	1,9487	2,9231	3,8975	4,8719	5,8462	6,8206	7,7950	8,7693	9,7437	**13**	0	**167**	0
102	55		5	0,9747	1,9494	2,9241	3,8988	4,8735	5,8482	6,8229	7,7976	8,7723	9,7470	12	55		5
	50		10	0,9750	1,9500	2,9251	3,9001	4,8751	5,8501	6,8251	7,8002	8,7752	9,7502		50		10
	45		15	0,9753	1,9507	2,9260	3,9014	4,8767	5,8521	6,8274	7,8027	8,7781	9,7534		45		15
	40		20	0,9757	1,9513	2,9270	3,9026	4,8783	5,8540	6,8296	7,8053	8,7810	9,7566		40		20
	35		25	0,9760	1,9520	2,9279	3,9039	4,8799	5,8559	6,8319	7,8078	8,7838	9,7598		35		25
	30		30	0,9763	1,9526	2,9289	3,9052	4,8815	5,8578	6,8341	7,8104	8,7867	9,7630		30		30
	25		35	0,9766	1,9532	2,9298	3,9064	4,8830	5,8597	6,8363	7,8129	8,7895	9,7661		25		35
	20		40	0,9769	1,9538	2,9308	3,9077	4,8846	5,8615	6,8385	7,8154	8,7923	9,7692		20		40
	15		45	0,9772	1,9545	2,9317	3,9089	4,8862	5,8634	6,8406	7,8178	8,7951	9,7723		15		45
	10		50	0,9775	1,9551	2,9326	3,9102	4,8877	5,8652	6,8428	7,8203	8,7978	9,7754		10		50
	5	77	55	0,9778	1,9557	2,9335	3,9114	4,8892	5,8671	6,8449	7,8228	8,8006	9,7784		5	167	55
				1	3	4	6	7	9	10	12	13	15				
102	0	**78**	0	0,9781	1,9563	2,9344	3,9126	4,8907	5,8689	6,8470	7,8252	8,8033	9,7815	**12**	0	**168**	0
101	55		5	0,9784	1,9569	2,9353	3,9138	4,8922	5,8707	6,8491	7,8276	8,8060	9,7845	11	55		5
	50		10	0,9787	1,9575	2,9362	3,9150	4,8937	5,8725	6,8512	7,8300	8,8087	9,7875		50		10
	45		15	0,9790	1,9581	2,9371	3,9162	4,8952	5,8743	6,8533	7,8324	8,8114	9,7905		45		15
	40		20	0,9793	1,9587	2,9380	3,9174	4,8967	5,8760	6,8554	7,8347	8,8141	9,7934		40		20
	35		25	0,9796	1,9593	2,9389	3,9185	4,8982	5,8778	6,8574	7,8371	8,8167	9,7963		35		25
	30		30	0,9799	1,9598	2,9398	3,9197	4,8996	5,8795	6,8595	7,8394	8,8193	9,7992		30		30
	25		35	0,9802	1,9604	2,9406	3,9209	4,9011	5,8813	6,8615	7,8417	8,8219	9,8021		25		35
	20		40	0,9805	1,9610	2,9415	3,9220	4,9025	5,8830	6,8635	7,8440	8.8245	9,8050		20		40
	15		45	0,9808	1,9616	2 9424	3,9231	4,9039	5,8847	6,8655	7,8463	8,8271	9,8079		15		45
	10		50	0,9811	1,9621	2,9432	3,9243	4,9053	5,8864	6,8675	7,8485	8,8296	9,8107		10		50
	5	78	55	0,9813	1,9627	2,9440	3,9254	4,9067	5,8881	6,8694	7,8508	8,8321	9,8135		5	168	55
				1	3	4	5	7	8	9	11	12	13				
101	0	**79**	0	0,9816	1,9633	2,9449	3,9265	4,9081	5,8898	6,8714	7,8530	8,8346	9,8163	**11**	0	**169**	0
100	55		5	0,9819	1,9638	2,9457	3,9276	4,9095	5,8914	6,8733	7,8552	8,8371	9,8190	10	55		5
	50		10	0,9822	1,9644	2,9465	3,9287	4,9109	5,8931	6,8752	7,8574	8,8396	9,8218		50		10
	45		15	0,9825	1,9649	2,9474	3,9298	4,9123	5,8947	6,8772	7,8596	8,8421	9,8245		45		15
	40		20	0,9827	1,9654	2,9482	3,9309	4,9136	5,8963	6,8790	7,8618	8,8445	9,8272		40		20
	35		25	0,9830	1,9660	2,9490	3,9320	4,9149	5,8979	6,8809	7,8639	8,8469	9,8299		35		25
	30		30	0,9833	1,9665	2,9498	3,9330	4,9163	5,8995	6,8828	7,8660	8,8493	9,8325		30		30
	25		35	0,9835	1,9670	2,9506	3,9341	4,9176	5,9011	6,8846	7,8682	8,8517	9,8352		25		35
	20		40	0,9838	1,9676	2,9513	3,9351	4,9189	5,9027	6,8865	7,8702	8,8540	9,8378		20		40
	15		45	0,9840	1,9681	2,9521	3,9362	4,9202	5,9042	6,8883	7,8723	8,8564	9,8404		15		45
	10		50	0,9843	1,9686	2,9529	3,9372	4,9215	5,9058	6,8901	7,8744	8,8587	9,8430		10		50
	5	79	55	0,9846	1,9691	2,9537	3,9382	4,9228	5,9073	6,8919	7,8764	8,8610	9,8455		5	169	55
				1	2	4	5	6	7	8	10	11	12				
100	0	**80**	0	0,9848	1,9696	2,9544	3,9392	4,9240	5,9088	6,8937	7,8785	8,8633	9,8481	**10**	0	**170**	0
Grd.	Min.	Grd.	Min.	1	2	3	4	5	6	7	8	9	10	Grd.	Min.	Grd.	Min.
O+, W— Streich- und Vertikal-Winkel.		O+, W—		Vielfacher Cosinus. Streichcosinus. Breite. Sohle.										O+, W— Streich- und Vertikal-Winkel.		O—, W+	

Vielfacher Sinus. Streichsinus. Länge. Seigerteufe.

Streich- und Vertikal-Winkel. O+, W−		O+, W−												Streich- und Vertikal-Winkel. O+, W−		O−, W+	
Grd.	Min.	Grd.	Min.	11	12	13	14	15	16	17	18	19	20	Grd.	Min.	Grd.	Min.
				20	22	24	26	27	29	31	33	35	37				
105	0	**75**	0	10,6252	11,5911	12,5570	13,5230	14,4889	15,4548	16,4207	17,3867	18,3526	19,3185	**15**	0	**165**	0
104	55		5	10,6293	11,5956	12,5619	13,5282	14,4945	15,4608	16,4271	17,3934	18,3597	19,3260	14	55		5
	50		10	10,6334	11,6001	12,5668	13,5334	14,5001	15,4668	16,4335	17,4001	18,3668	19,3335		50		10
	45		15	10,6375	11,6046	12,5716	13,5386	14,5057	15,4727	16,4398	17,4068	18,3739	19,3409		45		15
	40		20	10,6416	11,6090	12,5764	13,5438	14,5112	15,4786	16,4461	17,4135	18,3809	19,3483		40		20
	35		25	10,6456	11,6134	12,5812	13,5490	14,5167	15,4845	16,4523	17,4201	18,3879	19,3556		35		25
	30		30	10,6496	11,6178	12,5859	13,5541	14,5222	15,4904	16,4585	17,4267	18,3948	19,3630		30		30
	25		35	10,6536	11,6221	12,5906	13,5592	14,5277	15,4962	16,4647	17,4332	18,4017	19,3702		25		35
	20		40	10,6576	11,6265	12,5953	13,5642	14,5331	15,5019	16,4708	17,4397	18,4086	19,3774		20		40
	15		45	10,6615	11,6308	12,6000	13,5692	14,5385	15,5077	16,4769	17,4462	18,4154	19,3846		15		45
	10		50	10,6655	11,6351	12,6046	13,5742	14,5438	15,5134	16,4830	17,4526	18,4222	19,3918		10		50
	5	75	55	10,6694	11,6393	12,6093	13,5792	14,5491	15,5191	16,4890	17,4590	18,4289	19,3989		5	165	55
				19	20	22	24	26	27	29	31	32	34				
104	0	**76**	0	10,6733	11,6435	12,6138	13,5841	14,5544	15,5247	16,4950	17,4653	18,4356	19,4059	**14**	0	**166**	0
103	55		5	10,6771	11,6478	12,6184	13,5891	14,5597	15,5303	16,5010	17,4716	18,4423	19,4129	13	55		5
	50		10	10,6809	11,6519	12,6229	13,5939	14,5649	15,5359	16,5069	17,4779	18,4489	19,4199		50		10
	45		15	10,6848	11,6561	12,6274	13,5988	14,5701	15,5415	16,5128	17,4842	18,4555	19,4268		45		15
	40		20	10,6886	11,6602	12,6319	13,6036	14,5753	15,5470	16,5187	17,4904	18,4620	19,4337		40		20
	35		25	10,6923	11,6644	12,6364	13,6084	14,5804	15,5525	16,5245	17,4965	18,4686	19,4406		35		25
	30		30	10,6961	11,6684	12,6408	13,6132	14,5855	15,5579	16,5303	17,5027	18,4750	19,4474		30		30
	25		35	10,6998	11,6725	12,6452	13,6179	14,5906	15,5633	16,5360	17,5088	18,4815	19,4542		25		35
	20		40	10,7035	11,6765	12,6496	13,6226	14,5957	15,5687	16,5418	17,5148	18,4879	19,4609		20		40
	15		45	10,7072	11,6806	12,6539	13,6273	14,6007	15,5741	16,5474	17,5208	18,4942	19,4676		15		45
	10		50	10,7108	11,6845	12,6583	13,6320	14,6057	15,5794	16,5531	17,5268	18,5005	19,4742		10		50
	5	76	55	10,7145	11,6885	12,6625	13,6366	14,6106	15,5847	16,5587	17,5328	18,5068	19,4808		5	166	55
				17	19	21	22	24	25	27	28	30	32				
103	0	**77**	0	10,7181	11,6924	12,6668	13,6412	14,6156	15,5899	16,5643	17,5387	18,5130	19,4874	**13**	0	**167**	0
102	55		5	10,7217	11,6964	12,6711	13,6457	14,6204	15,5951	16,5698	17,5445	18,5192	19,4939	12	55		5
	50		10	10,7252	11,7002	12,6753	13,6503	14,6253	15,6003	16,5753	17,5504	18,5254	19,5004		50		10
	45		15	10,7288	11,7041	12,6795	13,6548	14,6301	15,6055	16,5808	17,5562	18,5315	19,5068		45		15
	40		20	10,7323	11,7079	12,6836	13,6593	14,6349	15,6106	16,5863	17,5619	18,5376	19,5132		40		20
	35		25	10,7358	11,7118	12,6877	13,6637	14,6397	15,6157	16,5917	17,5676	18,5436	19,5196		35		25
	30		30	10,7393	11,7156	12,6918	13,6681	14,6444	15,6207	16,5970	17,5733	18,5496	19,5259		30		30
	25		35	10,7427	11,7193	12,6959	13,6725	14,6491	15,6258	16,6024	17,5790	18,5556	19,5322		25		35
	20		40	10,7461	11,7231	12,7000	13,6769	14,6538	15,6307	16,6077	17,5846	18,5615	19,5384		20		40
	15		45	10,7495	11,7268	12,7040	13,6812	14,6585	15,6357	16,6129	17,5902	18,5674	19,5446		15		45
	10		50	10,7529	11,7305	12,7080	13,6855	14,6631	15,6406	16,6182	17,5957	18,5732	19,5508		10		50
	5	77	55	10,7563	11,7341	12,7120	13,6898	14,6677	15,6455	16,6234	17,6012	18,5790	19,5569		5	167	55
				16	17	19	20	22	23	25	26	28	29				
102	0	**78**	0	10,7596	11,7378	12,7159	13,6941	14,6722	15,6504	16,6285	17,6067	18,5848	19,5630	**12**	0	**168**	0
101	55		5	10,7629	11,7414	12,7198	13,6983	14,6767	15,6552	16,6336	17,6121	18,5905	19,5690	11	55		5
	50		10	10,7662	11,7450	12,7237	13,7025	14,6812	15,6600	16,6387	17,6175	18,5962	19,5750		50		10
	45		15	10,7695	11,7485	12,7276	13,7066	14,6857	15,6647	16,6438	17,6228	18,6019	19,5809		45		15
	40		20	10,7727	11,7521	12,7314	13,7108	14,6901	15,6694	16,6488	17,6281	18,6075	19,5868		40		20
	35		25	10,7760	11,7556	12,7352	13,7149	14,6945	15,6741	16,6538	17,6334	18,6130	19,5927		35		25
	30		30	10,7792	11,7591	12,7390	13,7189	14,6989	15,6788	16,6587	17,6386	18,6186	19,5985		30		30
	25		35	10,7824	11,7626	12,7428	13,7230	14,7032	15,6834	16,6636	17,6438	18,6241	19,6043		25		35
	20		40	10,7855	11,7660	12,7465	13,7270	14,7075	15,6880	16,6685	17,6490	18,6295	19,6100		20		40
	15		45	10,7886	11,7694	12,7502	13,7310	14,7118	15,6926	16,6733	17,6541	18,6349	19,6157		15		45
	10		50	10,7917	11,7728	12,7539	13,7350	14,7160	15,6971	16,6782	17,6592	18,6403	19,6214		10		50
	5	78	55	10,7948	11,7762	12,7575	13,7389	14,7202	15,7016	16,6829	17,6643	18,6456	19,6270		5	168	55
				15	16	17	19	20	21	23	24	25	27				
101	0	**79**	0	10,7979	11,7795	12,7612	13,7428	14,7244	15,7060	16,6877	17,6693	18,6509	19,6325	**11**	0	**169**	0
100	55		5	10,8009	11,7828	12,7647	13,7467	14,7286	15,7105	16,6924	17,6743	18,6562	19,6381	10	55		5
	50		10	10,8040	11,7861	12,7683	13,7505	14,7327	15,7148	16,6970	17,6792	18,6614	19,6436		50		10
	45		15	10,8070	11,7894	12,7719	13,7543	14,7368	15,7192	16,7017	17,6841	18,6666	19,6490		45		15
	40		20	10,8099	11,7926	12,7754	13,7581	14,7408	15,7235	16,7063	17,6890	18,6717	19,6544		40		20
	35		25	10,8129	11,7959	12,7789	13,7618	14,7448	15,7278	16,7108	17,6938	18,6768	19,6598		35		25
	30		30	10,8158	11,7991	12,7823	13,7656	14,7488	15,7321	16,7153	17,6986	18,6818	19,6651		30		30
	25		35	10,8187	11,8022	12,7857	13,7693	14,7528	15,7363	16,7198	17,7033	18,6869	19,6704		25		35
	20		40	10,8216	11,8054	12,7892	13,7729	14,7567	15,7405	16,7243	17,7081	18,6918	19,6756		20		40
	15		45	10,8244	11,8085	12,7925	13,7766	14,7606	15,7447	16,7287	17,7127	18,6968	19,6808		15		45
	10		50	10,8273	11,8116	12,7959	13,7802	14,7645	15,7488	16,7331	17,7174	18,7017	19,6860		10		50
	5	79	55	10,8301	11,8146	12,7992	13,7838	14,7683	15,7529	16,7374	17,7220	18,7065	19,6911		5	169	55
				13	14	16	17	18	19	20	22	23	24				
100	0	**80**	0	10,8329	11,8177	12,8025	13,7873	14,7721	15,7569	16,7417	17,7265	18,7113	19,6962	**10**	0	**170**	0
Grd.	Min.	Grd.	Min.	11	12	13	14	15	16	17	18	19	20	Grd.	Min.	Grd.	Min.
O+, W−		O+, W−												O+, W−		O−, W+	
Streich- und Vertikal-Winkel.														Streich- und Vertikal-Winkel.			

Vielfacher Cosinus. Streichcosinus. Breite. Sohle.

Streich- und Vertikal-Winkel. O+, W–		O+, W–		Vielfacher Sinus. Streichsinus. Länge. Seigerteufe.										Streich- und Vertikal-Winkel. O+, W–		O–, W+	
Grd.	Min.	Grd.	Min.	1	2	3	4	5	6	7	8	9	10	Grd.	Min.	Grd.	Min.
				1	2	4	5	6	7	8	10	11	12				
100	0	**80**	0	0,9848	1,9696	2,9544	3,9392	4,9240	5,9088	6,8937	7,8785	8,8633	9,8481	**10**	0	**170**	0
99	55		5	0,9851	1,9701	2,9552	3,9402	4,9253	5,9104	6,8954	7,8805	8,8655	9,8506	9	55		5
	50		10	0,9853	1,9706	2,9559	3,9412	4,9265	5,9119	6,8972	7,8825	8,8678	9,8531		50		10
	45		15	0,9856	1,9711	2,9567	3,9422	4,9278	5,9133	6,8989	7,8844	8,8700	9,8556		45		15
	40		20	0,9858	1,9716	2,9574	3,9432	4,9290	5,9148	6,9006	7,8864	8,8722	9,8580		40		20
	35		25	0,9860	1,9721	2,9581	3,9442	4,9302	5,9163	6,9023	7,8884	8,8744	9,8604		35		25
	30		30	0,9863	1,9726	2,9589	3,9451	4,9314	5,9177	6,9040	7,8903	8,8766	9,8629		30		30
	25		35	0,9865	1,9730	2,9596	3,9461	4,9326	5,9191	6,9057	7,8922	8,8787	9,8652		25		35
	20		40	0,9868	1,9735	2,9603	3,9470	4,9338	5,9206	6,9073	7,8941	8,8809	9,8676		20		40
	15		45	0,9870	1,9740	2,9610	3,9480	4,9350	5,9220	6,9090	7,8960	8,8830	9,8700		15		45
	10		50	0,9872	1,9745	2,9617	3,9489	4,9361	5,9234	6,9106	7,8978	8,8851	9,8723		10		50
	5	80	55	0,9875	1,9749	2,9624	3,9498	4,9373	5,9248	6,9122	7,8997	8,8871	9,8746		5	170	55
				1	2	3	4	5	6	8	9	10	11				
99	0	**81**	0	0,9877	1,9754	2,9631	3,9508	4,9384	5,9261	6,9138	7,9015	8,8892	9,8769	**9**	0	**171**	0
98	55		5	0,9879	1,9758	2,9637	3,9517	4,9396	5,9275	6,9154	7,9033	8,8912	9,8791	8	55		5
	50		10	0,9881	1,9763	2,9644	3,9526	4,9407	5,9288	6,9170	7,9051	8,8933	9,8814		50		10
	45		15	0,9884	1,9767	2,9651	3,9534	4,9418	5,9302	6,9185	7,9069	8,8953	9,8836		45		15
	40		20	0,9886	1,9772	2,9657	3,9543	4,9429	5,9315	6,9201	7,9087	8,8972	9,8858		40		20
	35		25	0,9888	1,9776	2,9664	3,9552	4,9440	5,9328	6,9216	7,9104	8,8992	9,8880		35		25
	30		30	0,9890	1,9780	2,9670	3,9561	4,9451	5,9341	6,9231	7,9121	8,9011	9,8902		30		30
	25		35	0,9892	1,9785	2,9677	3,9569	4,9461	5,9354	6,9246	7,9138	8,9031	9,8923		25		35
	20		40	0,9894	1,9789	2,9683	3,9578	4,9472	5,9366	6,9261	7,9155	8,9050	9,8944		20		40
	15		45	0,9897	1,9793	2,9690	3,9586	4,9483	5,9379	6,9276	7,9172	8,9069	9,8965		15		45
	10		50	0,9899	1,9797	2,9696	3,9594	4,9493	5,9392	6,9290	7,9189	8,9087	9,8986		10		50
	5	81	55	0,9901	1,9801	2,9702	3,9603	4,9503	5,9404	6,9305	7,9205	8,9106	9,9006		5	171	55
				1	2	3	4	5	6	7	8	9	10				
98	0	**82**	0	0,9903	1,9805	2,9708	3,9611	4,9513	5,9416	6,9319	7,9221	8,9124	9,9027	**8**	0	**172**	0
97	55		5	0,9905	1,9809	2,9714	3,9619	4,9523	5,9428	6,9333	7,9238	8,9142	9,9047	7	55		5
	50		10	0,9907	1,9813	2,9720	3,9627	4,9533	5,9440	6,9347	7,9253	8,9160	9,9067		50		10
	45		15	0,9909	1,9817	2,9726	3,9635	4,9543	5,9452	6,9361	7,9269	8,9178	9,9087		45		15
	40		20	0,9911	1,9821	2,9732	3,9642	4,9553	5,9464	6,9374	7,9285	8,9195	9,9106		40		20
	35		25	0,9913	1,9825	2,9738	3,9650	4,9563	5,9475	6,9388	7,9300	8,9213	9,9125		35		25
	30		30	0,9914	1,9829	2,9743	3,9658	4,9572	5,9487	6,9401	7,9316	8,9230	9,9144		30		30
	25		35	0,9916	1,9833	2,9749	3,9665	4,9582	5,9498	6,9414	7,9331	8,9247	9,9163		25		35
	20		40	0,9918	1,9836	2,9755	3,9673	4,9591	5,9509	6,9427	7,9346	8,9264	9,9182		20		40
	15		45	0,9920	1,9840	2,9760	3,9680	4,9600	5,9520	6,9440	7,9360	8,9280	9,9200		15		45
	10		50	0,9922	1,9844	2,9766	3,9687	4,9609	5,9531	6,9453	7,9375	8,9297	9,9219		10		50
	5	82	55	0,9924	1,9847	2,9771	3,9695	4,9618	5,9542	6,9466	7,9389	8,9313	9,9237		5	172	55
				1	2	2	3	4	5	6	7	7	8				
97	0	**83**	0	0,9925	1,9851	2,9776	3,9702	4,9627	5,9553	6,9478	7,9404	8,9329	9,9255	**7**	0	**173**	0
96	55		5	0,9927	1,9854	2,9782	3,9709	4,9636	5,9563	6,9491	7,9418	8,9345	9,9272	6	55		5
	50		10	0,9929	1,9858	2,9787	3,9716	4,9645	5,9574	6,9503	7,9432	8,9361	9,9290		50		10
	45		15	0,9931	1,9861	2,9792	3,9723	4,9653	5,9584	6,9515	7,9445	8,9376	9,9307		45		15
	40		20	0,9932	1,9865	2,9797	3,9730	4,9662	5,9594	6,9527	7,9459	8,9391	9,9324		40		20
	35		25	0,9934	1,9868	2,9802	3,9736	4,9670	5,9604	6,9538	7,9472	8,9407	9,9341		35		25
	30		30	0,9936	1,9871	2,9807	3,9743	4,9679	5,9614	6,9550	7,9486	8,9421	9,9357		30		30
	25		35	0,9937	1,9875	2,9812	3,9749	4,9687	5,9624	6,9561	7,9499	8,9436	9,9374		25		35
	20		40	0,9939	1,9878	2,9817	3,9756	4,9695	5,9634	6,9573	7,9512	8,9451	9,9390		20		40
	15		45	0,9941	1,9881	2,9822	3,9762	4,9703	5,9643	6,9584	7,9525	8,9465	9,9406		15		45
	10		50	0,9942	1,9884	2,9826	3,9769	4,9711	5,9653	6,9595	7,9537	8,9479	9,9421		10		50
	5	83	55	0,9944	1,9887	2,9831	3,9775	4,9718	5,9662	6,9606	7,9550	8,9493	9,9437		5	173	55
				1	1	2	3	4	4	5	6	6	7				
96	0	**84**	0	0,9945	1,9890	2,9836	3,9781	4,9726	5,9671	6,9617	7,9562	8,9507	9,9452	**6**	0	**174**	0
95	55		5	0,9947	1,9893	2,9840	3,9787	4,9734	5,9680	6,9627	7,9574	8,9521	9,9467	5	55		5
	50		10	0,9948	1,9896	2,9845	3,9793	4,9741	5,9689	6,9638	7,9586	8,9534	9,9482		50		10
	45		15	0,9950	1,9899	2,9849	3,9799	4,9748	5,9698	6,9648	7,9597	8,9547	9,9497		45		15
	40		20	0,9951	1,9902	2,9853	3,9805	4,9756	5,9707	6,9658	7,9609	8,9560	9,9511		40		20
	35		25	0,9953	1,9905	2,9858	3,9810	4,9763	5,9715	6,9668	7,9620	8,9573	9,9526		35		25
	30		30	0,9954	1,9908	2,9862	3,9816	4,9770	5,9724	6,9678	7,9632	8,9586	9,9540		30		30
	25		35	0,9955	1,9911	2,9866	3,9821	4,9777	5,9732	6,9687	7,9643	8,9598	9,9553		25		35
	20		40	0,9957	1,9913	2,9870	3,9827	4,9784	5,9740	6,9697	7,9654	8,9610	9,9567		20		40
	15		45	0,9958	1,9916	2,9874	3,9832	4,9790	5,9748	6,9706	7,9664	8,9622	9,9580		15		45
	10		50	0,9959	1,9919	2,9878	3,9837	4,9797	5,9756	6,9716	7,9675	8,9634	9,9594		10		50
	5	84	55	0,9961	1,9921	2,9882	3,9843	4,9803	5,9764	6,9725	7,9685	8,9646	9,9607		5	174	55
				1	1	2	2	3	3	4	5	5	6				
95	0	**85**	0	0,9962	1,9924	2,9886	3,9848	4,9810	5,9772	6,9734	7,9696	8,9658	9,9619	**5**	0	**175**	0
Grd.	Min.	Grd.	Min.	1	2	3	4	5	6	7	8	9	10	Grd.	Min.	Grd.	Min.
O+, W–		O+, W–		Vielfacher Cosinus. Streichcosinus. Breite. Sohle.										O+, W–		O–, W+	
Streich- und Vertikal-Winkel.														Streich- und Vertikal-Winkel.			

Streich- und Vertikal-Winkel O+, W— Grd.	Min.	Streich- und Vertikal-Winkel O+, W— Grd.	Min.	11	12	13	14	15	16	17	18	19	20	Streich- und Vertikal-Winkel O+, W— Grd.	Min.	Streich- und Vertikal-Winkel O—, W+ Grd.	Min.
				Vielfacher Sinus.	Streichsinus.		Länge.		Seigerteufe.								
				13	14	16	17	18	19	20	22	23	24				
100	0	**80**	0	10,8329	11,8177	12,8025	13,7873	14,7721	15,7569	16,7417	17,7265	18,7113	19,6962	**10**	0	**170**	0
99	55		5	10,8357	11,8207	12,8058	13,7908	14,7759	15,7609	16,7460	17,7311	18,7161	19,7012	9	55		5
	50		10	10,8384	11,8237	12,8090	13,7943	14,7796	15,7649	16,7502	17,7356	18,7209	19,7062		50		10
	45		15	10,8411	11,8267	12,8122	13,7978	14,7833	15,7689	16,7545	17,7400	18,7256	19,7111		45		15
	40		20	10,8438	11,8296	12,8154	13,8012	14,7870	15,7728	16,7586	17,7444	18,7302	19,7160		40		20
	35		25	10,8465	11,8325	12,8186	13,8046	14,7907	15,7767	16,7628	17,7488	18,7348	19,7209		35		25
	30		30	10,8491	11,8354	12,8217	13,8080	14,7943	15,7806	16,7669	17,7531	18,7394	19,7257		30		30
	25		35	10,8518	11,8383	12,8248	13,8113	14,7979	15,7844	16,7709	17,7574	18,7440	19,7305		25		35
	20		40	10,8544	11,8411	12,8279	13,8147	14,8014	15,7882	16,7749	17,7617	18,7485	19,7352		20		40
	15		45	10,8570	11,8440	12,8310	13,8179	14,8049	15,7919	16,7789	17,7659	18,7529	19,7399		15		45
	10		50	10,8595	11,8467	12,8340	13,8212	14,8084	15,7957	16,7829	17,7701	18,7574	19,7446		10		50
	5	80	55	10,8621	11,8495	12,8370	13,8244	14,8119	15,7994	16,7868	17,7743	18,7617	19,7492		5	170	55
				12	13	14	15	16	17	18	19	21	22				
99	0	**81**	0	10,8646	11,8523	12,8399	13,8276	14,8153	15,8030	16,7907	17,7784	18,7661	19,7538	**9**	0	**171**	0
98	55		5	10,8671	11,8550	12,8429	13,8308	14,8187	15,8066	16,7946	17,7825	18,7704	19,7583	8	55		5
	50		10	10,8695	11,8577	12,8458	13,8339	14,8221	15,8102	16,7984	17,7865	18,7746	19,7628		50		10
	45		15	10,8720	11,8603	12,8487	13,8371	14,8254	15,8138	16,8021	17,7905	18,7789	19,7672		45		15
	40		20	10,8744	11,8630	12,8516	13,8401	14,8287	15,8173	16,8059	17,7945	18,7831	19,7716		40		20
	35		25	10,8768	11,8656	12,8544	13,8432	14,8320	15,8208	16,8096	17,7984	18,7872	19,7760		35		25
	30		30	10,8792	11,8682	12,8572	13,8462	14,8352	15,8243	16,8133	17,8023	18,7913	19,7803		30		30
	25		35	10,8815	11,8708	12,8600	13,8492	14,8384	15,8277	16,8169	17,8061	18,7954	19,7846		25		35
	20		40	10,8839	11,8733	12,8627	13,8522	14,8416	15,8311	16,8205	17,8099	18,7994	19,7888		20		40
	15		45	10,8862	11,8758	12,8655	13,8551	14,8448	15,8344	16,8241	17,8137	18,8034	19,7930		15		45
	10		50	10,8884	11,8783	12,8682	13,8580	14,8479	15,8377	16,8276	17,8175	18,8073	19,7972		10		50
	5	81	55	10,8907	11,8808	12,8708	13,8609	14,8510	15,8410	16,8311	17,8212	18,8112	19,8013		5	171	55
				10	11	12	13	14	15	16	17	18	19				
98	0	**82**	0	10,8929	11,8832	12,8735	13,8638	14,8540	15,8443	16,8346	17,8248	18,8151	19,8054	**8**	0	**172**	0
97	55		5	10,8952	11,8856	12,8761	13,8666	14,8570	15,8475	16,8380	17,8284	18,8189	19,8094	7	55		5
	50		10	10,8974	11,8880	12,8787	13,8694	14,8600	15,8507	16,8414	17,8320	18,8227	19,8134		50		10
	45		15	10,8995	11,8904	12,8813	13,8721	14,8630	15,8539	16,8447	17,8356	18,8265	19,8173		45		15
	40		20	10,9017	11,8927	12,8838	13,8749	14,8659	15,8570	16,8480	17,8391	18,8302	19,8212		40		20
	35		25	10,9038	11,8950	12,8863	13,8776	14,8688	15,8601	16,8513	17,8426	18,8338	19,8251		35		25
	30		30	10,9059	11,8973	12,8888	13,8802	14,8717	15,8631	16,8546	17,8460	18,8375	19,8289		30		30
	25		35	10,9080	11,8996	12,8912	13,8829	14,8745	15,8661	16,8578	17,8494	18,8410	19,8327		25		35
	20		40	10,9100	11,9018	12,8937	13,8855	14,8773	15,8691	16,8609	17,8528	18,8446	19,8364		20		40
	15		45	10,9121	11,9041	12,8961	13,8881	14,8801	15,8721	16,8641	17,8561	18,8481	19,8401		15		45
	10		50	10,9141	11,9062	12,8984	13,8906	14,8828	15,8750	16,8672	17,8594	18,8516	19,8437		10		50
	5	82	55	10,9160	11,9084	12,9008	13,8931	14,8855	15,8779	16,8703	17,8626	18,8550	19,8474		5	172	55
				9	10	11	12	12	13	14	15	16	17				
97	0	**83**	0	10,9180	11,9106	12,9031	13,8956	14,8882	15,8807	16,8733	17,8658	18,8584	19,8509	**7**	0	**173**	0
96	55		5	10,9199	11,9127	12,9054	13,8981	14,8908	15,8836	16,8763	17,8690	18,8617	19,8544	6	55		5
	50		10	10,9219	11,9148	12,9077	13,9006	14,8934	15,8863	16,8792	17,8721	18,8650	19,8579		50		10
	45		15	10,9238	11,9168	12,9099	13,9030	14,8960	15,8891	16,8822	17,8752	18,8683	19,8614		45		15
	40		20	10,9256	11,9189	12,9121	13,9053	14,8986	15,8918	16,8851	17,8783	18,8715	19,8648		40		20
	35		25	10,9275	11,9209	12,9143	13,9077	14,9011	15,8945	16,8879	17,8813	18,8747	19,8681		35		25
	30		30	10,9293	11,9229	12,9164	13,9100	14,9036	15,8971	16,8907	17,8843	18,8779	19,8714		30		30
	25		35	10,9311	11,9248	12,9186	13,9123	14,9060	15,8998	16,8935	17,8872	18,8810	19,8747		25		35
	20		40	10,9329	11,9268	12,9207	13,9146	14,9085	15,9024	16,8962	17,8901	18,8840	19,8779		20		40
	15		45	10,9346	11,9287	12,9227	13,9168	14,9108	15,9049	16,8990	17,8930	18,8871	19,8811		15		45
	10		50	10,9363	11,9306	12,9248	13,9190	14,9132	15,9074	16,9016	17,8958	18,8901	19,8843		10		50
	5	83	55	10,9381	11,9324	12,9268	13,9212	14,9155	15,9099	16,9043	17,8986	18,8930	19,8874		5	173	55
				8	8	9	10	11	11	12	13	13	14				
96	0	**84**	0	10,9397	11,9343	12,9288	13,9233	14,9178	15,9124	16,9069	17,9014	18,8959	19,8904	**6**	0	**174**	0
95	55		5	10,9414	11,9361	12,9307	13,9254	14,9201	15,9148	16,9094	17,9041	18,8988	19,8935	5	55		5
	50		10	10,9430	11,9379	12,9327	13,9275	14,9223	15,9171	16,9120	17,9068	18,9016	19,8964		50		10
	45		15	10,9447	11,9396	12,9346	13,9296	14,9245	15,9195	16,9145	17,9094	18,9044	19,8994		45		15
	40		20	10,9462	11,9414	12,9365	13,9316	14,9267	15,9218	16,9169	17,9120	18,9072	19,9023		40		20
	35		25	10,9478	11,9431	12,9383	13,9336	14,9288	15,9241	16,9193	17,9146	18,9099	19,9051		35		25
	30		30	10,9494	11,9448	12,9402	13,9355	14,9309	15,9263	16,9217	17,9171	18,9125	19,9079		30		30
	25		35	10,9509	11,9464	12,9419	13,9375	14,9330	15,9286	16,9241	17,9196	18,9152	19,9107		25		35
	20		40	10,9524	11,9480	12,9437	13,9394	14,9351	15,9307	16,9264	17,9221	18,9177	19,9134		20		40
	15		45	10,9539	11,9497	12,9455	13,9413	14,9371	15,9329	16,9287	17,9245	18,9203	19,9161		15		45
	10		50	10,9553	11,9512	12,9472	13,9431	14,9391	15,9350	16,9309	17,9269	18,9228	19,9187		10		50
	5	84	55	10,9567	11,9528	12,9489	13,9449	14,9410	15,9371	16,9331	17,9292	18,9253	19,9213		5	174	55
				6	7	7	8	9	9	10	10	11	12				
95	0	**85**	0	10,9581	11,9543	12,9505	13,9467	14,9429	15,9391	16,9353	17,9315	18,9277	19,9239	**5**	0	**175**	0
Grd.	Min.	Grd.	Min.	11	12	13	14	15	16	17	18	19	20	Grd.	Min.	Grd.	Min.
O+, W—		O+, W—		Vielfacher Cosinus.	Streichcosinus.		Breite.		Sohle.					O+, W—		O—, W+	
Streich- und Vertikal-Winkel														Streich- und Vertikal-Winkel			

Streich- und Vertikal-Winkel. O+, W–		O+, W–		Vielfacher Sinus. Streichsinus. Länge. Seigerteufe.										Streich- und Vertikal-Winkel. O+, W–		O–, W+	
Grd.	Min.	Grd.	Min.	1	2	3	4	5	6	7	8	9	10	Grd.	Min.	Grd.	Min.
				1	1	2	2	3	3	4	5	5	6				
95	0	**85**	0	0,9962	1,9924	2,9886	3,9848	4,9810	5,9772	6,9734	7,9696	8,9658	9,9619	**5**	0	**175**	0
94	55		5	0,9963	1,9926	2,9890	3,9853	4,9816	5,9779	6,9742	7,9706	8,9669	9,9632	4	55		5
	50		10	0,9964	1,9929	2,9893	3,9858	4,9822	5,9787	6,9751	7,9716	8,9680	9,9644		50		10
	45		15	0,9966	1,9931	2,9897	3,9863	4,9828	5,9794	6,9760	7,9725	8,9691	9,9657		45		15
	40		20	0,9967	1,9934	2,9901	3,9867	4,9834	5,9801	6,9768	7,9735	8,9702	9,9668		40		20
	35		25	0,9968	1,9936	2,9904	3,9872	4,9840	5,9808	6,9776	7,9744	8,9712	9,9680		35		25
	30		30	0,9969	1,9938	2,9908	3,9877	4,9846	5,9815	6,9784	7,9753	8,9723	9,9692		30		30
	25		35	0,9970	1,9941	2,9911	3,9881	4,9852	5,9822	6,9792	7,9762	8,9733	9,9703		25		35
	20		40	0,9971	1,9943	2,9914	3,9886	4,9857	5,9828	6,9800	7,9771	8,9743	9,9714		20		40
	15		45	0,9973	1,9945	2,9918	3,9890	4,9863	5,9835	6,9808	7,9780	8,9753	9,9725		15		45
	10		50	0,9974	1,9947	2,9921	3,9894	4,9868	5,9841	6,9815	7,9789	8,9762	9,9736		10		50
	5	85	55	0,9975	1,9949	2,9924	3,9898	4,9873	5,9848	6,9822	7,9797	8,9772	9,9746		5	175	55
				0	1	1	2	2	3	3	4	4	4				
94	0	**86**	0	0,9976	1,9951	2,9927	3,9903	4,9878	5,9854	6,9829	7,9805	8,9781	9,9756	**4**	0	**176**	0
93	55		5	0,9977	1,9953	2,9930	3,9907	4,9883	5,9860	6,9837	7,9813	8,9790	9,9766	3	55		5
	50		10	0,9978	1,9955	2,9933	3,9911	4,9888	5,9866	6,9843	7,9821	8,9799	9,9776		50		10
	45		15	0,9979	1,9957	2,9936	3,9914	4,9893	5,9872	6,9850	7,9829	8,9807	9,9786		45		15
	40		20	0,9980	1,9959	2,9939	3,9918	4,9898	5,9877	6,9857	7,9836	8,9816	9,9795		40		20
	35		25	0,9980	1,9961	2,9941	3,9922	4,9902	5,9883	6,9863	7,9844	8,9824	9,9804		35		25
	30		30	0,9981	1,9963	2,9944	3,9925	4,9907	5,9888	6,9869	7,9851	8,9832	9,9813		30		30
	25		35	0,9982	1,9964	2,9947	3,9929	4,9911	5,9893	6,9876	7,9858	8,9840	9,9822		25		35
	20		40	0,9983	1,9966	2,9949	3,9932	4,9915	5,9898	6,9882	7,9865	8,9848	9,9831		20		40
	15		45	0,9984	1,9968	2,9952	3,9936	4,9920	5,9904	6,9887	7,9871	8,9855	9,9839		15		45
	10		50	0,9985	1,9969	2,9954	3,9939	4,9924	5,9908	6,9893	7,9878	8,9863	9,9847		10		50
	5	86	55	0,9986	1,9971	2,9957	3,9942	4,9928	5,9913	6,9899	7,9884	8,9870	9,9855		5	176	55
				0	1	1	1	2	2	2	3	3	3				
93	0	**87**	0	0,9986	1,9973	2,9959	3,9945	4,9931	5,9918	6,9904	7,9890	8,9877	9,9863	**3**	0	**177**	0
92	55		5	0,9987	1,9974	2,9961	3,9948	4,9935	5,9922	6,9909	7,9896	8,9883	9,9870	2	55		5
	50		10	0,9988	1,9976	2.9963	3,9951	4,9939	5,9927	6,9914	7,9902	8,9890	9,9878		50		10
	45		15	0,9988	1,9977	2,9965	3,9954	4,9942	5,9931	6,9919	7,9908	8,9896	9,9885		45		15
	40		20	0,9989	1,9978	2,9968	3,9957	4,9946	5,9935	6,9924	7,9913	8,9903	9,9892		40		20
	35		25	0,9990	1,9980	2,9970	3,9959	4,9949	5,9939	6,9929	7,9919	8,9909	9,9898		35		25
	30		30	0,9990	1,9981	2,9971	3,9962	4,9952	5.9943	6,9933	7,9924	8,9914	9,9905		30		30
	25		35	0,9991	1,9982	2,9973	3,9964	4,9956	5,9947	6,9938	7,9929	8,9920	9,9911		25		35
	20		40	0,9992	1,9983	2,9975	3,9967	4,9959	5,9950	6,9942	7,9934	8,9925	9,9917		20		40
	15		45	0,9992	1,9985	2,9977	3,9969	4,9961	5,9954	6,9946	7,9938	8,9931	9,9923		15		45
	10		50	0,9993	1,9986	2,9979	3,9971	4,9964	5,9957	6,9950	7,9943	8,9936	9,9929		10		50
	5	87	55	0,9993	1,9987	2,9980	3,9974	4,9967	5,9960	6,9954	7,9947	8,9941	9,9934		5	177	55
				0	0	1	1	1	1	1	2	2	2				
92	0	**88**	0	0,9994	1,9988	2,9982	3,9976	4,9970	5,9963	6,9957	7,9951	8,9945	9,9939	**2**	0	**178**	0
91	55		5	0,9994	1,9989	2,9983	3,9978	4,9972	5,9966	6,9961	7,9955	8,9950	9,9944	1	55		5
	50		10	0,9995	1,9990	2,9985	3,9980	4,9974	5,9969	6,9964	7,9959	8,9954	9,9949		50		10
	45		15	0,9995	1,9991	2,9986	3,9981	4,9977	5,9972	6,9967	7,9963	8,9958	9,9953		45		15
	40		20	0,9996	1,9992	2,9987	3,9983	4,9979	5,9975	6,9970	7,9966	8,9962	9,9958		40		20
	35		25	0,9996	1,9992	2,9989	3,9985	4,9981	5,9977	6,9973	7,9969	8,9966	9,9962		35		25
	30		30	0,9997	1,9993	2,9990	3,9986	4,9983	5,9979	6,9976	7,9973	8,9969	9,9966		30		30
	25		35	0,9997	1,9994	2,9991	3,9988	4,9985	5,9982	6,9979	7,9976	8,9972	9,9969		25		35
	20		40	0,9997	1,9995	2,9992	3,9989	4,9986	5,9984	6,9981	7,9978	8,9976	9,9973		20		40
	15		45	0,9998	1,9995	2,9993	3,9990	4,9988	5,9986	6,9983	7,9981	8,9979	9,9976		15		45
	10		50	0,9998	1,9996	2,9994	3,9992	4,9990	5,9988	6,9985	7,9983	8,9981	9,9979		10		50
	5	88	55	0,9998	1,9996	2,9995	3,9993	4,9991	5,9989	6,9987	7,9986	8,9984	9,9982		5	178	55
				0	0	0	0	0	0	0	1	1	1				
91	0	**89**	0	0,9998	1,9997	2,9995	3,9994	4,9992	5,9991	6,9989	7,9988	8,9986	9,9985	**1**	0	**179**	0
90	55		5	0,9999	1,9997	2,9996	3,9995	4,9994	5,9992	6,9991	7,9990	8,9988	9,9987	0	55		5
	50		10	0,9999	1,9998	2,9997	3,9996	4,9995	5,9994	6,9993	7,9992	8,9990	9,9989		50		10
	45		15	0,9999	1,9998	2,9997	3,9997	4,9996	5,9995	6,9994	7,9993	8,9992	9,9991		45		15
	40		20	0,9999	1,9999	2,9998	3,9997	4,9997	5,9996	6,9995	7,9995	8,9994	9,9993		40		20
	35		25	0,9999	1,9999	2,9998	3,9998	4,9997	5,9997	6,9996	7,9996	8,9995	9,9995		35		25
	30		30	1,0000	1,9999	2,9999	3,9998	4,9998	5,9998	6,9997	7,9997	8,9997	9,9996		30		30
	25		35	1,0000	1,9999	2,9999	3,9999	4,9999	5,9998	6,9998	7,9998	8,9998	9,9997		25		35
	20		40	1,0000	2,0000	2,9999	3,9999	4,9999	5,9999	6,9999	7,9999	8,9998	9,9998		20		40
	15		45	1,0000	2,0000	3,0000	4,0000	5,0000	5,9999	6,9999	7,9999	8,9999	9,9999		15		45
	10		50	1,0000	2,0000	3,0000	4,0000	5,0000	6,0000	7,0000	8,0000	9,0000	10,0000		10		50
	5	89	55	1,0000	2,0000	3,0000	4,0000	5,0000	6,0000	7,0000	8,0000	9,0000	10,0000		5	179	55
				0	0	0	0	0	0	0	0	0	0				
90	0	**90**	0	1,0000	2,0000	3,0000	4,0000	5,0000	6,0000	7,0000	8,0000	9,0000	10,0000	**0**	0	**180**	0
Grd.	Min.	Grd.	Min.	1	2	3	4	5	6	7	8	9	10	Grd.	Min.	Grd.	Min.
O+, W– Streich- und Vertikal-Winkel.		O+, W–		Vielfacher Cosinus. Streichcosinus. Breite. Sohle.										O+, W– Streich- und Vertikal-Winkel.		O–, W+	

Streich- und Vertikal-Winkel. O+, W— Grd.	Min.	O+, W— Grd.	Min.	Vielfacher Sinus. Streichsinus. Länge. Seigerteufe. 11	12	13	14	15	16	17	18	19	20	Streich- und Vertikal-Winkel. O+, W— Grd.	Min.	O—, W+ Grd.	Min.
				6	7	7	8	9	9	10	10	11	12				
95	0	**85**	0	10,9581	11,9543	12,9505	13,9467	14,9429	15,9391	16,9353	17,9315	18,9277	19,9239	**5**	0	**175**	0
94	55		5	10,9595	11,9558	12,9522	13,9485	14,9448	15,9411	16,9374	17,9338	18,9301	19,9264	4	55		5
	50		10	10,9609	11,9573	12,9538	13,9502	14,9467	15,9431	16,9395	17,9360	18,9324	19,9289		50		10
	45		15	10,9622	11,9588	12,9554	13,9519	14,9485	15,9450	16,9416	17,9382	18,9347	19,9313		45		15
	40		20	10,9635	11,9602	12,9569	13,9536	14,9503	15,9470	16,9436	17,9403	18,9370	19,9337		40		20
	35		25	10,9648	11,9616	12,9584	13,9552	14,9520	15,9488	16,9456	17,9424	18,9392	19,9360		35		25
	30		30	10,9661	11,9630	12,9599	13,9568	14,9538	15,9507	16,9476	17,9445	18,9414	19,9383		30		30
	25		35	10,9673	11,9644	12,9614	13,9584	14,9555	15,9525	16,9495	17,9465	18,9436	19,9406		25		35
	20		40	10,9686	11,9657	12,9628	13,9600	14,9571	15,9543	16,9514	17,9485	18,9457	19,9428		20		40
	15		45	10,9698	11,9670	12,9643	13,9615	14,9588	15,9560	16,9533	17,9505	18,9478	19,9450		15		45
	10		50	10,9709	11,9683	12,9656	13,9630	14,9604	15,9577	16,9551	17,9524	18,9498	19,9471		10		50
	5	85	55	10,9721	11,9695	12,9670	13,9645	14,9619	15,9594	16,9568	17,9543	18,9518	19,9492		5	175	55
				5	5	6	6	7	7	8	8	9	9				
94	0	**86**	0	10,9732	11,9708	12,9683	13,9659	14,9635	15,9610	16,9586	17,9562	18,9537	19,9513	**4**	0	**176**	0
93	55		5	10,9743	11,9720	12,9696	13,9673	14,9650	15,9626	16,9603	17,9580	18,9556	19,9533	3	55		5
	50		10	10,9754	11,9732	12,9709	13,9687	14,9664	15,9642	16,9620	17,9597	18,9575	19,9553		50		10
	45		15	10,9764	11,9743	12,9722	13,9700	14,9679	15,9657	16,9636	17,9615	18,9593	19,9572		45		15
	40		20	10,9775	11,9754	12,9734	13,9713	14,9693	15,9672	16,9652	17,9632	18,9611	19,9591		40		20
	35		25	10,9785	11,9765	12,9746	13,9726	14,9707	15,9687	16,9668	17,9648	18,9629	19,9609		35		25
	30		30	10,9795	11,9776	12,9758	13,9739	14,9720	15,9702	16,9683	17,9664	18,9646	19,9627		30		30
	25		35	10,9804	11,9787	12,9769	13,9751	14,9733	15,9716	16,9698	17,9680	18,9662	19,9645		25		35
	20		40	10,9814	11,9797	12,9780	13,9763	14,9746	15,9729	16,9712	17,9695	18,9679	19,9662		20		40
	15		45	10,9823	11,9807	12,9791	13,9775	14,9759	15,9743	16,9727	17,9711	18,9694	19,9678		15		45
	10		50	10,9832	11,9817	12,9801	13,9786	14,9771	15,9756	16,9740	17,9725	18,9710	19,9695		10		50
	5	86	55	10,9841	11,9826	12,9812	13,9797	14,9783	15,9768	16,9754	17,9739	18,9725	19,9710		5	176	55
				4	4	4	5	5	5	5	6	6	6				
93	0	**87**	0	10,9849	11,9836	12,9822	13,9808	14,9794	15,9781	16,9767	17,9753	18,9740	19,9726	**3**	0	**177**	0
92	55		5	10,9858	11,9845	12,9832	13,9819	14,9806	15,9793	16,9780	17,9767	18,9754	19,9741	2	55		5
	50		10	10,9866	11,9853	12,9841	13,9829	14,9817	15,9804	16,9792	17,9780	18,9768	19,9756		50		10
	45		15	10,9873	11,9862	12,9850	13,9839	14,9827	15,9816	16,9804	17,9793	18,9781	19,9770		45		15
	40		20	10,9881	11,9870	12,9859	13,9848	14,9838	15,9827	16,9816	17,9805	18,9794	19,9783		40		20
	35		25	10,9888	11,9878	12,9868	13,9858	14,9848	15,9837	16,9827	17,9817	18,9807	19,9797		35		25
	30		30	10,9895	11,9886	12,9876	13,9867	14,9857	15,9848	16,9838	17,9829	18,9819	19,9810		30		30
	25		35	10,9902	11,9893	12,9884	13,9875	14,9867	15,9858	16,9849	17,9840	18,9831	19,9822		25		35
	20		40	10,9909	11,9901	12,9892	13,9884	14,9876	15,9867	16,9859	17,9851	18,9842	19,9834		20		40
	15		45	10,9915	11,9907	12,9900	13,9892	14,9884	15,9877	16,9869	17,9861	18,9854	19,9846		15		45
	10		50	10,9921	11,9914	12,9907	13,9900	14,9893	15,9886	16,9878	17,9871	18,9864	19,9857		10		50
	5	87	55	10,9927	11,9921	12,9914	13,9907	14,9901	15,9894	16,9888	17,9881	18,9874	19,9868		5	177	55
				2	2	3	3	3	3	3	4	4	4				
92	0	**88**	0	10,9933	11,9927	12,9921	13,9915	14,9909	15,9903	16,9896	17,9890	18,9884	19,9878	**2**	0	**178**	0
91	55		5	10,9938	11,9933	12,9927	13,9922	14,9916	15,9910	16,9905	17,9899	18,9894	19,9888	1	55		5
	50		10	10,9944	11,9939	12,9933	13,9928	14,9923	15,9918	16,9913	17,9908	18,9903	19,9898		50		10
	45		15	10,9949	11,9944	12,9939	13,9935	14,9930	15,9925	16,9921	17,9916	18,9911	19,9907		45		15
	40		20	10,9953	11,9949	12,9945	13,9941	14,9937	15,9932	16,9928	17,9924	18,9920	19,9915		40		20
	35		25	10,9958	11,9954	12,9950	13,9947	14,9943	15,9939	16,9935	17,9931	18,9927	19,9924		35		25
	30		30	10,9962	11,9959	12,9955	13,9952	14,9949	15,9945	16,9942	17,9938	18,9935	19,9931		30		30
	25		35	10,9966	11,9963	12,9960	13,9957	14,9954	15,9951	16,9948	17,9945	18,9942	19,9939		25		35
	20		40	10,9970	11,9968	12,9965	13,9962	14,9959	15,9957	16,9954	17,9951	18,9949	19,9946		20		40
	15		45	10,9974	11,9971	12,9969	13,9967	14,9964	15,9962	16,9960	17,9957	18,9955	19,9952		15		45
	10		50	10,9977	11,9975	12,9973	13,9971	14,9969	15,9967	16,9965	17,9963	18,9961	19,9959		10		50
	5	88	55	10,9980	11,9979	12,9977	13,9975	14,9973	15,9971	16,9970	17,9968	18,9966	19,9964		5	178	55
				1	1	1	1	1	1	1	1	1	1				
91	0	**89**	0	10,9983	11,9982	12,9980	13,9979	14,9977	15,9976	16,9974	17,9973	18,9971	19,9970	**1**	0	**179**	0
90	55		5	10,9986	11,9985	12,9983	13,9982	14,9981	15,9980	16,9978	17,9977	18,9976	19,9974	0	55		5
	50		10	10,9988	11,9987	12,9986	13,9985	14,9984	15,9983	16,9982	17,9981	18,9980	19,9979		50		10
	45		15	10,9991	11,9990	12,9989	13,9988	14,9987	15,9986	16,9985	17,9985	18,9984	19,9983		45		15
	40		20	10,9993	11,9992	12,9991	13,9991	14,9990	15,9989	16,9988	17,9988	18,9987	19,9986		40		20
	35		25	10,9994	11,9994	12,9993	13,9993	14,9992	15,9992	16,9991	17,9991	18,9990	19,9990		35		25
	30		30	10,9996	11,9995	12,9995	13,9995	14,9994	15,9994	16,9994	17,9993	18,9993	19,9992		30		30
	25		35	10,9997	11,9997	12,9997	13,9996	14,9996	15,9996	16,9996	17,9995	18,9995	19,9995		25		35
	20		40	10,9998	11,9998	12,9998	13,9998	14,9997	15,9997	16,9997	17,9997	18,9997	19,9997		20		40
	15		45	10,9999	11,9999	12,9999	13,9999	14,9999	15,9998	16,9998	17,9998	18,9998	19,9998		15		45
	10		50	11,0000	11,9999	12,9999	13,9999	14,9999	15,9999	16,9999	17,9999	18,9999	19,9999		10		50
	5	89	55	11,0000	12,0000	13,0000	14,0000	15,0000	16,0000	17,0000	18,0000	19,0000	20,0000		5	179	55
				0	0	0	0	0	0	0	0	0	0				
90	0	**90**	0	11,0000	12,0000	13,0000	14,0000	15,0000	16,0000	17,0000	18,0000	19,0000	20,0000	**0**	0	**180**	0
Grd.	Min.	Grd.	Min.	11	12	13	14	15	16	17	18	19	20	Grd.	Min.	Grd.	Min.
O+, W— Streich- und Vertikal-Winkel.		O+, W—		Vielfacher Cosinus. Streichcosinus. Breite. Sohle.										O+, W— Streich- und Vertikal-Winkel.		O—, W+	

II. Tafel zur Verwandlung der Compassstunden und deren Theile in Grade, Minuten und Sekunden für die Theilung der Stunde in 128 Sechszehntel-Achtel.

III. Tafel zur Verwandlung der Compassstunden und deren Theile in Grade, Minuten und Sekunden für die Theilung der Stunde in 192 Zwölftel-Sechszehntel.

IV. Tafel zur Verwandlung der Grade in Stunden, Achtel- und Sechszehntel-Achtel-Stunden.

V. Tafel zur Verwandlung der Minuten in Sechszehntel-Achtel-Stunden.

VI. Tafel zur Verwandlung der Sekunden in Sechszehntel-Achtel-Stunden.

VII. Tafel zur Verwandlung der Grade in Stunden, Sechszehntel- und Zwölftel-Sechszehntel-Stunden.

VIII. Tafel zur Verwandlung der Minuten in Zwölftel-Sechszehntel-Stunden.

IX. Tafel zur Verwandlung der Sekunden in Zwölftel-Sechszehntel-Stunden.

II. Tafel zur Verwandlung der Compass-Stunden und deren Theile in Grade, Minuten und Sekunden.

a. 1 Stunde = 128 Sechszehntel-Achtel.

Gewöhnliche Observation.		Verschärfte Observation.	Stunden.												Werthe für die gewöhnliche Observation.		Werthe für die verschärfte Observation.	
Achtel.	Sechszehntel-Achtel.		0	1	2	3	4	5	6	7	8	9	10	11	Min.	Sek.	Min.	Sek.
			Grade.															
0	0	0,5	0	15	30	45	60	75	90	105	120	135	150	165	0	0	3	30,9375
	1	1,5													7	1,875	10	32,8125
	2	2,5													14	3,750	17	34,6875
	3	3,5													21	5,625	24	36,5625
	4	4,5													28	7,500	31	38,4375
	5	5,5													35	9,375	38	40,3125
	6	6,5													42	11,250	45	42,1875
	7	7,5													49	13,125	52	44,0625
	8	8,5													56	15	59	45,9375
	9	9,5	1	16	31	46	61	76	91	106	121	136	151	166	3	16,875	6	47,8125
	10	10,5													10	18,750	13	49,6875
	11	11,5													17	20,625	20	51,5625
	12	12,5													24	22,500	27	53,4375
	13	13,5													31	24,375	34	55,3125
	14	14,5													38	26,250	41	57,1875
	15	15,5													45	28,125	48	59,0625
1	0	0,5													52	30	56	0,9375
	1	1,5													59	31,875	3	2,8125
	2	2,5	2	17	32	47	62	77	92	107	122	137	152	167	6	33,750	10	4,6875
	3	3,5													13	35,625	17	6,5625
	4	4,5													20	37,500	24	8,4375
	5	5,5													27	39,375	31	10,3125
	6	6,5													34	41,250	38	12,1875
	7	7,5													41	43,125	45	14,0625
	8	8,5													48	45	52	15,9375
	9	9,5													55	46,875	59	17,8125
	10	10,5	3	18	33	48	63	78	93	108	123	138	153	168	2	48,750	6	19,6875
	11	11,5													9	50,625	13	21,5625
	12	12,5													16	52,500	20	23,4375
	13	13,5													23	54,375	27	25,3125
	14	14,5													30	56,250	34	27,1875
	15	15,5													37	58,125	41	29,0625
2	0	0,5													45	0	48	30,9375
	1	1,5													52	1,875	55	32,8125
	2	2,5													59	3,750	2	34,6875
	3	3,5	4	19	34	49	64	79	94	109	124	139	154	169	6	5,625	9	36,5625
	4	4,5													13	7,500	16	38,4375
	5	5,5													20	9,375	23	40,3125
	6	6,5													27	11,250	30	42,1875
	7	7,5													34	13,125	37	44,0625
	8	8,5													41	15	44	45,9375
	9	9,5													48	16,875	51	47,8125
	10	10,5													55	18,750	58	49,6875
	11	11,5	5	20	35	50	65	80	95	110	125	140	155	170	2	20,625	5	51,5625
	12	12,5													9	22,500	12	53,4375
	13	13,5													16	24,375	19	55,3125
	14	14,5													23	26,250	26	57,1875
	15	15,5													30	28,125	33	59,0625
3	0	0,5													37	30	41	0,9375
	1	1,5													44	31,875	48	2,8125
	2	2,5													51	33,750	55	4,6875
	3	3,5													58	35,625	2	6,5625
	4	4,5	6	21	36	51	66	81	96	111	126	141	156	171	5	37,500	9	8,4375
	5	5,5													12	39,375	16	10,3125
	6	6,5													19	41,250	23	12,1875
	7	7,5													26	43,125	30	14,0625
	8	8,5													33	45	37	15,9375
	9	9,5													40	46,875	44	17,8125
	10	10,5													47	48,750	51	19,6875
	11	11,5													54	50,625	58	21,5625
	12	12,5	7	22	37	52	67	82	97	112	127	142	157	172	1	52,500	5	23,4375
	13	13,5													8	54,375	12	25,3125
	14	14,5													15	56,250	19	27,1875
	15	15,5													22	58,125	26	29,0625

II. Tafel zur Verwandlung der Compass-Stunden und deren Theile in Grade, Minuten und Sekunden.

a. 1 Stunde = 128 Sechszehntel-Achtel.

Gewöhnliche Observation. Achtel.	Gewöhnliche Observation. Sechszehntel-Achtel.	Verschärfte Observation.	Stunden. 0	1	2	3	4	5	6	7	8	9	10	11	Werthe für die gewöhnliche Observation. Min.	Sek.	Werthe für die verschärfte Observation Min.	Sek.
			Grade.															
4	0	0,5	7	22	37	52	67	82	97	112	127	142	157	172	30	0	33	30,9375
	1	1,5													37	1,875	40	32,8125
	2	2,5													44	3,750	47	34,6875
	3	3,5													51	5,625	54	36,5625
	4	4,5													58	7,500	1	38,4375
	5	5,5	8	23	38	53	68	83	98	113	128	143	158	173	5	9,375	8	40,3125
	6	6,5													12	11,250	15	42,1875
	7	7,5													19	13,125	22	44,0625
	8	8,5													26	15	29	45,9375
	9	9,5													33	16,875	36	47,8125
	10	10,5													40	18,750	43	49,6875
	11	11,5													47	20,625	50	51,5625
	12	12,5													54	22,500	57	53,4375
	13	13,5	9	24	39	54	69	84	99	114	129	144	159	174	1	24,375	4	55,3125
	14	14,5													8	26,250	11	57,1875
	15	15,5													15	28,125	18	59,0625
5	0	0,5													22	30	26	0,9375
	1	1,5													29	31,875	33	2,8125
	2	2,5													36	33,750	40	4,6875
	3	3,5													43	35,625	47	6,5625
	4	4,5													50	37,500	54	8,4375
	5	5,5													57	39,375	1	10,3125
	6	6,5	10	25	40	55	70	85	100	115	130	145	160	175	4	41,250	8	12,1875
	7	7,5													11	43,125	15	14,0625
	8	8,5													18	45	22	15,9375
	9	9,5													25	46,875	29	17,8125
	10	10,5													32	48,750	36	19,6875
	11	11,5													39	50,625	43	21,5625
	12	12,5													46	52,500	50	23,4375
	13	13,5													53	54,375	57	25,3125
	14	14,5	11	26	41	56	71	86	101	116	131	146	161	176	0	56,250	4	27,1875
	15	15,5													7	58,125	11	29,0625
6	0	0,5													15	0	18	30,9375
	1	1,5													22	1,875	25	32,8125
	2	2,5													29	3,750	32	34,6875
	3	3,5													36	5,625	39	36,5625
	4	4,5													43	7,500	46	38,4375
	5	5,5													50	9,375	53	40,3125
	6	6,5													57	11,250	0	42,1875
	7	7,5	12	27	42	57	72	87	102	117	132	147	162	177	4	13,125	7	44,0625
	8	8,5													11	15	14	45,9375
	9	9,5													18	16,875	21	47,8125
	10	10,5													25	18,750	28	49,6875
	11	11,5													32	20,625	35	51,5625
	12	12,5													39	22,500	42	53,4375
	13	13,5													46	24,375	49	55,3125
	14	14,5													53	26,250	56	57,1875
	15	15,5	13	28	43	58	73	88	103	118	133	148	163	178	0	28,125	3	59,0625
7	0	0,5													7	30	11	0,9375
	1	1,5													14	31,875	18	2,8125
	2	2,5													21	33,750	25	4,6875
	3	3,5													28	35,625	32	6,5625
	4	4,5													35	37,500	39	8,4375
	5	5,5													42	39,375	46	10,3125
	6	6,5													49	41,250	53	12,1875
	7	7,5													56	43,125	0	14,0625
	8	8,5	14	29	44	59	74	89	104	119	134	149	164	179	3	45	7	15,9375
	9	9,5													10	46,875	14	17,8125
	10	10,5													17	48,750	21	19,6875
	11	11,5													24	50,625	28	21,5625
	12	12,5													31	52,500	35	23,4375
	13	13,5													38	54,375	42	25,3125
	14	14,5													45	56,250	49	27,1875
	15	15,5													52	58,125	56	29,0625

III. Tafel zur Verwandlung der Compass-Stunden und deren Theile in Grade, Minuten und Sekunden.

b. 1 Stunde = 192 Zwölftel-Sechszehntel.

Sechszehntel.	Zwölftel-Sechszehntel	oder	Stunden.												Min.	Sek.
			0	1	2	3	4	5	6	7	8	9	10	11		
			Grade.													
0	0	0	0	15	30	45	60	75	90	105	120	135	150	165	0	0
	1	0+													4	41,25
	2	0¼—													9	22,50
	3	0¼													14	3,75
	4	0¼+													18	45
	5	0½—													23	26,25
	6	0½													28	7,50
	7	0½+													32	48,75
	8	0¾—													37	30
	9	0¾													42	11,25
	10	0¾+													46	52,50
	11	1—													51	33,75
1	0	1													56	15
	1	1+	1	16	31	46	61	76	91	106	121	136	151	166	0	56,25
	2	1¼—													5	37,50
	3	1¼													10	18,75
	4	1¼+													15	0
	5	1½—													19	41,25
	6	1½													24	22,50
	7	1½+													29	3,75
	8	1¾—													33	45
	9	1¾													38	26,25
	10	1¾+													43	7,50
	11	2—													47	48,75
2	0	2													52	30
	1	2+													57	11,25
	2	2¼—	2	17	32	47	62	77	92	107	122	137	152	167	1	52,50
	3	2¼													6	33,75
	4	2¼+													11	15
	5	2½—													15	56,25
	6	2½													20	37,50
	7	2½+													25	18,75
	8	2¾—													30	0
	9	2¾													34	41,25
	10	2¾+													39	22,50
	11	3—													44	3,75
3	0	3													48	45
	1	3+													53	26,25
	2	3¼—													58	7,50
	3	3¼	3	18	33	48	63	78	93	108	123	138	153	168	2	48,75
	4	3¼+													7	30
	5	3½—													12	11,25
	6	3½													16	52,50
	7	3½+													21	33,75
	8	3¾—													26	15
	9	3¾													30	56,25
	10	3¾+													35	37,50
	11	4—													40	18,75

III. Tafel zur Verwandlung der Compass-Stunden und deren Theile in Grade, Minuten und Sekunden.

b. 1 Stunde = 192 Zwölftel-Sechszehntel.

Sechszehntel.	Zwölftel-Sechszehntel	oder	Stunden. 0	1	2	3	4	5	6	7	8	9	10	11	Min.	Sek.
			Grade.													
4	0	4	3	18	33	48	63	78	93	108	123	138	153	168	45	0
	1	4+													49	41,25
	2	4¼—													54	22,50
	3	4¼													59	3,75
	4	4¼+	4	19	34	49	64	79	94	109	124	139	154	169	3	45
	5	4½—													8	26,25
	6	4½													13	7,50
	7	4½+													17	48,75
	8	4¾—													22	30
	9	4¾													27	11,25
	10	4¾+													31	52,50
	11	5—													36	33,75
5	0	5													41	15
	1	5+													45	56,25
	2	5¼—													50	37,50
	3	5¼													55	18,75
	4	5¼+	5	20	35	50	65	80	95	110	125	140	155	170	0	0
	5	5½—													4	41,25
	6	5½													9	22,50
	7	5½+													14	3,75
	8	5¾—													18	45
	9	5¾													23	26,25
	10	5¾+													28	7,50
	11	6—													32	48,75
6	0	6													37	30
	1	6+													42	11,25
	2	6¼—													46	52,50
	3	6¼													51	33,75
	4	6¼+													56	15
	5	6½—	6	21	36	51	66	81	96	111	126	141	156	171	0	56,25
	6	6½													5	37,50
	7	6½+													10	18,75
	8	6¾—													15	0
	9	6¾													19	41,25
	10	6¾+													24	22,50
	11	7—													29	3,75
7	0	7													33	45
	1	7+													38	26,25
	2	7¼—													43	7,50
	3	7¼													47	48,75
	4	7¼+													52	30
	5	7½—													57	11,25
	6	7½	7	22	37	52	67	82	97	112	127	142	157	172	1	52,50
	7	7½+													6	33,75
	8	7¾—													11	15
	9	7¾													15	56,25
	10	7¾+													20	37,50
	11	8—													25	18,75

III. Tafel zur Verwandlung der Compass-Stunden und deren Theile in Grade, Minuten und Sekunden.

b. 1 Stunde = 192 Zwölftel-Sechszehntel.

Sechszehntel.	Zwölftel-Sechszehntel	oder	Stunden. 0	1	2	3	4	5	6	7	8	9	10	11	Min.	Sek.
			Grade.													
8	0	8	7	22	37	52	67	82	97	112	127	142	157	172	30	0
	1	8+													34	41,25
	2	8¼—													39	22,50
	3	8¼													44	3,75
	4	8¼+													48	45
	5	8½—													53	26,25
	6	8½													58	7,50
	7	8½+	8	23	38	53	68	83	98	113	128	143	158	173	2	48,75
	8	8¾—													7	30
	9	8¾													12	11,25
	10	8¾+													16	52,50
	11	9—													21	33,75
9	0	9													26	15
	1	9+													30	56,25
	2	9¼—													35	37,50
	3	9¼													40	18,75
	4	9¼+													45	0
	5	9½—													49	41,25
	6	9½													54	22,50
	7	9½+													59	3,75
	8	9¾—	9	24	39	54	69	84	99	114	129	144	159	174	3	45
	9	9¾													8	26,25
	10	9¾+													13	7,50
	11	10—													17	48,75
10	0	10													22	30
	1	10+													27	11,25
	2	10¼—													31	52,50
	3	10¼													36	33,75
	4	10¼+													41	15
	5	10½—													45	56,25
	6	10½													50	37,50
	7	10½+													55	18,75
	8	10¾—	10	25	40	55	70	85	100	115	130	145	160	175	0	0
	9	10¾													4	41,25
	10	10¾+													9	22,50
	11	11—													14	3,75
11	0	11													18	45
	1	11+													23	26,25
	2	11¼—													28	7,50
	3	11¼													32	48,75
	4	11¼+													37	30
	5	11½—													42	11,25
	6	11½													46	52,50
	7	11½+													51	33,75
	8	11¾—													56	15
	9	11¾	11	26	41	56	71	86	101	116	131	146	161	176	0	56,25
	10	11¾+													5	37,50
	11	12—													10	18,75

III. Tafel zur Verwandlung der Compass-Stunden und deren Theile in Grade, Minuten und Sekunden.

b. 1 Stunde = 192 Zwölftel-Sechszehntel.

Sechszehntel.	Zwölftel-Sechszehntel	oder	Stunden. 0	1	2	3	4	5	6	7	8	9	10	11	Min.	Sek.
			Grade.													
12	0	12	11	26	41	56	71	86	101	116	131	146	161	176	15	0
	1	12+													19	41,25
	2	12¼—													24	22,50
	3	12¼													29	3,75
	4	12¼+													33	45
	5	12½—													38	26,25
	6	12½													43	7,50
	7	12½+													47	48,75
	8	12¾—													52	30
	9	12¾													57	11,25
	10	12¾+	12	27	42	57	72	87	102	117	132	147	162	177	1	52,50
	11	13—													6	33,75
13	0	13													11	15
	1	13+													15	56,25
	2	13¼—													20	37,50
	3	13¼													25	18,75
	4	13¼+													30	0
	5	13½—													34	41,25
	6	13½													39	22,50
	7	13½+													44	3,75
	8	13¾—													48	45
	9	13¾													53	26,25
	10	13¾+													58	7,50
	11	14—	13	28	43	58	73	88	103	118	133	148	163	178	2	48,75
14	0	14													7	30
	1	14+													12	11,25
	2	14¼—													16	52,50
	3	14¼													21	33,75
	4	14¼+													26	15
	5	14½—													30	56,25
	6	14½													35	37,50
	7	14½+													40	18,75
	8	14¾—													45	0
	9	14¾													49	41,25
	10	14¾+													54	22,50
	11	15—													59	3,75
15	0	15	14	29	44	59	74	89	104	119	134	149	164	179	3	45
	1	15+													8	26,25
	2	15¼—													13	7,50
	3	15¼													17	48,75
	4	15¼+													22	30
	5	15½—													27	11,25
	6	15½													31	52,50
	7	15½+													36	33,75
	8	15¾—													41	15
	9	15¾													45	56,25
	10	15¾+													50	37,50
	11	16—													55	18,75

IV. Tafel zur Verwandlung der Grade in Stunden, Achtel- und Sechszehntel-Achtel-Stunden.

Grd.	St.	Grd.	St.	Grd.	St.	Grd.	St.	Grd.	St.	Grd.	St.	Grd.	St.	Grd.	St.	Grd	St.	Grd.	St.	Grd.	St.	Grd.	St.	A.	S. A.
1	0	16	1	31	2	46	3	61	4	76	5	91	6	106	7	121	8	136	9	151	10	166	11	0	8,533
2	0	17	1	32	2	47	3	62	4	77	5	92	6	107	7	122	8	137	9	152	10	167	11	1	1,067
3	0	18	1	33	2	48	3	63	4	78	5	93	6	108	7	123	8	138	9	153	10	168	11	1	9,600
4	0	19	1	34	2	49	3	64	4	79	5	94	6	109	7	124	8	139	9	154	10	169	11	2	2,133
5	0	20	1	35	2	50	3	65	4	80	5	95	6	110	7	125	8	140	9	155	10	170	11	2	10,667
6	0	21	1	36	2	51	3	66	4	81	5	96	6	111	7	126	8	141	9	156	10	171	11	3	3,200
7	0	22	1	37	2	52	3	67	4	82	5	97	6	112	7	127	8	142	9	157	10	172	11	3	11,733
8	0	23	1	38	2	53	3	68	4	83	5	98	6	113	7	128	8	143	9	158	10	173	11	4	4,267
9	0	24	1	39	2	54	3	69	4	84	5	99	6	114	7	129	8	144	9	159	10	174	11	4	12,800
10	0	25	1	40	2	55	3	70	4	85	5	100	6	115	7	130	8	145	9	160	10	175	11	5	5,333
11	0	26	1	41	2	56	3	71	4	86	5	101	6	116	7	131	8	146	9	161	10	176	11	5	13,867
12	0	27	1	42	2	57	3	72	4	87	5	102	6	117	7	132	8	147	9	162	10	177	11	6	6,400
13	0	28	1	43	2	58	3	73	4	88	5	103	6	118	7	133	8	148	9	163	10	178	11	6	14,933
14	0	29	1	44	2	59	3	74	4	89	5	104	6	119	7	134	8	149	9	164	10	179	11	7	7,467
15	1	30	2	45	3	60	4	75	5	90	6	105	7	120	8	135	9	150	10	165	11	180	12	0	0

V. Tafel zur Verwandlung der Minuten in Sechszehntel-Achtel-Stunden.

Min.	St.	A.	S. A.	Min.	St.	A.	S. A.	Min.	St.	A.	S. A.	Min.	St.	A.	S. A.
1			0,142	16			2,276	31			4,409	46			6,542
2			0,284	17			2,418	32			4,551	47			6,684
3			0,427	18			2,560	33			4,693	48			6,827
4			0,569	19			2,702	34			4,836	49			6,969
5			0,711	20			2,844	35			4,978	50			7,111
6			0,853	21			2,987	36			5,120	51			7,253
7			0,996	22			3,129	37			5,262	52			7,396
8			1,138	23			3,271	38			5,404	53			7,538
9			1,280	24			3,413	39			5,547	54			7,680
10			1,422	25			3,556	40			5,689	55			7,822
11			1,564	26			3,698	41			5,831	56			7,964
12			1,707	27			3,840	42			5,973	57			8,107
13			1,849	28			3,982	43			6,116	58			8,249
14			1,991	29			4,124	44			6,258	59			8,391
15			2,133	30			4,267	45			6,400	60			8,533

VI. Tafel zur Verwandlung der Sekunden in Sechszehntel-Achtel-Stunden.

Sek.	St.	A.	S. A.	Sek.	St.	A.	S. A.	Sek.	St.	A.	S. A.	Sek.	St.	A.	S. A.
1			0,002	16			0,038	31			0,073	46			0,109
2			0,005	17			0,040	32			0,076	47			0,111
3			0,007	18			0,043	33			0,078	48			0,114
4			0,009	19			0,045	34			0,081	49			0,116
5			0,012	20			0,047	35			0,083	50			0,119
6			0,014	21			0,050	36			0,085	51			0,121
7			0,017	22			0,052	37			0,088	52			0,123
8			0,019	23			0,055	38			0,090	53			0,126
9			0,021	24			0,057	39			0,092	54			0,128
10			0,024	25			0,059	40			0,095	55			0,130
11			0,026	26			0,062	41			0,097	56			0,133
12			0,028	27			0,064	42			0,100	57			0,135
13			0,031	28			0,066	43			0,102	58			0,137
14			0,033	29			0,069	44			0,104	59			0,140
15			0,036	30			0,071	45			0,107	60			0,142

VII. Tafel zur Verwandlung der Grade in Stunden, Sechszehntel- und Zwölftel-Sechszehntel-Stunden.

Grd.	St.	Grd.	St.	Grd.	St.	Grd.	St.	Grd.	St.	Grd.	St.	Grd.	St.	Grd.	St.	Grd	St.	Grd.	St.	Grd.	St.	Grd.	St.	S.	Zw. S.
1	0	16	1	31	2	46	3	61	4	76	5	91	6	106	7	121	8	136	9	151	10	166	11	1	0,8
2	0	17	1	32	2	47	3	62	4	77	5	92	6	107	7	122	8	137	9	152	10	167	11	2	1,6
3	0	18	1	33	2	48	3	63	4	78	5	93	6	108	7	123	8	138	9	153	10	168	11	3	2,4
4	0	19	1	34	2	49	3	64	4	79	5	94	6	109	7	124	8	139	9	154	10	169	11	4	3,2
5	0	20	1	35	2	50	3	65	4	80	5	95	6	110	7	125	8	140	9	155	10	170	11	5	4,0
6	0	21	1	36	2	51	3	66	4	81	5	96	6	111	7	126	8	141	9	156	10	171	11	6	4,8
7	0	22	1	37	2	52	3	67	4	82	5	97	6	112	7	127	8	142	9	157	10	172	11	7	5,6
8	0	23	1	38	2	53	3	68	4	83	5	98	6	113	7	128	8	143	9	158	10	173	11	8	6,4
9	0	24	1	39	2	54	3	69	4	84	5	99	6	114	7	129	8	144	9	159	10	174	11	9	7,2
10	0	25	1	40	2	55	3	70	4	85	5	100	6	115	7	130	8	145	9	160	10	175	11	10	8,0
11	0	26	1	41	2	56	3	71	4	86	5	101	6	116	7	131	8	146	9	161	10	176	11	11	8,8
12	0	27	1	42	2	57	3	72	4	87	5	102	6	117	7	132	8	147	9	162	10	177	11	12	9,6
13	0	28	1	43	2	58	3	73	4	88	5	103	6	118	7	133	8	148	9	163	10	178	11	13	10,4
14	0	29	1	44	2	59	3	74	4	89	5	104	6	119	7	134	8	149	9	164	10	179	11	14	11,2
15	1	30	2	45	3	60	4	75	5	90	6	105	7	120	8	135	9	150	10	165	11	180	12	0	0

VIII. Tafel zur Verwandlung der Minuten in Zwölftel-Sechszehntel-Stunden.

Min.	St.	S.	Zw. S.	Min.	St.	S.	Zw. S.	Min.	St.	S.	Zw. S.	Min.	St.	S.	Zw. S.
1			0,213	16			3,413	31			6,613	46			9,813
2			0,427	17			3,627	32			6,827	47			10,027
3			0,640	18			3,840	33			7,040	48			10,240
4			0,853	19			4,053	34			7,253	49			10,453
5			1,067	20			4,267	35			7,467	50			10,667
6			1,280	21			4,480	36			7,680	51			10,880
7			1,493	22			4,693	37			7,893	52			11,093
8			1,707	23			4,907	38			8,107	53			11,307
9			1,920	24			5,120	39			8,320	54			11,520
10			2,133	25			5,333	40			8,533	55			11,733
11			2,347	26			5,547	41			8,747	56			11,947
12			2,560	27			5,760	42			8,960	57		1	0,160
13			2,773	28			5,973	43			9,173	58		1	0,373
14			2,987	29			6,187	44			9,387	59		1	0,587
15			3,200	30			6,400	45			9,600	60		1	0,800

IX. Tafel zur Verwandlung der Sekunden in Zwölftel-Sechszehntel-Stunden.

Sek.	St.	S.	Zw. S.	Sek.	St.	S.	Zw. S.	Sek.	St.	S.	Zw. S.	Sek.	St.	S.	Zw. S.
1			0,004	16			0,057	31			0,110	46			0,164
2			0,007	17			0,060	32			0,114	47			0,167
3			0,011	18			0,064	33			0,117	48			0,171
4			0,014	19			0,068	34			0,121	49			0,174
5			0,018	20			0,071	35			0,124	50			0,178
6			0,021	21			0,075	36			0,128	51			0,181
7			0,025	22			0,078	37			0,132	52			0,185
8			0,028	23			0,082	38			0,135	53			0,188
9			0,032	24			0,085	39			0,139	54			0,192
10			0,036	25			0,089	40			0,142	55			0,196
11			0,039	26			0,092	41			0,146	56			0,199
12			0,043	27			0,096	42			0,149	57			0,203
13			0,046	28			0,100	43			0,153	58			0,206
14			0,050	29			0,103	44			0,156	59			0,210
15			0,053	30			0,107	45			0,160	60			0,213

X.

Tafel der Tangenten und Cotangenten für den Radius 1 und die von Minute zu Minute wachsenden Winkel von 0 bis 90 Grad.

X. Tafel der Tangenten und Cotangenten für den Radius 1.

Minuten	Grade 0	1	2	3	4	5	6	7	8	9	10	11	12	13	14	Minuten
	Tangenten															
0	0,0000	0,0175	0,0349	0,0524	0,0699	0,0875	0,1051	0,1228	0,1405	0,1584	0,1763	0,1944	0,2126	0,2309	0,2493	**60**
1	0,0003	0,0177	0,0352	0,0527	0,0702	0,0878	0,1054	0,1231	0,1408	0,1587	0,1766	0,1947	0,2129	0,2312	0,2496	59
2	0,0006	0,0180	0,0355	0,0530	0,0705	0,0881	0,1057	0,1234	0,1411	0,1590	0,1769	0,1950	0,2132	0,2315	0,2499	58
3	0,0009	0,0183	0,0358	0,0533	0,0708	0,0884	0,1060	0,1237	0,1414	0,1593	0,1772	0,1953	0,2135	0,2318	0,2503	57
4	0,0012	0,0186	0,0361	0,0536	0,0711	0,0887	0,1063	0,1240	0,1417	0,1596	0,1775	0,1956	0,2138	0,2321	0,2506	56
5	0,0015	0,0189	0,0364	0,0539	0,0714	0,0890	0,1066	0,1243	0,1420	0,1599	0,1778	0,1959	0,2141	0,2324	0,2509	55
6	0,0017	0,0192	0,0367	0,0542	0,0717	0,0892	0,1069	0,1246	0,1423	0,1602	0,1781	0,1962	0,2144	0,2327	0,2512	54
7	0,0020	0,0195	0,0370	0,0544	0,0720	0,0895	0,1072	0,1249	0,1426	0,1605	0,1784	0,1965	0,2147	0,2330	0,2515	53
8	0,0023	0,0198	0,0373	0,0547	0,0723	0,0898	0,1075	0,1251	0,1429	0,1608	0,1787	0,1968	0,2150	0,2333	0,2518	52
9	0,0026	0,0201	0,0375	0,0550	0,0726	0,0901	0,1078	0,1254	0,1432	0,1611	0,1790	0,1971	0,2153	0,2336	0,2521	51
10	0,0029	0,0204	0,0378	0,0553	0,0729	0,0904	0,1080	0,1257	0,1435	0,1614	0,1793	0,1974	0,2156	0,2339	0,2524	**50**
11	0,0032	0,0207	0,0381	0,0556	0,0731	0,0907	0,1083	0,1260	0,1438	0,1617	0,1796	0,1977	0,2159	0,2342	0,2527	49
12	0,0035	0,0209	0,0384	0,0559	0,0734	0,0910	0,1086	0,1263	0,1441	0,1620	0,1799	0,1980	0,2162	0,2345	0,2530	48
13	0,0038	0,0212	0,0387	0,0562	0,0737	0,0913	0,1089	0,1266	0,1444	0,1623	0,1802	0,1983	0,2165	0,2349	0,2533	47
14	0,0041	0,0215	0,0390	0,0565	0,0740	0,0916	0,1092	0,1269	0,1447	0,1626	0,1805	0,1986	0,2168	0,2352	0,2537	46
15	0,0044	0,0218	0,0393	0,0568	0,0743	0,0919	0,1095	0,1272	0,1450	0,1629	0,1808	0,1989	0,2171	0,2355	0,2540	45
16	0,0047	0,0221	0,0396	0,0571	0,0746	0,0922	0,1098	0,1275	0,1453	0,1632	0,1811	0,1992	0,2174	0,2358	0,2543	44
17	0,0049	0,0224	0,0399	0,0574	0,0749	0,0925	0,1101	0,1278	0,1456	0,1635	0,1814	0,1995	0,2177	0,2361	0,2546	43
18	0,0052	0,0227	0,0402	0,0577	0,0752	0,0928	0,1104	0,1281	0,1459	0,1638	0,1817	0,1998	0,2180	0,2364	0,2549	42
19	0,0055	0,0230	0,0405	0,0580	0,0755	0,0931	0,1107	0,1284	0,1462	0,1641	0,1820	0,2001	0,2183	0,2367	0,2552	41
20	0,0058	0,0233	0,0407	0,0582	0,0758	0,0934	0,1110	0,1287	0,1465	0,1644	0,1823	0,2004	0,2186	0,2370	0,2555	**40**
21	0,0061	0,0236	0,0410	0,0585	0,0761	0,0936	0,1113	0,1290	0,1468	0,1647	0,1826	0,2007	0,2189	0,2373	0,2558	39
22	0,0064	0,0239	0,0413	0,0588	0,0764	0,0939	0,1116	0,1293	0,1471	0,1650	0,1829	0,2010	0,2193	0,2376	0,2561	38
23	0,0067	0,0241	0,0416	0,0591	0,0767	0,0942	0,1119	0,1296	0,1474	0,1653	0,1832	0,2013	0,2196	0,2379	0,2564	37
24	0,0070	0,0244	0,0419	0,0594	0,0769	0,0945	0,1122	0,1299	0,1477	0,1655	0,1835	0,2016	0,2199	0,2382	0,2568	36
25	0,0073	0,0247	0,0422	0,0597	0,0772	0,0948	0,1125	0,1302	0,1480	0,1658	0,1838	0,2019	0,2202	0,2385	0,2571	35
26	0,0076	0,0250	0,0425	0,0600	0,0775	0,0951	0,1128	0,1305	0,1483	0,1661	0,1841	0,2022	0,2205	0,2388	0,2574	34
27	0,0079	0,0253	0,0428	0,0603	0,0778	0,0954	0,1131	0,1308	0,1486	0,1664	0,1844	0,2025	0,2208	0,2392	0,2577	33
28	0,0081	0,0256	0,0431	0,0606	0,0781	0,0957	0,1133	0,1311	0,1489	0,1667	0,1847	0,2028	0,2211	0,2395	0,2580	32
29	0,0084	0,0259	0,0434	0,0609	0,0784	0,0960	0,1136	0,1314	0,1492	0,1670	0,1850	0,2031	0,2214	0,2398	0,2583	31
30	0,0087	0,0262	0,0437	0,0612	0,0787	0,0963	0,1139	0,1317	0,1495	0,1673	0,1853	0,2035	0,2217	0,2401	0,2586	**30**
31	0,0090	0,0265	0,0440	0,0615	0,0790	0,0966	0,1142	0,1319	0,1497	0,1676	0,1856	0,2038	0,2220	0,2404	0,2589	29
32	0,0093	0,0268	0,0442	0,0617	0,0793	0,0969	0,1145	0,1322	0,1500	0,1679	0,1859	0,2041	0,2223	0,2407	0,2592	28
33	0,0096	0,0271	0,0445	0,0620	0,0796	0,0972	0,1148	0,1325	0,1503	0,1682	0,1862	0,2044	0,2226	0,2410	0,2595	27
34	0,0099	0,0274	0,0448	0,0623	0,0799	0,0975	0,1151	0,1328	0,1506	0,1685	0,1865	0,2047	0,2229	0,2413	0,2599	26
35	0,0102	0,0276	0,0451	0,0626	0,0802	0,0978	0,1154	0,1331	0,1509	0,1688	0,1868	0,2050	0,2232	0,2416	0,2602	25
36	0,0105	0,0279	0,0454	0,0629	0,0805	0,0981	0,1157	0,1334	0,1512	0,1691	0,1871	0,2053	0,2235	0,2419	0,2605	24
37	0,0108	0,0282	0,0457	0,0632	0,0808	0,0983	0,1160	0,1337	0,1515	0,1694	0,1874	0,2056	0,2238	0,2422	0,2608	23
38	0,0111	0,0285	0,0460	0,0635	0,0810	0,0986	0,1163	0,1340	0,1518	0,1697	0,1877	0,2059	0,2241	0,2425	0,2611	22
39	0,0113	0,0288	0,0463	0,0638	0,0813	0,0989	0,1166	0,1343	0,1521	0,1700	0,1880	0,2062	0,2244	0,2428	0,2614	21
40	0,0116	0,0291	0,0466	0,0641	0,0816	0,0992	0,1169	0,1346	0,1524	0,1703	0,1883	0,2065	0,2247	0,2432	0,2617	**20**
41	0,0119	0,0294	0,0469	0,0644	0,0819	0,0995	0,1172	0,1349	0,1527	0,1706	0,1887	0,2068	0,2251	0,2435	0,2620	19
42	0,0122	0,0297	0,0472	0,0647	0,0822	0,0998	0,1175	0,1352	0,1530	0,1709	0,1890	0,2071	0,2254	0,2438	0,2623	18
43	0,0125	0,0300	0,0475	0,0650	0,0825	0,1001	0,1178	0,1355	0,1533	0,1712	0,1893	0,2074	0,2257	0,2441	0,2627	17
44	0,0128	0,0303	0,0477	0,0653	0,0828	0,1004	0,1181	0,1358	0,1536	0,1715	0,1896	0,2077	0,2260	0,2444	0,2630	16
45	0,0131	0,0306	0,0480	0,0655	0,0831	0,1007	0,1184	0,1361	0,1539	0,1718	0,1899	0,2080	0,2263	0,2447	0,2633	15
46	0,0134	0,0308	0,0483	0,0658	0,0834	0,1010	0,1187	0,1364	0,1542	0,1721	0,1902	0,2083	0,2266	0,2450	0,2636	14
47	0,0137	0,0311	0,0486	0,0661	0,0837	0,1013	0,1189	0,1367	0,1545	0,1724	0,1905	0,2086	0,2269	0,2453	0,2639	13
48	0,0140	0,0314	0,0489	0,0664	0,0840	0,1016	0,1192	0,1370	0,1548	0,1727	0,1908	0,2089	0,2272	0,2456	0,2642	12
49	0,0143	0,0317	0,0492	0,0667	0,0843	0,1019	0,1195	0,1373	0,1551	0,1730	0,1911	0,2092	0,2275	0,2459	0,2645	11
50	0,0145	0,0320	0,0495	0,0670	0,0846	0,1022	0,1198	0,1376	0,1554	0,1733	0,1914	0,2095	0,2278	0,2462	0,2648	**10**
51	0,0148	0,0323	0,0498	0,0673	0,0849	0,1025	0,1201	0,1379	0,1557	0,1736	0,1917	0,2098	0,2281	0,2465	0,2651	9
52	0,0151	0,0326	0,0501	0,0676	0,0851	0,1028	0,1204	0,1382	0,1560	0,1739	0,1920	0,2101	0,2284	0,2469	0,2655	8
53	0,0154	0,0329	0,0504	0,0679	0,0854	0,1030	0,1207	0,1385	0,1563	0,1742	0,1923	0,2104	0,2287	0,2472	0,2658	7
54	0,0157	0,0332	0,0507	0,0682	0,0857	0,1033	0,1210	0,1388	0,1566	0,1745	0,1926	0,2107	0,2290	0,2475	0,2661	6
55	0,0160	0,0335	0,0509	0,0685	0,0860	0,1036	0,1213	0,1391	0,1569	0,1748	0,1929	0,2110	0,2293	0,2478	0,2664	5
56	0,0163	0,0338	0,0512	0,0688	0,0863	0,1039	0,1216	0,1394	0,1572	0,1751	0,1932	0,2113	0,2296	0,2481	0,2667	4
57	0,0166	0,0340	0,0515	0,0690	0,0866	0,1042	0,1219	0,1397	0,1575	0,1754	0,1935	0,2116	0,2299	0,2484	0,2670	3
58	0,0169	0,0343	0,0518	0,0693	0,0869	0,1045	0,1222	0,1399	0,1578	0,1757	0,1938	0,2119	0,2303	0,2487	0,2673	2
59	0,0172	0,0346	0,0521	0,0696	0,0872	0,1048	0,1225	0,1402	0,1581	0,1760	0,1941	0,2123	0,2306	0,2490	0,2676	1
60	0,0175	0,0349	0,0524	0,0699	0,0875	0,1051	0,1228	0,1405	0,1584	0,1763	0,1944	0,2126	0,2309	0,2493	0,2679	**0**
	Cotangenten															
Minuten	89	88	87	86	85	84	83	82	81	80	79	78	77	76	75	Minuten
	Grade															

X. Tafel der Tangenten und Cotangenten für den Radius 1.

Minuten.	Grade.															Minuten.
	15	16	17	18	19	20	21	22	23	24	25	26	27	28	29	
	Tangenten.															
0	0,2679	0,2867	0,3057	0,3249	0,3443	0,3640	0,3839	0,4040	0,4245	0,4452	0,4663	0,4877	0,5095	0,5317	0,5543	**60**
1	0,2683	0,2871	0,3060	0,3252	0,3447	0,3643	0,3842	0,4044	0,4248	0,4456	0,4667	0,4881	0,5099	0,5321	0,5547	59
2	0,2686	0,2874	0,3064	0,3256	0,3450	0,3646	0,3845	0,4047	0,4252	0,4459	0,4670	0,4885	0,5103	0,5325	0,5551	58
3	0,2689	0,2877	0,3067	0,3259	0,3453	0,3650	0,3849	0,4050	0,4255	0,4463	0,4674	0,4888	0,5106	0,5328	0,5555	57
4	0,2692	0,2880	0,3070	0,3262	0,3456	0,3653	0,3852	0,4054	0,4258	0,4466	0,4677	0,4892	0,5110	0,5332	0,5558	56
5	0,2695	0,2883	0,3073	0,3265	0,3460	0,3656	0,3855	0,4057	0,4262	0,4470	0,4681	0,4895	0,5114	0,5336	0,5562	55
6	0,2698	0,2886	0,3076	0,3269	0,3463	0,3659	0,3859	0,4061	0,4265	0,4473	0,4684	0,4899	0,5117	0,5340	0,5566	54
7	0,2701	0,2890	0,3080	0,3272	0,3466	0,3663	0,3862	0,4064	0,4269	0,4477	0,4688	0,4903	0,5121	0,5343	0,5570	53
8	0,2704	0,2893	0,3083	0,3275	0,3469	0,3666	0,3865	0,4067	0,4272	0,4480	0,4691	0,4906	0,5125	0,5347	0,5574	52
9	0,2708	0,2896	0,3086	0,3278	0,3473	0,3669	0,3869	0,4071	0,4276	0,4484	0,4695	0,4910	0,5128	0,5351	0,5577	51
10	0,2711	0,2899	0,3089	0,3281	0,3476	0,3673	0,3872	0,4074	0,4279	0,4487	0,4699	0,4913	0,5132	0,5354	0,5581	**50**
11	0,2714	0,2902	0,3092	0,3285	0,3479	0,3676	0,3875	0,4078	0,4283	0,4491	0,4702	0,4917	0,5136	0,5358	0,5585	49
12	0,2717	0,2905	0,3096	0,3288	0,3482	0,3679	0,3879	0,4081	0,4286	0,4494	0,4706	0,4921	0,5139	0,5362	0,5589	48
13	0,2720	0,2908	0,3099	0,3291	0,3486	0,3683	0,3882	0,4084	0,4289	0,4498	0,4709	0,4924	0,5143	0,5366	0,5593	47
14	0,2723	0,2912	0,3102	0,3294	0,3489	0,3686	0,3885	0,4088	0,4293	0,4501	0,4713	0,4928	0,5147	0,5369	0,5596	46
15	0,2726	0,2915	0,3105	0,3298	0,3492	0,3689	0,3889	0,4091	0,4296	0,4505	0,4716	0,4931	0,5150	0,5373	0,5600	45
16	0,2729	0,2918	0,3108	0,3301	0,3495	0,3693	0,3892	0,4095	0,4300	0,4508	0,4720	0,4935	0,5154	0,5377	0,5604	44
17	0,2733	0,2921	0,3111	0,3304	0,3499	0,3696	0,3895	0,4098	0,4303	0,4512	0,4723	0,4939	0,5158	0,5381	0,5608	43
18	0,2736	0,2924	0,3115	0,3307	0,3502	0,3699	0,3899	0,4101	0,4307	0,4515	0,4727	0,4942	0,5161	0,5384	0,5612	42
19	0,2739	0,2927	0,3118	0,3310	0,3505	0,3702	0,3902	0,4105	0,4310	0,4519	0,4731	0,4946	0,5165	0,5388	0,5616	41
20	0,2742	0,2931	0,3121	0,3314	0,3508	0,3706	0,3906	0,4108	0,4314	0,4522	0,4734	0,4950	0,5169	0,5392	0,5619	**40**
21	0,2745	0,2934	0,3124	0,3317	0,3512	0,3709	0,3909	0,4111	0,4317	0,4526	0,4738	0,4953	0,5172	0,5396	0,5623	39
22	0,2748	0,2937	0,3127	0,3320	0,3515	0,3712	0,3912	0,4115	0,4320	0,4529	0,4741	0,4957	0,5176	0,5399	0,5627	38
23	0,2751	0,2940	0,3131	0,3323	0,3518	0,3716	0,3916	0,4118	0,4324	0,4533	0,4745	0,4960	0,5180	0,5403	0,5631	37
24	0,2754	0,2943	0,3134	0,3327	0,3522	0,3719	0,3919	0,4122	0,4327	0,4536	0,4748	0,4964	0,5184	0,5407	0,5635	36
25	0,2758	0,2946	0,3137	0,3330	0,3525	0,3722	0,3922	0,4125	0,4331	0,4540	0,4752	0,4968	0,5187	0,5411	0,5639	35
26	0,2761	0,2949	0,3140	0,3333	0,3528	0,3726	0,3926	0,4129	0,4334	0,4543	0,4755	0,4971	0,5191	0,5415	0,5642	34
27	0,2764	0,2953	0,3143	0,3336	0,3531	0,3729	0,3929	0,4132	0,4338	0,4547	0,4759	0,4975	0,5195	0,5418	0,5646	33
28	0,2767	0,2956	0,3147	0,3339	0,3535	0,3732	0,3932	0,4135	0,4341	0,4550	0,4763	0,4979	0,5198	0,5422	0,5650	32
29	0,2770	0,2959	0,3150	0,3343	0,3538	0,3736	0,3936	0,4139	0,4345	0,4554	0,4766	0,4982	0,5202	0,5426	0,5654	31
30	0,2773	0,2962	0,3153	0,3346	0,3541	0,3739	0,3939	0,4142	0,4348	0,4557	0,4770	0,4986	0,5206	0,5430	0,5658	**30**
31	0,2776	0,2965	0,3156	0,3349	0,3544	0,3742	0,3942	0,4146	0,4352	0,4561	0,4773	0,4989	0,5209	0,5433	0,5662	29
32	0,2780	0,2968	0,3159	0,3352	0,3548	0,3745	0,3946	0,4149	0,4355	0,4564	0,4777	0,4993	0,5213	0,5437	0,5665	28
33	0,2783	0,2972	0,3163	0,3356	0,3551	0,3749	0,3949	0,4152	0,4359	0,4568	0,4780	0,4997	0,5217	0,5441	0,5669	27
34	0,2786	0,2975	0,3166	0,3359	0,3554	0,3752	0,3953	0,4156	0,4362	0,4571	0,4784	0,5000	0,5220	0,5445	0,5673	26
35	0,2789	0,2978	0,3169	0,3362	0,3558	0,3755	0,3956	0,4159	0,4365	0,4575	0,4788	0,5004	0,5224	0,5448	0,5677	25
36	0,2792	0,2981	0,3172	0,3365	0,3561	0,3759	0,3959	0,4163	0,4369	0,4578	0,4791	0,5008	0,5228	0,5452	0,5681	24
37	0,2795	0,2984	0,3175	0,3369	0,3564	0,3762	0,3963	0,4166	0,4372	0,4582	0,4795	0,5011	0,5232	0,5456	0,5685	23
38	0,2798	0,2987	0,3179	0,3372	0,3567	0,3765	0,3966	0,4169	0,4376	0,4585	0,4798	0,5015	0,5235	0,5460	0,5688	22
39	0,2801	0,2991	0,3182	0,3375	0,3571	0,3769	0,3969	0,4173	0,4379	0,4589	0,4802	0,5019	0,5239	0,5464	0,5692	21
40	0,2805	0,2994	0,3185	0,3378	0,3574	0,3772	0,3973	0,4176	0,4383	0,4592	0,4806	0,5022	0,5243	0,5467	0,5696	**20**
41	0,2808	0,2997	0,3188	0,3382	0,3577	0,3775	0,3976	0,4180	0,4386	0,4596	0,4809	0,5026	0,5246	0,5471	0,5700	19
42	0,2811	0,3000	0,3191	0,3385	0,3581	0,3779	0,3979	0,4183	0,4390	0,4599	0,4813	0,5029	0,5250	0,5475	0,5704	18
43	0,2814	0,3003	0,3195	0,3388	0,3584	0,3782	0,3983	0,4187	0,4393	0,4603	0,4816	0,5033	0,5254	0,5479	0,5708	17
44	0,2817	0,3006	0,3198	0,3391	0,3587	0,3785	0,3986	0,4190	0,4397	0,4607	0,4820	0,5037	0,5258	0,5482	0,5712	16
45	0,2820	0,3010	0,3201	0,3395	0,3590	0,3789	0,3990	0,4193	0,4400	0,4610	0,4823	0,5040	0,5261	0,5486	0,5715	15
46	0,2823	0,3013	0,3204	0,3398	0,3594	0,3792	0,3993	0,4197	0,4404	0,4614	0,4827	0,5044	0,5265	0,5490	0,5719	14
47	0,2827	0,3016	0,3207	0,3401	0,3597	0,3795	0,3996	0,4200	0,4407	0,4617	0,4831	0,5048	0,5269	0,5494	0,5723	13
48	0,2830	0,3019	0,3211	0,3404	0,3600	0,3799	0,4000	0,4204	0,4411	0,4621	0,4834	0,5051	0,5272	0,5498	0,5727	12
49	0,2833	0,3022	0,3214	0,3408	0,3604	0,3802	0,4003	0,4207	0,4414	0,4624	0,4838	0,5055	0,5276	0,5501	0,5731	11
50	0,2836	0,3026	0,3217	0,3411	0,3607	0,3805	0,4006	0,4210	0,4417	0,4628	0,4841	0,5059	0,5280	0,5505	0,5735	**10**
51	0,2839	0,3029	0,3220	0,3414	0,3610	0,3809	0,4010	0,4214	0,4421	0,4631	0,4845	0,5062	0,5284	0,5509	0,5739	9
52	0,2842	0,3032	0,3223	0,3417	0,3613	0,3812	0,4013	0,4217	0,4424	0,4635	0,4849	0,5066	0,5287	0,5513	0,5743	8
53	0,2845	0,3035	0,3227	0,3421	0,3617	0,3815	0,4017	0,4221	0,4428	0,4638	0,4852	0,5070	0,5291	0,5517	0,5746	7
54	0,2849	0,3038	0,3230	0,3424	0,3620	0,3819	0,4020	0,4224	0,4431	0,4642	0,4856	0,5073	0,5295	0,5520	0,5750	6
55	0,2852	0,3041	0,3233	0,3427	0,3623	0,3822	0,4023	0,4228	0,4435	0,4645	0,4859	0,5077	0,5298	0,5524	0,5754	5
56	0,2855	0,3045	0,3236	0,3430	0,3627	0,3825	0,4027	0,4231	0,4438	0,4649	0,4863	0,5081	0,5302	0,5528	0,5758	4
57	0,2858	0,3048	0,3240	0,3434	0,3630	0,3829	0,4030	0,4234	0,4442	0,4652	0,4867	0,5084	0,5306	0,5532	0,5762	3
58	0,2861	0,3051	0,3243	0,3437	0,3633	0,3832	0,4033	0,4238	0,4445	0,4656	0,4870	0,5088	0,5310	0,5535	0,5766	2
59	0,2864	0,3054	0,3246	0,3440	0,3636	0,3835	0,4037	0,4241	0,4449	0,4660	0,4874	0,5092	0,5313	0,5539	0,5770	1
60	0,2867	0,3057	0,3249	0,3443	0,3640	0,3839	0,4040	0,4245	0,4452	0,4663	0,4877	0,5095	0,5317	0,5543	0,5774	**0**
Minuten.	Cotangenten.															Minuten.
	74	73	72	71	70	69	68	67	66	65	64	63	62	61	60	
	Grade.															

X. Tafel der Tangenten und Cotangenten für den Radius 1.

Minuten.	Grade. 30	31	32	33	34	35	36	37	38	39	40	41	42	43	44	Minuten.
	Tangenten.															
0	0,5774	0,6009	0,6249	0,6494	0,6745	0,7002	0,7265	0,7536	0,7813	0,8098	0,8391	0,8693	0,9004	0,9325	0,9657	**60**
1	0,5777	0,6013	0,6253	0,6498	0,6749	0,7006	0,7270	0,7540	0,7818	0,8103	0,8396	0,8698	0,9009	0,9331	0,9663	59
2	0,5781	0,6017	0,6257	0,6502	0,6754	0,7011	0,7274	0,7545	0,7822	0,8107	0,8401	0,8703	0,9015	0,9336	0,9668	58
3	0,5785	0,6020	0,6261	0,6506	0,6758	0,7015	0,7279	0,7549	0,7827	0,8112	0,8406	0,8708	0,9020	0,9341	0,9674	57
4	0,5789	0,6024	0,6265	0,6511	0,6762	0,7019	0,7283	0,7554	0,7832	0,8117	0,8411	0,8713	0,9025	0,9347	0,9679	56
5	0,5793	0,6028	0,6269	0,6515	0,6766	0,7024	0,7288	0,7558	0,7836	0,8122	0,8416	0,8718	0,9030	0,9352	0,9685	55
6	0,5797	0,6032	0,6273	0,6519	0,6771	0,7028	0,7292	0,7563	0,7841	0,8127	0,8421	0,8724	0,9036	0,9358	0,9691	54
7	0,5801	0,6036	0,6277	0,6523	0,6775	0,7032	0,7297	0,7568	0,7846	0,8132	0,8426	0,8729	0,9041	0,9363	0,9696	53
8	0,5805	0,6040	0,6281	0,6527	0,6779	0,7037	0,7301	0,7572	0,7850	0,8136	0,8431	0,8734	0,9046	0,9369	0,9702	52
9	0,5808	0,6044	0,6285	0,6531	0,6783	0,7041	0,7306	0,7577	0,7855	0,8141	0,8436	0,8739	0,9052	0,9374	0,9708	51
10	0,5812	0,6048	0,6289	0,6536	0,6787	0,7046	0,7310	0,7581	0,7860	0,8146	0,8441	0,8744	0,9057	0,9380	0,9713	**50**
11	0,5816	0,6052	0,6293	0,6540	0,6792	0,7050	0,7314	0,7586	0,7865	0,8151	0,8446	0,8749	0,9062	0,9385	0,9719	49
12	0,5820	0,6056	0,6297	0,6544	0,6796	0,7054	0,7319	0,7590	0,7869	0,8156	0,8451	0,8754	0,9067	0,9391	0,9725	48
13	0,5824	0,6060	0,6301	0,6548	0,6800	0,7059	0,7323	0,7595	0,7874	0,8161	0,8456	0,8759	0,9073	0,9396	0,9730	47
14	0,5828	0,6064	0,6305	0,6552	0,6805	0,7063	0,7328	0,7600	0,7879	0,8165	0,8461	0,8765	0,9078	0,9402	0,9736	46
15	0,5832	0,6068	0,6310	0,6556	0,6809	0,7067	0,7332	0,7604	0,7883	0,8170	0,8466	0,8770	0,9083	0,9407	0,9742	45
16	0,5836	0,6072	0,6314	0,6560	0,6813	0,7072	0,7337	0,7609	0,7888	0,8175	0,8471	0,8775	0,9089	0,9413	0,9747	44
17	0,5840	0,6076	0,6318	0,6565	0,6817	0,7076	0,7341	0,7613	0,7893	0,8180	0,8476	0,8780	0,9094	0,9418	0,9753	43
18	0,5844	0,6080	0,6322	0,6569	0,6822	0,7080	0,7346	0,7618	0,7898	0,8185	0,8481	0,8785	0,9099	0,9424	0,9759	42
19	0,5847	0,6084	0,6326	0,6573	0,6826	0,7085	0,7350	0,7623	0,7902	0,8190	0,8486	0,8790	0,9105	0,9429	0,9764	41
20	0,5851	0,6088	0,6330	0,6577	0,6830	0,7089	0,7355	0,7627	0,7907	0,8195	0,8491	0,8796	0,9110	0,9435	0,9770	**40**
21	0,5855	0,6092	0,6334	0,6581	0,6834	0,7094	0,7359	0,7632	0,7912	0,8199	0,8496	0,8801	0,9115	0,9440	0,9776	39
22	0,5859	0,6096	0,6338	0,6585	0,6839	0,7098	0,7364	0,7636	0,7916	0,8204	0,8501	0,8806	0,9121	0,9446	0,9781	38
23	0,5863	0,6100	0,6342	0,6590	0,6843	0,7102	0,7368	0,7641	0,7921	0,8209	0,8506	0,8811	0,9126	0,9451	0,9787	37
24	0,5867	0,6104	0,6346	0,6594	0,6847	0,7107	0,7373	0,7646	0,7926	0,8214	0,8511	0,8816	0,9131	0,9457	0,9793	36
25	0,5871	0,6108	0,6350	0,6598	0,6851	0,7111	0,7377	0,7650	0,7931	0,8219	0,8516	0,8821	0,9137	0,9462	0,9798	35
26	0,5875	0,6112	0,6354	0,6602	0,6856	0,7115	0,7382	0,7655	0,7935	0,8224	0,8521	0,8827	0,9142	0,9468	0,9804	34
27	0,5879	0,6116	0,6358	0,6606	0,6860	0,7120	0,7386	0,7659	0,7940	0,8229	0,8526	0,8832	0,9147	0,9473	0,9810	33
28	0,5883	0,6120	0,6363	0,6610	0,6864	0,7124	0,7391	0,7664	0,7945	0,8234	0,8531	0,8837	0,9153	0,9479	0,9816	32
29	0,5887	0,6124	0,6367	0,6615	0,6869	0,7129	0,7395	0,7669	0,7950	0,8238	0,8536	0,8842	0,9158	0,9484	0,9821	31
30	0,5890	0,6128	0,6371	0,6619	0,6873	0,7133	0,7400	0,7673	0,7954	0,8243	0,8541	0,8847	0,9163	0,9490	0,9827	**30**
31	0,5894	0,6132	0,6375	0,6623	0,6877	0,7137	0,7404	0,7678	0,7959	0,8248	0,8546	0,8852	0,9169	0,9495	0,9833	29
32	0,5898	0,6136	0,6379	0,6627	0,6881	0,7142	0,7409	0,7683	0,7964	0,8253	0,8551	0,8858	0,9174	0,9501	0,9838	28
33	0,5902	0,6140	0,6383	0,6631	0,6886	0,7146	0,7413	0,7687	0,7969	0,8258	0,8556	0,8863	0,9179	0,9506	0,9844	27
34	0,5906	0,6144	0,6387	0,6636	0,6890	0,7151	0,7418	0,7692	0,7973	0,8263	0,8561	0,8868	0,9185	0,9512	0,9850	26
35	0,5910	0,6148	0,6391	0,6640	0,6894	0,7155	0,7422	0,7696	0,7978	0,8268	0,8566	0,8873	0,9190	0,9517	0,9856	25
36	0,5914	0,6152	0,6395	0,6644	0,6899	0,7159	0,7427	0,7701	0,7983	0,8273	0,8571	0,8878	0,9195	0,9523	0,9861	24
37	0,5918	0,6156	0,6399	0,6648	0,6903	0,7164	0,7431	0,7706	0,7988	0,8278	0,8576	0,8884	0,9201	0,9528	0,9867	23
38	0,5922	0,6160	0,6403	0,6652	0,6907	0,7168	0,7436	0,7710	0,7992	0,8283	0,8581	0,8889	0,9206	0,9534	0,9873	22
39	0,5926	0,6164	0,6408	0,6657	0,6911	0,7173	0,7440	0,7715	0,7997	0,8287	0,8586	0,8894	0,9212	0,9540	0,9879	21
40	0,5930	0,6168	0,6412	0,6661	0,6916	0,7177	0,7445	0,7720	0,8002	0,8292	0,8591	0,8899	0,9217	0,9545	0,9884	**20**
41	0,5934	0,6172	0,6416	0,6665	0,6920	0,7181	0,7449	0,7724	0,8007	0,8297	0,8596	0,8904	0,9222	0,9551	0,9890	19
42	0,5938	0,6176	0,6420	0,6669	0,6924	0,7186	0,7454	0,7729	0,8012	0,8302	0,8601	0,8910	0,9228	0,9556	0,9896	18
43	0,5942	0,6180	0,6424	0,6673	0,6929	0,7190	0,7458	0,7734	0,8016	0,8307	0,8606	0,8915	0,9233	0,9562	0,9902	17
44	0,5945	0,6184	0,6428	0,6678	0,6933	0,7195	0,7463	0,7738	0,8021	0,8312	0,8611	0,8920	0,9239	0,9567	0,9907	16
45	0,5949	0,6188	0,6432	0,6682	0,6937	0,7199	0,7467	0,7743	0,8026	0,8317	0,8617	0,8925	0,9244	0,9573	0,9913	15
46	0,5953	0,6192	0,6436	0,6686	0,6942	0,7203	0,7472	0,7747	0,8031	0,8322	0,8622	0,8931	0,9249	0,9578	0,9919	14
47	0,5957	0,6196	0,6440	0,6690	0,6946	0,7208	0,7476	0,7752	0,8035	0,8327	0,8627	0,8936	0,9255	0,9584	0,9925	13
48	0,5961	0,6200	0,6445	0,6694	0,6950	0,7212	0,7481	0,7757	0,8040	0,8332	0,8632	0,8941	0,9260	0,9590	0,9930	12
49	0,5965	0,6204	0,6449	0,6699	0,6954	0,7217	0,7485	0,7761	0,8045	0,8337	0,8637	0,8946	0,9266	0,9595	0,9936	11
50	0,5969	0,6208	0,6453	0,6703	0,6959	0,7221	0,7490	0,7766	0,8050	0,8342	0,8642	0,8952	0,9271	0,9601	0,9942	**10**
51	0,5973	0,6212	0,6457	0,6707	0,6963	0,7226	0,7495	0,7771	0,8055	0,8346	0,8647	0,8957	0,9276	0,9606	0,9948	9
52	0,5977	0,6216	0,6461	0,6711	0,6967	0,7230	0,7499	0,7775	0,8059	0,8351	0,8652	0,8962	0,9282	0,9612	0,9954	8
53	0,5981	0,6220	0,6465	0,6716	0,6972	0,7234	0,7504	0,7780	0,8064	0,8356	0,8657	0,8967	0,9287	0,9618	0,9959	7
54	0,5985	0,6224	0,6469	0,6720	0,6976	0,7239	0,7508	0,7785	0,8069	0,8361	0,8662	0,8972	0,9293	0,9623	0,9965	6
55	0,5989	0,6228	0,6473	0,6724	0,6980	0,7243	0,7513	0,7789	0,8074	0,8366	0,8667	0,8978	0,9298	0,9629	0,9971	5
56	0,5993	0,6233	0,6478	0,6728	0,6985	0,7248	0,7517	0,7794	0,8079	0,8371	0,8672	0,8983	0,9303	0,9634	0,9977	4
57	0,5997	0,6237	0,6482	0,6732	0,6989	0,7252	0,7522	0,7799	0,8083	0,8376	0,8678	0,8988	0,9309	0,9640	0,9983	3
58	0,6001	0,6241	0,6486	0,6737	0,6993	0,7257	0,7526	0,7803	0,8088	0,8381	0,8683	0,8994	0,9314	0,9646	0,9988	2
59	0,6005	0,6245	0,6490	0,6741	0,6998	0,7261	0,7531	0,7808	0,8093	0,8386	0,8688	0,8999	0,9320	0,9651	0,9994	1
60	0,6009	0,6249	0,6494	0,6745	0,7002	0,7265	0,7536	0,7813	0,8098	0,8391	0,8693	0,9004	0,9325	0,9657	1,0000	**0**
	Cotangenten.															
Minuten.	59	58	57	56	55	54	53	52	51	50	49	48	47	46	45 Grade.	Minuten.

X. Tafel der Tangenten und Cotangenten für den Radius 1.

Minuten	Grade. 45	46	47	48	49	50	51	52	53	54	55	56	57	58	59	Minuten
	Tangenten.															
0	1,0000	1,0355	1,0724	1,1106	1,1504	1,1918	1,2349	1,2799	1,3270	1,3764	1,4281	1,4826	1,5399	1,6003	1,6643	**60**
1	1,0006	1,0361	1,0730	1,1113	1,1510	1,1925	1,2356	1,2807	1,3278	1,3772	1,4290	1,4835	1,5408	1,6014	1,6654	59
2	1,0012	1,0367	1,0736	1,1119	1,1517	1,1932	1,2364	1,2815	1,3287	1,3781	1,4299	1,4844	1,5418	1,6024	1,6665	58
3	1,0017	1,0373	1,0742	1,1126	1,1524	1,1939	1,2371	1,2822	1,3295	1,3789	1,4308	1,4854	1,5428	1,6034	1,6676	57
4	1,0023	1,0379	1,0749	1,1132	1,1531	1,1946	1,2378	1,2830	1,3303	1,3798	1,4317	1,4863	1,5438	1,6045	1,6687	56
5	1,0029	1,0385	1,0755	1,1139	1,1538	1,1953	1,2386	1,2838	1,3311	1,3806	1,4326	1,4872	1,5448	1,6055	1,6698	55
6	1,0035	1,0392	1,0761	1,1145	1,1544	1,1960	1,2393	1,2846	1,3319	1,3814	1,4335	1,4882	1,5458	1,6066	1,6709	54
7	1,0041	1,0398	1,0768	1,1152	1,1551	1,1967	1,2401	1,2853	1,3327	1,3823	1,4344	1,4891	1,5468	1,6076	1,6720	53
8	1,0047	1,0404	1,0774	1,1158	1,1558	1,1974	1,2408	1,2861	1,3335	1,3831	1,4352	1,4900	1,5477	1,6087	1,6731	52
9	1,0052	1,0410	1,0780	1,1165	1,1565	1,1981	1,2415	1,2869	1,3343	1,3840	1,4361	1,4910	1,5487	1,6097	1,6742	51
10	1,0058	1,0416	1,0786	1,1171	1,1571	1,1988	1,2423	1,2876	1,3351	1,3848	1,4370	1,4919	1,5497	1,6107	1,6753	**50**
11	1,0064	1,0422	1,0793	1,1178	1,1578	1,1995	1,2430	1,2884	1,3359	1,3857	1,4379	1,4928	1,5507	1,6118	1,6764	49
12	1,0070	1,0428	1,0799	1,1184	1,1585	1,2002	1,2437	1,2892	1,3367	1,3865	1,4388	1,4938	1,5517	1,6128	1,6775	48
13	1,0076	1,0434	1,0805	1,1191	1,1592	1,2009	1,2445	1,2900	1,3375	1,3874	1,4397	1,4947	1,5527	1,6139	1,6786	47
14	1,0082	1,0440	1,0812	1,1197	1,1599	1,2017	1,2452	1,2907	1,3384	1,3882	1,4406	1,4957	1,5537	1,6149	1,6797	46
15	1,0088	1,0446	1,0818	1,1204	1,1606	1,2024	1,2460	1,2915	1,3392	1,3891	1,4415	1,4966	1,5547	1,6160	1,6808	45
16	1,0094	1,0452	1,0824	1,1211	1,1612	1,2031	1,2467	1,2923	1,3400	1,3899	1,4424	1,4975	1,5557	1,6170	1,6820	44
17	1,0099	1,0458	1,0831	1,1217	1,1619	1,2038	1,2475	1,2931	1,3408	1,3908	1,4433	1,4985	1,5567	1,6181	1,6831	43
18	1,0105	1,0464	1,0837	1,1224	1,1626	1,2045	1,2482	1,2938	1,3416	1,3916	1,4442	1,4994	1,5577	1,6191	1,6842	42
19	1,0111	1,0470	1,0843	1,1230	1,1633	1,2052	1,2489	1,2946	1,3424	1,3925	1,4451	1,5004	1,5587	1,6202	1,6853	41
20	1,0117	1,0477	1,0850	1,1237	1,1640	1,2059	1,2497	1,2954	1,3432	1,3934	1,4460	1,5013	1,5597	1,6212	1,6864	**40**
21	1,0123	1,0483	1,0856	1,1243	1,1647	1,2066	1,2504	1,2962	1,3440	1,3942	1,4469	1,5023	1,5607	1,6223	1,6875	39
22	1,0129	1,0489	1,0862	1,1250	1,1653	1,2074	1,2512	1,2970	1,3449	1,3951	1,4478	1,5032	1,5617	1,6234	1,6887	38
23	1,0135	1,0495	1,0869	1,1257	1,1660	1,2081	1,2519	1,2977	1,3457	1,3959	1,4487	1,5042	1,5627	1,6244	1,6898	37
24	1,0141	1,0501	1,0875	1,1263	1,1667	1,2088	1,2527	1,2985	1,3465	1,3968	1,4496	1,5051	1,5637	1,6255	1,6909	36
25	1,0147	1,0507	1,0881	1,1270	1,1674	1,2095	1,2534	1,2993	1,3473	1,3976	1,4505	1,5061	1,5647	1,6265	1,6920	35
26	1,0152	1,0513	1,0888	1,1276	1,1681	1,2102	1,2542	1,3001	1,3481	1,3985	1,4514	1,5070	1,5657	1,6276	1,6932	34
27	1,0158	1,0519	1,0894	1,1283	1,1688	1,2109	1,2549	1,3009	1,3490	1,3994	1,4523	1,5080	1,5667	1,6287	1,6943	33
28	1,0164	1,0526	1,0900	1,1290	1,1695	1,2117	1,2557	1,3017	1,3498	1,4002	1,4532	1,5089	1,5677	1,6297	1,6954	32
29	1,0170	1,0532	1,0907	1,1296	1,1702	1,2124	1,2564	1,3024	1,3506	1,4011	1,4541	1,5099	1,5687	1,6308	1,6965	31
30	1,0176	1,0538	1,0913	1,1303	1,1708	1,2131	1,2572	1,3032	1,3514	1,4019	1,4550	1,5108	1,5697	1,6319	1,6977	**30**
31	1,0182	1,0544	1,0919	1,1310	1,1715	1,2138	1,2579	1,3040	1,3522	1,4028	1,4559	1,5118	1,5707	1,6329	1,6988	29
32	1,0188	1,0550	1,0926	1,1316	1,1722	1,2145	1,2587	1,3048	1,3531	1,4037	1,4568	1,5127	1,5717	1,6340	1,6999	28
33	1,0194	1,0556	1,0932	1,1323	1,1729	1,2153	1,2594	1,3056	1,3539	1,4045	1,4577	1,5137	1,5727	1,6351	1,7011	27
34	1,0200	1,0562	1,0939	1,1329	1,1736	1,2160	1,2602	1,3064	1,3547	1,4054	1,4586	1,5147	1,5737	1,6361	1,7022	26
35	1,0206	1,0569	1,0945	1,1336	1,1743	1,2167	1,2609	1,3072	1,3555	1,4063	1,4596	1,5156	1,5747	1,6372	1,7033	25
36	1,0212	1,0575	1,0951	1,1343	1,1750	1,2174	1,2617	1,3079	1,3564	1,4071	1,4605	1,5166	1,5757	1,6383	1,7045	24
37	1,0218	1,0581	1,0958	1,1349	1,1757	1,2181	1,2624	1,3087	1,3572	1,4080	1,4614	1,5175	1,5768	1,6393	1,7056	23
38	1,0224	1,0587	1,0964	1,1356	1,1764	1,2189	1,2632	1,3095	1,3580	1,4089	1,4623	1,5185	1,5778	1,6404	1,7067	22
39	1,0230	1,0593	1,0971	1,1363	1,1771	1,2196	1,2640	1,3103	1,3588	1,4097	1,4632	1,5195	1,5788	1,6415	1,7079	21
40	1,0235	1,0599	1,0977	1,1369	1,1778	1,2203	1,2647	1,3111	1,3597	1,4106	1,4641	1,5204	1,5798	1,6426	1,7090	**20**
41	1,0241	1,0606	1,0983	1,1376	1,1785	1,2210	1,2655	1,3119	1,3605	1,4115	1,4650	1,5214	1,5808	1,6436	1,7102	19
42	1,0247	1,0612	1,0990	1,1383	1,1792	1,2218	1,2662	1,3127	1,3613	1,4124	1,4659	1,5224	1,5818	1,6447	1,7113	18
43	1,0253	1,0618	1,0996	1,1389	1,1799	1,2225	1,2670	1,3135	1,3622	1,4132	1,4669	1,5233	1,5829	1,6458	1,7124	17
44	1,0259	1,0624	1,1003	1,1396	1,1806	1,2232	1,2677	1,3143	1,3630	1,4141	1,4678	1,5243	1,5839	1,6469	1,7136	16
45	1,0265	1,0630	1,1009	1,1403	1,1812	1,2239	1,2685	1,3151	1,3638	1,4150	1,4687	1,5253	1,5849	1,6479	1,7147	15
46	1,0271	1,0637	1,1016	1,1410	1,1819	1,2247	1,2693	1,3159	1,3647	1,4158	1,4696	1,5262	1,5859	1,6490	1,7159	14
47	1,0277	1,0643	1,1022	1,1416	1,1826	1,2254	1,2700	1,3167	1,3655	1,4167	1,4705	1,5272	1,5869	1,6501	1,7170	13
48	1,0283	1,0649	1,1028	1,1423	1,1833	1,2261	1,2708	1,3175	1,3663	1,4176	1,4715	1,5282	1,5880	1,6512	1,7182	12
49	1,0289	1,0655	1,1035	1,1430	1,1840	1,2268	1,2715	1,3182	1,3672	1,4185	1,4724	1,5291	1,5890	1,6523	1,7193	11
50	1,0295	1,0661	1,1041	1,1436	1,1847	1,2276	1,2723	1,3190	1,3680	1,4193	1,4733	1,5301	1,5900	1,6534	1,7205	**10**
51	1,0301	1,0668	1,1048	1,1443	1,1854	1,2283	1,2731	1,3198	1,3688	1,4202	1,4742	1,5311	1,5911	1,6545	1,7216	9
52	1,0307	1,0674	1,1054	1,1450	1,1861	1,2290	1,2738	1,3206	1,3697	1,4211	1,4751	1,5320	1,5921	1,6555	1,7228	8
53	1,0313	1,0680	1,1061	1,1456	1,1868	1,2298	1,2746	1,3214	1,3705	1,4220	1,4761	1,5330	1,5931	1,6566	1,7239	7
54	1,0319	1,0686	1,1067	1,1463	1,1875	1,2305	1,2753	1,3222	1,3713	1,4229	1,4770	1,5340	1,5941	1,6577	1,7251	6
55	1,0325	1,0692	1,1074	1,1470	1,1882	1,2312	1,2761	1,3230	1,3722	1,4237	1,4779	1,5350	1,5952	1,6588	1,7262	5
56	1,0331	1,0699	1,1080	1,1477	1,1889	1,2320	1,2769	1,3238	1,3730	1,4246	1,4788	1,5359	1,5962	1,6599	1,7274	4
57	1,0337	1,0705	1,1087	1,1483	1,1896	1,2327	1,2776	1,3246	1,3739	1,4255	1,4798	1,5369	1,5972	1,6610	1,7286	3
58	1,0343	1,0711	1,1093	1,1490	1,1903	1,2334	1,2784	1,3254	1,3747	1,4264	1,4807	1,5379	1,5983	1,6621	1,7297	2
59	1,0349	1,0717	1,1100	1,1497	1,1910	1,2342	1,2792	1,3262	1,3755	1,4273	1,4816	1,5389	1,5993	1,6632	1,7309	1
60	1,0355	1,0724	1,1106	1,1504	1,1918	1,2349	1,2799	1,3270	1,3764	1,4281	1,4826	1,5399	1,6003	1,6643	1,7321	**0**
	Cotangenten.															
Minuten	44	43	42	41	40	39	38	37	36	35	34	33	32	31	30	Minuten
	Grade.															

X. Tafel der Tangenten und Cotangenten für den Radius 1.

Minuten.	60	61	62	63	64	65	66	67	68	69	70	71	72	73	74	Minuten.
	Grade. Tangenten.															
0	1,7321	1,8040	1,8807	1,9626	2,0503	2,1445	2,2460	2,3559	2,4751	2,6051	2,7475	2,9042	3,0777	3,2709	3,4874	60
1	1,7332	1,8053	1,8820	1,9640	2,0518	2,1461	2,2478	2,3578	2,4772	2,6074	2,7500	2,9070	3,0807	3,2743	3,4912	59
2	1,7344	1,8065	1,8834	1,9654	2,0533	2,1478	2,2496	2,3597	2,4792	2,6096	2,7525	2,9097	3,0838	3,2777	3,4951	58
3	1,7355	1,8078	1,8847	1,9669	2,0549	2,1494	2,2513	2,3616	2,4813	2,6119	2,7550	2,9125	3,0868	3,2811	3,4989	57
4	1,7367	1,8090	1,8860	1,9683	2,0564	2,1510	2,2531	2,3635	2,4834	2,6142	2,7575	2,9152	3,0899	3,2845	3,5028	56
5	1,7379	1,8103	1,8873	1,9697	2,0579	2,1527	2,2549	2,3654	2,4855	2,6165	2,7600	2,9180	3,0930	3,2879	3,5067	55
6	1,7391	1,8115	1,8887	1,9711	2,0594	2,1543	2,2566	2,3673	2,4876	2,6187	2,7625	2,9208	3,0961	3,2914	3,5105	54
7	1,7402	1,8127	1,8900	1,9725	2,0609	2,1560	2,2584	2,3693	2,4897	2,6210	2,7650	2,9235	3,0991	3,2948	3,5144	53
8	1,7414	1,8140	1,8913	1,9740	2,0625	2,1576	2,2602	2,3712	2,4918	2,6233	2,7675	2,9263	3,1022	3,2983	3,5183	52
9	1,7426	1,8152	1,8927	1,9754	2,0640	2,1592	2,2620	2,3731	2,4939	2,6256	2,7700	2,9291	3,1053	3,3017	3,5222	51
10	1,7437	1,8165	1,8940	1,9768	2,0655	2,1609	2,2637	2,3750	2,4960	2,6279	2,7725	2,9319	3,1084	3,3052	3,5261	50
11	1,7449	1,8177	1,8953	1,9782	2,0671	2,1625	2,2655	2,3770	2,4981	2,6302	2,7751	2,9347	3,1115	3,3087	3,5300	49
12	1,7461	1 8190	1,8967	1,9797	2,0686	2,1642	2,2673	2,3789	2,5002	2,6325	2,7776	2,9375	3,1146	3,3122	3,5339	48
13	1,7473	1,8202	1,8980	1,9811	2,0701	2,1659	2,2691	2,3808	2,5023	2,6348	2,7801	2,9403	3,1178	3,3156	3,5379	47
14	1,7485	1,8215	1,8993	1,9825	2,0717	2,1675	2,2709	2,3828	2,5044	2,6371	2,7827	2,9431	3,1209	3,3191	3,5418	46
15	1,7496	1,8228	1,9007	1,9840	2,0732	2,1692	2,2727	2,3847	2,5065	2,6395	2,7852	2,9459	3,1240	3,3226	3,5457	45
16	1,7508	1,8240	1,9020	1,9854	2,0748	2,1708	2,2745	2,3867	2,5086	2,6418	2,7878	2,9487	3,1271	3,3261	3,5497	44
17	1,7520	1,8253	1,9034	1,9868	2,0763	2,1725	2,2763	2,3886	2,5108	2,6441	2,7903	2,9515	3,1303	3,3297	3,5536	43
18	1,7532	1,8265	1,9047	1,9883	2,0778	2,1742	2,2781	2,3906	2,5129	2,6464	2,7929	2,9544	3,1334	3,3332	3,5576	42
19	1,7544	1,8278	1,9061	1,9897	2,0794	2,1758	2,2799	2,3925	2,5150	2,6488	2,7955	2,9572	3,1366	3,3367	3,5616	41
20	1,7556	1,8291	1,9074	1,9912	2,0809	2,1775	2,2817	2,3945	2,5172	2,6511	2,7980	2,9600	3,1397	3,3402	3,5656	40
21	1,7567	1,8303	1,9088	1,9926	2,0825	2,1792	2,2835	2,3964	2,5193	2,6534	2,8006	2,9629	3,1429	3,3438	3,5696	39
22	1,7579	1,8316	1,9101	1,9941	2,0840	2,1808	2,2853	2,3984	2,5214	2,6558	2,8032	2,9657	3,1460	3,3473	3,5736	38
23	1,7591	1,8329	1,9115	1,9955	2,0856	2,1825	2,2871	2,4004	2,5236	2,6581	2,8057	2,9686	3,1492	3,3509	3,5776	37
24	1,7603	1,8341	1,9128	1,9970	2,0872	2,1842	2,2889	2,4023	2,5257	2,6605	2,8083	2,9714	3,1524	3,3544	3,5816	36
25	1,7615	1,8354	1,9142	1,9984	2,0887	2,1859	2,2907	2,4043	2,5279	2,6628	2,8109	2,9743	3,1556	3,3580	3,5856	35
26	1,7627	1,8367	1,9155	1,9999	2,0903	2,1876	2,2925	2,4063	2,5300	2,6652	2,8135	2,9772	3,1588	3,3616	3,5897	34
27	1,7639	1,8379	1,9169	2,0013	2,0918	2,1892	2,2944	2,4083	2,5322	2,6675	2,8161	2,9800	3,1620	3,3652	3,5937	33
28	1,7651	1,8392	1,9183	2,0028	2,0934	2,1909	2,2962	2,4102	2,5343	2,6699	2,8187	2,9829	3,1652	3,3687	3,5978	32
29	1,7663	1,8405	1,9196	2,0042	2,0950	2,1926	2,2980	2,4122	2,5365	2,6723	2,8213	2,9858	3,1684	3,3723	3,6018	31
30	1,7675	1,8418	1,9210	2,0057	2,0965	2,1943	2,2998	2,4142	2,5386	2,6746	2,8239	2,9887	3,1716	3,3759	3,6059	30
31	1,7687	1,8430	1,9223	2,0072	2,0981	2,1960	2,3017	2,4162	2,5408	2,6770	2,8265	2,9916	3,1748	3,3796	3,6100	29
32	1,7699	1,8443	1,9237	2,0086	2,0997	2,1977	2,3035	2,4182	2,5430	2,6794	2,8291	2,9945	3,1780	3,3832	3,6140	28
33	1,7711	1,8456	1,9251	2,0101	2,1013	2,1994	2,3053	2,4202	2,5452	2,6818	2,8318	2,9974	3,1813	3,3868	3,6181	27
34	1,7723	1,8469	1,9265	2,0115	2,1028	2,2011	2,3072	2,4222	2,5473	2,6841	2,8344	3,0003	3,1845	3,3904	3,6222	26
35	1,7735	1,8482	1,9278	2,0130	2,1044	2,2028	2,3090	2,4242	2,5495	2,6865	2,8370	3,0032	3,1878	3,3941	3,6264	25
36	1,7747	1,8495	1,9292	2,0145	2,1060	2,2045	2,3109	2,4262	2,5517	2,6889	2,8397	3,0061	3,1910	3,3977	3,6305	24
37	1,7759	1,8507	1,9306	2,0160	2,1076	2,2062	2,3127	2,4282	2,5539	2,6913	2,8423	3,0090	3,1943	3,4014	3,6346	23
38	1,7771	1,8520	1,9319	2,0174	2,1092	2,2079	2,3146	2,4302	2,5561	2,6937	2,8449	3,0120	3,1975	3,4050	3,6387	22
39	1,7783	1,8533	1,9333	2,0189	2,1107	2,2096	2,3164	2,4322	2,5583	2,6961	2,8476	3,0149	3,2008	3,4087	3,6429	21
40	1,7796	1,8546	1,9347	2,0204	2,1123	2,2113	2,3183	2,4342	2,5605	2,6985	2,8502	3,0178	3,2041	3,4124	3,6470	20
41	1,7808	1,8559	1,9361	2,0219	2,1139	2,2130	2,3201	2,4362	2,5627	2,7009	2,8529	3,0208	3,2073	3,4160	3,6512	19
42	1,7820	1,8572	1,9375	2,0233	2,1155	2,2148	2,3220	2,4383	2,5649	2,7034	2,8556	3,0237	3,2106	3,4197	3,6554	18
43	1,7832	1,8585	1,9388	2,0248	2,1171	2,2165	2,3238	2,4403	2,5671	2,7058	2,8582	3,0267	3,2139	3,4234	3,6596	17
44	1,7844	1,8598	1,9402	2,0263	2,1187	2,2182	2,3257	2,4423	2,5693	2,7082	2,8609	3,0296	3,2172	3,4271	3,6638	16
45	1,7856	1,8611	1,9416	2,0278	2,1203	2,2199	2,3276	2,4443	2,5715	2,7106	2,8636	3,0326	3,2205	3,4308	3,6680	15
46	1,7868	1,8624	1,9430	2,0293	2,1219	2,2216	2,3294	2,4464	2,5737	2,7130	2,8662	3,0356	3,2238	3,4346	3,6722	14
47	1,7881	1,8637	1,9444	2,0308	2,1235	2,2234	2,3313	2,4484	2,5759	2,7155	2,8689	3,0385	3,2272	3,4383	3,6764	13
48	1,7893	1,8650	1,9458	2,0323	2,1251	2,2251	2,3332	2,4504	2,5782	2,7179	2,8716	3,0415	3,2305	3,4420	3,6806	12
49	1,7905	1,8663	1,9472	2,0338	2,1267	2,2268	2,3351	2,4525	2,5804	2,7204	2,8743	3,0445	3,2338	3,4458	3,6848	11
50	1,7917	1,8676	1,9486	2,0353	2,1283	2,2286	2,3369	2,4545	2,5826	2,7228	2,8770	3,0475	3,2371	3,4495	3,6891	10
51	1,7930	1,8689	1,9500	2,0368	2,1299	2,2303	2,3388	2,4566	2,5848	2,7253	2,8797	3,0505	3,2405	3,4533	3,6933	9
52	1,7942	1,8702	1,9514	2,0383	2,1315	2,2320	2,3407	2,4586	2,5871	2,7277	2,8824	3,0535	3,2438	3,4570	3,6976	8
53	1,7954	1,8715	1,9528	2,0398	2,1332	2,2338	2,3426	2,4606	2,5893	2,7302	2,8851	3,0565	3,2472	3,4608	3,7019	7
54	1,7966	1,8728	1,9542	2,0413	2,1348	2,2355	2,3445	2,4627	2,5916	2,7326	2,8878	3,0595	3,2506	3,4646	3,7062	6
55	1,7979	1,8741	1,9556	2,0428	2,1364	2,2373	2,3464	2,4648	2,5938	2,7351	2,8905	3,0625	3,2539	3,4684	3,7105	5
56	1,7991	1,8755	1,9570	2,0443	2,1380	2,2390	2,3483	2,4668	2,5961	2,7376	2,8933	3,0655	3,2573	3,4722	3,7148	4
57	1,8003	1,8768	1,9584	2,0458	2,1396	2,2408	2,3501	2,4689	2,5983	2,7400	2,8960	3,0686	3,2607	3,4760	3,7191	3
58	1,8016	1,8781	1,9598	2,0473	2,1413	2,2425	2,3520	2,4709	2,6006	2,7425	2,8987	3,0716	3,2641	3,4798	3,7234	2
59	1,8028	1,8794	1,9612	2,0488	2,1429	2,2443	2,3539	2,4730	2,6028	2,7450	2,9015	3,0746	3,2675	3,4836	3,7277	1
60	1,8040	1,8807	1,9626	2,0503	2,1445	2,2460	2,3559	2,4751	2,6051	2,7475	2,9042	3,0777	3,2709	3,4874	3,7321	0
	Cotangenten.															
Minuten.	29	28	27	26	25	24	23	22	21	20	19	18	17	16	15	Minuten.
	Grade.															

X. Tafel der Tangenten und Cotangenten für den Radius 1.

Minuten.	75	76	77	78	79	80	81	82	83	84	85	86	87	88	89	Minuten.
	Grade. / Tangenten.															
0	3,7321	4,0108	4,3315	4,7046	5,1446	5,6713	6,3138	7,1154	8,1443	9,5144	11,430	14,301	19,081	28,636	57,290	**60**
1	3,7364	4,0158	4,3372	4,7114	5,1526	5,6809	6,3257	7,1304	8,1640	9,5411	11,468	14,361	19,188	28,877	58,261	59
2	3,7408	4,0207	4,3430	4,7181	5,1606	5,6906	6,3376	7,1455	8,1837	9,5679	11,507	14,421	19,296	29,122	59,266	58
3	3,7451	4,0257	4,3488	4,7249	5,1686	5,7004	6,3496	7,1607	8,2035	9,5949	11,546	14,482	19,405	29,371	60,306	57
4	3,7495	4,0308	4,3546	4,7317	5,1767	5,7101	6,3617	7,1759	8,2234	9,6220	11,585	14,544	19,516	29,624	61,383	56
5	3,7539	4,0358	4,3604	4,7385	5,1848	5,7199	6,3737	7,1912	8,2434	9,6493	11,625	14,606	19,627	29,882	62,499	55
6	3,7583	4,0408	4,3662	4,7453	5,1929	5,7297	6,3859	7,2066	8,2636	9,6768	11,664	14,669	19,740	30,145	63,657	54
7	3,7627	4,0459	4,3721	4,7522	5,2011	5,7396	6,3980	7,2220	8,2838	9,7044	11,705	14,732	19,855	30,412	64,858	53
8	3,7671	4,0509	4,3779	4,7591	5,2092	5,7495	6,4103	7,2375	8,3041	9,7322	11,745	14,795	19,970	30,683	66,105	52
9	3,7715	4,0560	4,3838	4,7659	5,2174	5,7594	6,4225	7,2531	8,3245	9,7601	11,785	14,860	20,087	30,960	67,402	51
10	3,7760	4,0611	4,3897	4,7729	5,2257	5,7694	6,4348	7,2687	8,3450	9,7882	11,826	14,924	20,206	31,242	68,750	**50**
11	3,7804	4,0662	4,3956	4,7798	5,2339	5,7794	6,4472	7,2844	8,3656	9,8164	11,867	14,990	20,325	31,528	70,153	49
12	3,7848	4,0713	4,4015	4,7867	5,2422	5,7894	6,4596	7,3002	8,3863	9,8448	11,909	15,056	20,446	31,821	71,615	48
13	3,7893	4,0764	4,4075	4,7937	5,2505	5,7994	6,4721	7,3160	8,4071	9,8734	11,950	15,122	20,569	32,118	73,139	47
14	3,7938	4,0815	4,4134	4,8007	5,2588	5,8095	6,4846	7,3319	8,4280	9,9021	11,992	15,189	20,693	32,421	74,729	46
15	3,7983	4,0867	4,4194	4,8077	5,2672	5,8197	6,4971	7,3479	8,4490	9,9310	12,035	15,257	20,819	32,730	76,390	45
16	3,8028	4,0918	4,4253	4,8147	5,2755	5,8298	6,5097	7,3639	8,4701	9,9601	12,077	15,325	20,946	33,045	78,126	44
17	3,8073	4,0970	4,4313	4,8218	5,2839	5,8400	6,5223	7,3800	8,4913	9,9893	12,120	15,394	21,075	33,366	79,943	43
18	3,8118	4,1022	4,4373	4,8288	5,2924	5,8502	6,5350	7,3962	8,5126	10,019	12,163	15,464	21,205	33,694	81,847	42
19	3,8163	4,1074	4,4434	4,8359	5,3008	5,8605	6,5478	7,4124	8,5340	10,048	12,207	15,534	21,337	34,027	83,844	41
20	3,8208	4,1126	4,4494	4,8430	5,3093	5,8708	6,5606	7,4287	8,5555	10,078	12,251	15,605	21,470	34,368	85,940	**40**
21	3,8254	4,1178	4,4555	4,8501	5,3178	5,8811	6,5734	7,4451	8,5772	10,108	12,295	15,676	21,606	34,715	88,144	39
22	3,8299	4,1230	4,4615	4,8573	5,3263	5,8915	6,5863	7,4615	8,5989	10,138	12,339	15,748	21,743	35,070	90,463	38
23	3,8345	4,1282	4,4676	4,8644	5,3349	5,9019	6,5992	7,4781	8,6208	10,168	12,384	15,821	21,881	35,431	92,908	37
24	3,8391	4,1335	4,4737	4,8716	5,3435	5,9124	6,6122	7,4947	8,6427	10,199	12,429	15,895	22,022	35,801	95,489	36
25	3,8436	4,1388	4,4799	4,8788	5,3521	5,9228	6,6252	7,5113	8,6648	10,229	12,474	15,969	22,164	36,178	98,218	35
26	3,8482	4,1441	4,4860	4,8860	5,3607	5,9333	6,6383	7,5281	8,6870	10,260	12,520	16,043	22,308	36,563	101,11	34
27	3,8528	4,1493	4,4922	4,8933	5,3694	5,9439	6,6514	7,5449	8,7093	10,291	12,566	16,119	22,454	36,956	104,17	33
28	3,8575	4,1547	4,4983	4,9006	5,3781	5,9545	6,6646	7,5618	8,7317	10,322	12,612	16,195	22,602	37,358	107,43	32
29	3,8621	4,1600	4,5045	4,9078	5,3868	5,9651	6,6779	7,5787	8,7542	10,354	12,659	16,272	22,752	37,769	110,89	31
30	3,8667	4,1653	4,5107	4,9152	5,3955	5,9758	6,6912	7,5958	8,7769	10,385	12,706	16,350	22,904	38,188	114,59	**30**
31	3,8714	4,1706	4,5169	4,9225	5,4043	5,9865	6,7045	7,6129	8,7996	10,417	12,754	16,428	23,058	38,618	118,54	29
32	3,8760	4,1760	4,5232	4,9298	5,4131	5,9972	6,7179	7,6301	8,8225	10,449	12,801	16,507	23,214	39,057	122,77	28
33	3,8807	4,1814	4,5294	4,9372	5,4219	6,0080	6,7313	7,6473	8,8455	10,481	12,850	16,587	23,372	39,506	127,32	27
34	3,8854	4,1868	4,5357	4,9446	5,4308	6,0188	6,7448	7,6647	8,8686	10,514	12,898	16,668	23,532	39,965	132,22	26
35	3,8900	4,1922	4,5420	4,9520	5,4397	6,0296	6,7584	7,6821	8,8919	10,546	12,947	16,750	23,695	40,436	137,51	25
36	3,8947	4,1976	4,5483	4,9594	5,4486	6,0405	6,7720	7,6996	8,9152	10,579	12,996	16,832	23,859	40,917	143,24	24
37	3,8995	4,2030	4,5546	4,9669	5,4575	6,0514	6,7856	7,7171	8,9387	10,612	13,046	16,915	24,026	41,411	149,47	23
38	3,9042	4,2084	4,5609	4,9744	5,4665	6,0624	6,7994	7,7348	8,9623	10,645	13,096	16,999	24,196	41,916	156,26	22
39	3,9089	4,2139	4,5673	4,9819	5,4755	6,0734	6,8131	7,7525	8,9860	10,678	13,146	17,084	24,368	42,433	163,70	21
40	3,9136	4,2193	4,5736	4,9894	5,4845	6,0844	6,8269	7,7704	9,0098	10,712	13,197	17,169	24,542	42,964	171,89	**20**
41	3,9184	4,2248	4,5800	4,9969	5,4936	6,0955	6,8408	7,7882	9,0338	10,746	13,248	17,256	24,719	43,508	180,93	19
42	3,9232	4,2303	4,5864	5,0045	5,5026	6,1066	6,8548	7,8062	9,0579	10,780	13,300	17,343	24,898	44,066	190,98	18
43	3,9279	4,2358	4,5928	5,0121	5,5118	6,1178	6,8687	7,8243	9,0821	10,814	13,352	17,431	25,080	44,639	202,22	17
44	3,9327	4,2413	4,5993	5,0197	5,5209	6,1290	6,8828	7,8424	9,1065	10,848	13,404	17,521	25,264	45,226	214,86	16
45	3,9375	4,2468	4,6057	5,0273	5,5301	6,1402	6,8969	7,8606	9,1309	10,883	13,457	17,611	25,452	45,829	229,18	15
46	3,9423	4,2524	4,6122	5,0350	5,5393	6,1515	6,9110	7,8789	9,1555	10,918	13,510	17,702	25,642	46,449	245,55	14
47	3,9471	4,2580	4,6187	5,0427	5,5485	6,1628	6,9252	7,8973	9,1803	10,953	13,563	17,793	25,835	47,085	264,44	13
48	3,9520	4,2635	4,6252	5,0504	5,5578	6,1742	6,9395	7,9158	9,2052	10,988	13,617	17,886	26,031	47,740	286,48	12
49	3,9568	4,2691	4,6317	5,0581	5,5671	6,1856	6,9538	7,9344	9,2302	11,024	13,672	17,980	26,230	48,412	312,52	11
50	3,9617	4,2747	4,6382	5,0658	5,5764	6,1970	6,9682	7,9530	9,2553	11,059	13,727	18,075	26,432	49,104	343,77	**10**
51	3,9665	4,2803	4,6448	5,0736	5,5857	6,2085	6,9827	7,9718	9,2806	11,095	13,782	18,171	26,637	49,816	381,97	9
52	3,9714	4,2859	4,6514	5,0814	5,5951	6,2200	6,9972	7,9906	9,3060	11,132	13,838	18,268	26,845	50,549	429,72	8
53	3,9763	4,2916	4,6580	5,0892	5,6045	6,2316	7,0117	8,0095	9,3315	11,168	13,894	18,366	27,057	51,303	491,11	7
54	3,9812	4,2972	4,6646	5,0970	5,6140	6,2432	7,0264	8,0285	9,3572	11,205	13,951	18,464	27,271	52,081	572,96	6
55	3,9861	4,3029	4,6712	5,1049	5,6234	6,2549	7,0410	8,0476	9,3831	11,242	14,008	18,564	27,490	52,882	687,55	5
56	3,9910	4,3086	4,6779	5,1128	5,6329	6,2666	7,0558	8,0667	9,4090	11,279	14,065	18,666	27,712	53,709	859,44	4
57	3,9959	4,3143	4,6845	5,1207	5,6425	6,2783	7,0706	8,0860	9,4352	11,316	14,124	18,768	27,937	54,561	1145,9	3
58	4,0009	4,3200	4,6912	5,1286	5,6521	6,2901	7,0855	8,1054	9,4614	11,354	14,182	18,871	28,166	55,442	1718,9	2
59	4,0058	4,3257	4,6979	5,1366	5,6617	6,3019	7,1004	8,1248	9,4878	11,392	14,241	18,976	28,399	56,351	3437,7	1
60	4,0108	4,3315	4,7046	5,1446	5,6713	6,3138	7,1154	8,1443	9,5144	11,430	14,301	19,081	28,636	57,290	unendlich	**0**
	Cotangenten.															
Minuten.	14	13	12	11	10	9	8	7	6	5	4	3	2	1	0	Minuten.
	Grade.															

XI. Tafel zur Verwandlung der Lachter in Meter.

XII. Tafel zur Verwandlung der Meter in Lachter.

XI. Tafel zur Verwandlung der Lachter in Meter.

1 Lachter = 2,092 356 952 Meter.

Lachter.	0	1	2	3	4	5	6	7	8	9
0	0,000	2,092	4,185	6,277	8,369	10,462	12,554	14,646	16,739	18,831
10	20,924	23,016	25,108	27,201	29,293	31,385	33,478	35,570	37,662	39,755
20	41,847	43,939	46,032	48,124	50,217	52,309	54,401	56,494	58,586	60,678
30	62,771	64,863	66,955	69,048	71,140	73,232	75,325	77,417	79,510	81,602
40	83,694	85,787	87,879	89,971	92,064	94,156	96,248	98,341	100,433	102,525
50	104,618	106,710	108,803	110,895	112,987	115,080	117,172	119,264	121,357	123,449
60	125,541	127,634	129,726	131,818	133,911	136,003	138,096	140,188	142,280	144,373
70	146,465	148,557	150,650	152,742	154,834	156,927	159,019	161,111	163,204	165,296
80	167,389	169,481	171,573	173,666	175,758	177,850	179,943	182,035	184,127	186,220
90	188,312	190,404	192,497	194,589	196,682	198,774	200,866	202,959	205,051	207,143
100	209,236	211,328	213,420	215,513	217,605	219,697	221,790	223,882	225,975	228,067
110	230,159	232,252	234,344	236,436	238,529	240,621	242,713	244,806	246,898	248,990
120	251,083	253,175	255,268	257,360	259,452	261,545	263,637	265,729	267,822	269,914
130	272,006	274,099	276,191	278,283	280,376	282,468	284,561	286,653	288,745	290,838
140	292,930	295,022	297,115	299,207	301,299	303,392	305,484	307,576	309,669	311,761
150	313,854	315,946	318,038	320,131	322,223	324,315	326,408	328,500	330,592	332,685
160	334,777	336,869	338,962	341,054	343,147	345,239	347,331	349,424	351,516	353,608
170	355,701	357,793	359,885	361,978	364,070	366,162	368,255	370,347	372,440	374,532
180	376,624	378,717	380,809	382,901	384,994	387,086	389,178	391,271	393,363	395,455
190	397,548	399,640	401,733	403,825	405,917	408,010	410,102	412,194	414,287	416,379
200	418,471	420,564	422,656	424,748	426,841	428,933	431,026	433,118	435,210	437,303
210	439,395	441,487	443,580	445,672	447,764	449,857	451,949	454,041	456,134	458,226
220	460,319	462,411	464,503	466,596	468,688	470,780	472,873	474,965	477,057	479,150
230	481,242	483,334	485,427	487,519	489,612	491,704	493,796	495,889	497,981	500,073
240	502,166	504,258	506,350	508,443	510,535	512,627	514,720	516,812	518,905	520,997
250	523,089	525,182	527,274	529,366	531,459	533,551	535,643	537,736	539,828	541,920
260	544,013	546,105	548,198	550,290	552,382	554,475	556,567	558,659	560,752	562,844
270	564,936	567,029	569,121	571,213	573,306	575,398	577,491	579,583	581,675	583,768
280	585,860	587,952	590,045	592,137	594,229	596,322	598,414	600,506	602,599	604,691
290	606,784	608,876	610,968	613,061	615,153	617,245	619,338	621,430	623,522	625,615
300	627,707	629,799	631,892	633,984	636,077	638,169	640,261	642,354	644,446	646,538
310	648,631	650,723	652,815	654,908	657,000	659,092	661,185	663,277	665,370	667,462
320	669,554	671,647	673,739	675,831	677,924	680,016	682,108	684,201	686,293	688,385
330	690,478	692,570	694,663	696,755	698,847	700,940	703,032	705,124	707,217	709,309
340	711,401	713,494	715,586	717,678	719,771	721,863	723,956	726,048	728,140	730,233
350	732,325	734,417	736,510	738,602	740,694	742,787	744,879	746,971	749,064	751,156
360	753,249	755,341	757,433	759,526	761,618	763,710	765,803	767,895	769,987	772,080
370	774,172	776,264	778,357	780,449	782,542	784,634	786,726	788,819	790,911	793,003
380	795,096	797,188	799,280	801,373	803,465	805,557	807,650	809,742	811,834	813,927
390	816,019	818,112	820,204	822,296	824,389	826,481	828,573	830,666	832,758	834,850
400	836,943	839,035	841,127	843,220	845,312	847,405	849,497	851,589	853,682	855,774
410	857,866	859,959	862,051	864,143	866,236	868,328	870,420	872,513	874,605	876,698
420	878,790	880,882	882,975	885,067	887,159	889,252	891,344	893,436	895,529	897,621
430	899,713	901,806	903,898	905,991	908,083	910,175	912,268	914,360	916,452	918,545
440	920,637	922,729	924,822	926,914	929,006	931,099	933,191	935,284	937,376	939,468
450	941,561	943,653	945,745	947,838	949,930	952,022	954,115	956,207	958,299	960,392
460	962,484	964,577	966,669	968,761	970,854	972,946	975,038	977,131	979,223	981,315
470	983,408	985,500	987,592	989,685	991,777	993,870	995,962	998,054	1000,147	1002,239
480	1004,331	1006,424	1008,516	1010,608	1012,701	1014,793	1016,885	1018,978	1021,070	1023,163
490	1025,255	1027,347	1029,440	1031,532	1033,624	1035,717	1037,809	1039,901	1041,994	1044,086
500	1046,178	1048,271	1050,363	1052,456	1054,548	1056,640	1058,733	1060,825	1062,917	1065,010

XI. Tafel zur Verwandlung der Lachter in Meter.

1 Lachter = 2,092 356 952 Meter.

Lachter.	0	1	2	3	4	5	6	7	8	9
500	1046,178	1048,271	1050,363	1052,456	1054,548	1056,640	1058,733	1060,825	1062,917	1065,010
510	1067,102	1069,194	1071,287	1073,379	1075,471	1077,564	1079,656	1081,749	1083,841	1085,933
520	1088,026	1090,118	1092,210	1094,303	1096,395	1098,487	1100,580	1102,672	1104,764	1106,857
530	1108,949	1111,042	1113,134	1115,226	1117,319	1119,411	1121,503	1123,596	1125,688	1127,780
540	1129,873	1131,965	1134,057	1136,150	1138,242	1140,335	1142,427	1144,519	1146,612	1148,704
550	1150,796	1152,889	1154,981	1157,073	1159,166	1161,258	1163,350	1165,443	1167,535	1169,628
560	1171,720	1173,812	1175,905	1177,997	1180,089	1182,182	1184,274	1186,366	1188,459	1190,551
570	1192,643	1194,736	1196,828	1198,921	1201,013	1203,105	1205,198	1207,290	1209,382	1211,475
580	1213,567	1215,659	1217,752	1219,844	1221,936	1224,029	1226,121	1228,214	1230,306	1232,398
590	1234,491	1236,583	1238,675	1240,768	1242,860	1244,952	1247,045	1249,137	1251,229	1253,322
600	1255,414	1257,507	1259,599	1261,691	1263,784	1265,876	1267,968	1270,061	1272,153	1274,245
610	1276,338	1278,430	1280,522	1282,615	1284,707	1286,800	1288,892	1290,984	1293,077	1295,169
620	1297,261	1299,354	1301,446	1303,538	1305,631	1307,723	1309,815	1311,908	1314,000	1316,093
630	1318,185	1320,277	1322,370	1324,462	1326,554	1328,647	1330,739	1332,831	1334,924	1337,016
640	1339,108	1341,201	1343,293	1345,386	1347,478	1349,570	1351,663	1353,755	1355,847	1357,940
650	1360,032	1362,124	1364,217	1366,309	1368,401	1370,494	1372,586	1374,679	1376,771	1378,863
660	1380,956	1383,048	1385,140	1387,233	1389,325	1391,417	1393,510	1395,602	1397,694	1399,787
670	1401,879	1403,972	1406,064	1408,156	1410,249	1412,341	1414,433	1416,526	1418,618	1420,710
680	1422,803	1424,895	1426,987	1429,080	1431,172	1433,265	1435,357	1437,449	1439,542	1441,634
690	1443,726	1445,819	1447,911	1450,003	1452,096	1454,188	1456,280	1458,373	1460,465	1462,558
700	1464,650	1466,742	1468,835	1470,927	1473,019	1475,112	1477,204	1479,296	1481,389	1483,481
710	1485,573	1487,666	1489,758	1491,851	1493,943	1496,035	1498,128	1500,220	1502,312	1504,405
720	1506,497	1508,589	1510,682	1512,774	1514,866	1516,959	1519,051	1521,144	1523,236	1525,328
730	1527,421	1529,513	1531,605	1533,698	1535,790	1537,882	1539,975	1542,067	1544,159	1546,252
740	1548,344	1550,437	1552,529	1554,621	1556,714	1558,806	1560,898	1562,991	1565,083	1567,175
750	1569,268	1571,360	1573,452	1575,545	1577,637	1579,729	1581,822	1583,914	1586,007	1588,099
760	1590,191	1592,284	1594,376	1596,468	1598,561	1600,653	1602,745	1604,838	1606,930	1609,022
770	1611,115	1613,207	1615,300	1617,392	1619,484	1621,577	1623,669	1625,761	1627,854	1629,946
780	1632,038	1634,131	1636,223	1638,315	1640,408	1642,500	1644,593	1646,685	1648,777	1650,870
790	1652,962	1655,054	1657,147	1659,239	1661,331	1663,424	1665,516	1667,608	1669,701	1671,793
800	1673,886	1675,978	1678,070	1680,163	1682,255	1684,347	1686,440	1688,532	1690,624	1692,717
810	1694,809	1696,901	1698,994	1701,086	1703,179	1705,271	1707,363	1709,456	1711,548	1713,640
820	1715,733	1717,825	1719,917	1722,010	1724,102	1726,194	1728,287	1730,379	1732,472	1734,564
830	1736,656	1738,749	1740,841	1742,933	1745,026	1747,118	1749,210	1751,303	1753,395	1755,487
840	1757,580	1759,672	1761,765	1763,857	1765,949	1768,042	1770,134	1772,226	1774,319	1776,411
850	1778,503	1780,596	1782,688	1784,780	1786,873	1788,965	1791,058	1793,150	1795,242	1797,335
860	1799,427	1801,519	1803,612	1805,704	1807,796	1809,889	1811,981	1814,073	1816,166	1818,258
870	1820,351	1822,443	1824,535	1826,628	1828,720	1830,812	1832,905	1834,997	1837,089	1839,182
880	1841,274	1843,366	1845,459	1847,551	1849,644	1851,736	1853,828	1855,921	1858,013	1860,105
890	1862,198	1864,290	1866,382	1868,475	1870,567	1872,659	1874,752	1876,844	1878,937	1881,029
900	1883,121	1885,214	1887,306	1889,398	1891,491	1893,583	1895,675	1897,768	1899,860	1901,952
910	1904,045	1906,137	1908,230	1910,322	1912,414	1914,507	1916,599	1918,691	1920,784	1922,876
920	1924,968	1927,061	1929,153	1931,245	1933,338	1935,430	1937,523	1939,615	1941,707	1943,800
930	1945,892	1947,984	1950,077	1952,169	1954,261	1956,354	1958,446	1960,538	1962,631	1964,723
940	1966,816	1968,908	1971,000	1973,093	1975,185	1977,277	1979,370	1981,462	1983,554	1985,647
950	1987,739	1989,831	1991,924	1994,016	1996,109	1998,201	2000,293	2002,386	2004,478	2006,570
960	2008,663	2010,755	2012,847	2014,940	2017,032	2019,124	2021,217	2023,309	2025,402	2027,494
970	2029,586	2031,679	2033,771	2035,863	2037,956	2040,048	2042,140	2044,233	2046,325	2048,417
980	2050,510	2052,602	2054,695	2056,787	2058,879	2060,972	2063,064	2065,156	2067,249	2069,341
990	2071,433	2073,526	2075,618	2077,710	2079,803	2081,895	2083,988	2086,080	2088,172	2090,265
1000	2092,357	2094,449	2096,542	2098,634	2100,726	2102,819	2104,911	2107,003	2109,096	2111,188

XII. Tafel zur Verwandlung der Meter in Lachter.

1 Meter = 0,477 929 925 Lachter.

Meter.	0	1	2	3	4	5	6	7	8	9
0	0,000	0,478	0,956	1,434	1,912	2,390	2,868	3,346	3,823	4,301
10	4,779	5,257	5,735	6,213	6,691	7,169	7,647	8,125	8,603	9,081
20	9,559	10,037	10,514	10,992	11,470	11,948	12,426	12,904	13,382	13,860
30	14,338	14,816	15,294	15,772	16,250	16,728	17,205	17,683	18,161	18,639
40	19,117	19,595	20,073	20,551	21,029	21,507	21,985	22,463	22,941	23,419
50	23,896	24,374	24,852	25,330	25,808	26,286	26,764	27,242	27,720	28,198
60	28,676	29,154	29,632	30,110	30,588	31,065	31,543	32,021	32,499	32,977
70	33,455	33,933	34,411	34,889	35,367	35,845	36,323	36,801	37,279	37,756
80	38,234	38,712	39,190	39,668	40,146	40,624	41,102	41,580	42,058	42,536
90	43,014	43,492	43,970	44,447	44,925	45,403	45,881	46,359	46,837	47,315
100	47,793	48,271	48,749	49,227	49,705	50,183	50,661	51,139	51,616	52,094
110	52,572	53,050	53,528	54,006	54,484	54,962	55,440	55,918	56,396	56,874
120	57,352	57,830	58,307	58,785	59,263	59,741	60,219	60,697	61,175	61,653
130	62,131	62,609	63,087	63,565	64,043	64,521	64,998	65,476	65,954	66,432
140	66,910	67,388	67,866	68,344	68,822	69,300	69,778	70,256	70,734	71,212
150	71,689	72,167	72,645	73,123	73,601	74,079	74,557	75,035	75,513	75,991
160	76,469	76,947	77,425	77,903	78,381	78,858	79,336	79,814	80,292	80,770
170	81,248	81,726	82,204	82,682	83,160	83,638	84,116	84,594	85,072	85,549
180	86,027	86,505	86,983	87,461	87,939	88,417	88,895	89,373	89,851	90,329
190	90,807	91,285	91,763	92,240	92,718	93,196	93,674	94,152	94,630	95,108
200	95,586	96,064	96,542	97,020	97,498	97,976	98,454	98,931	99,409	99,887
210	100,365	100,843	101,321	101,799	102,277	102,755	103,233	103,711	104,189	104,667
220	105,145	105,623	106,100	106,578	107,056	107,534	108,012	108,490	108,968	109 446
230	109,924	110,402	110,880	111,358	111,836	112,314	112,791	113,269	113,747	114,225
240	114,703	115,181	115,659	116,137	116,615	117,093	117,571	118,049	118,527	119,005
250	119,482	119,960	120,438	120,916	121,394	121,872	122,350	122,828	123,306	123,784
260	124,262	124,740	125,218	125,696	126,174	126,651	127,129	127,607	128,085	128,563
270	129,041	129,519	129,997	130,475	130,953	131,431	131,909	132,387	132,865	133,342
280	133,820	134,298	134,776	135,254	135,732	136,210	136,688	137,166	137,644	138,122
290	138,600	139,078	139,556	140,033	140,511	140,989	141,467	141,945	142,423	142,901
300	143,379	143,857	144,335	144,813	145,291	145,769	146,247	146,724	147,202	147,680
310	148,158	148,636	149,114	149,592	150,070	150,548	151,026	151,504	151,982	152,460
320	152,938	153,416	153,893	154,371	154,849	155,327	155,805	156,283	156,761	157,239
330	157,717	158,195	158,673	159,151	159,629	160,107	160,584	161,062	161,540	162,018
340	162,496	162,974	163,452	163,930	164,408	164,886	165,364	165,842	166,320	166,798
350	167,275	167,753	168,231	168,709	169,187	169,665	170,143	170,621	171,099	171,577
360	172,055	172,533	173,011	173,489	173,966	174,444	174,922	175,400	175,878	176,356
370	176,834	177,312	177,790	178,268	178,746	179,224	179,702	180,180	180,658	181,135
380	181,613	182,091	182,569	183,047	183,525	184,003	184,481	184,959	185,437	185,915
390	186,393	186,871	187,349	187,826	188,304	188,782	189,260	189,738	190,216	190,694
400	191,172	191,650	192,128	192,606	193,084	193,562	194,040	194,517	194,995	195,473
410	195,951	196,429	196,907	197,385	197,863	198,341	198,819	199,297	199,775	200,253
420	200,731	201,208	201,686	202,164	202,642	203,120	203,598	204,076	204,554	205,032
430	205,510	205,988	206,466	206,944	207,422	207,900	208,377	208,855	209,333	209,811
440	210,289	210,767	211,245	211,723	212,201	212,679	213,157	213,635	214,113	214,591
450	215,068	215,546	216,024	216,502	216,980	217,458	217,936	218,414	218,892	219,370
460	219,848	220,326	220,804	221,282	221,759	222,237	222,715	223,193	223,671	224,149
470	224,627	225,105	225,583	226,061	226,539	227,017	227,495	227,973	228,451	228,928
480	229,406	229,884	230,362	230,840	231,318	231,796	232,274	232,752	233,230	233,708
490	234,186	234,664	235,142	235,619	236,097	236,575	237,053	237,531	238,009	238,487
500	238,965	239,443	239,921	240,399	240,877	241,355	241,833	242,310	242,788	243,266

XII. Tafel zur Verwandlung der Meter in Lachter.

1 Meter = 0,477 929 925 Lachter.

Meter.	0	1	2	3	4	5	6	7	8	9
500	238,965	239,443	239,921	240,399	240,877	241,355	241,833	242,310	242,788	243,266
510	243,744	244,222	244,700	245,178	245,656	246,134	246,612	247,090	247,568	248,046
520	248,524	249,001	249,479	249,957	250,435	250,913	251,391	251,869	252,347	252,825
530	253,303	253,781	254,259	254,737	255,215	255,693	256,170	256,648	257,126	257,604
540	258,082	258,560	259,038	259,516	259,994	260,472	260,950	261,428	261,906	262,384
550	262,861	263,339	263,817	264,295	264,773	265,251	265,729	266,207	266,685	267,163
560	267,641	268,119	268,597	269,075	269,552	270,030	270,508	270,986	271,464	271,942
570	272,420	272,898	273,376	273,854	274,332	274,810	275,288	275,766	276,243	276,721
580	277,199	277,677	278,155	278,633	279,111	279,589	280,067	280,545	281,023	281,501
590	281,979	282,457	282,935	283,412	283,890	284,368	284,846	285,324	285,802	286,280
600	286,758	287,236	287,714	288,192	288,670	289,148	289,626	290,103	290,581	291,059
610	291,537	292,015	292,493	292,971	293,449	293,927	294,405	294,883	295,361	295,839
620	296,317	296,794	297,272	297,750	298,228	298,706	299,184	299,662	300,140	300,618
630	301,096	301,574	302,052	302,530	303,008	303,486	303,963	304,441	304,919	305,397
640	305,875	306,353	306,831	307,309	307,787	308,265	308,743	309,221	309,699	310,177
650	310,654	311,132	311,610	312,088	312,566	313,044	313,522	314,000	314,478	314,956
660	315,434	315,912	316,390	316,868	317,345	317,823	318,301	318,779	319,257	319,735
670	320,213	320,691	321,169	321,647	322,125	322,603	323,081	323,559	324,036	324,514
680	324,992	325,470	325,948	326,426	326,904	327,382	327,860	328,338	328,816	329,294
690	329,772	330,250	330,728	331,205	331,683	332,161	332,639	333,117	333,595	334,073
700	334,551	335,029	335,507	335,985	336,463	336,941	337,419	337,896	338,374	338,852
710	339,330	339,808	340,286	340,764	341,242	341,720	342,198	342,676	343,154	343,632
720	344,110	344,587	345,065	345,543	346,021	346,499	346,977	347,455	347,933	348,411
730	348,889	349,367	349,845	350,323	350,801	351,278	351,756	352,234	352,712	353,190
740	353,668	354,146	354,624	355,102	355,580	356,058	356,536	357,014	357,492	357,970
750	358,447	358,925	359,403	359,881	360,359	360,837	361,315	361,793	362,271	362,749
760	363,227	363,705	364,183	364,661	365,138	365,616	366,094	366,572	367,050	367,528
770	368,006	368,484	368,962	369,440	369,918	370,396	370,874	371,352	371,829	372,307
780	372,785	373,263	373,741	374,219	374,697	375,175	375,653	376,131	376,609	377,087
790	377,565	378,043	378,521	378,998	379,476	379,954	380,432	380,910	381,388	381,866
800	382,344	382,822	383,300	383,778	384,256	384,734	385,212	385,689	386,167	386,645
810	387,123	387,601	388,079	388,557	389,035	389,513	389,991	390,469	390,947	391,425
820	391,903	392,380	392,858	393,336	393,814	394,292	394,770	395,248	395,726	396,204
830	396,682	397,160	397,638	398,116	398,594	399,071	399,549	400,027	400,505	400,983
840	401,461	401,939	402,417	402,895	403,373	403,851	404,329	404,807	405,285	405,763
850	406,240	406,718	407,196	407,674	408,152	408,630	409,108	409,586	410,064	410,542
860	411,020	411,498	411,976	412,454	412,931	413,409	413,887	414,365	414,843	415,321
870	415,799	416,277	416,755	417,233	417,711	418,189	418,667	419,145	419,622	420,100
880	420,578	421,056	421,534	422,012	422,490	422,968	423,446	423,924	424,402	424,880
890	425,358	425,836	426,313	426,791	427,269	427,747	428,225	428,703	429,181	429,659
900	430,137	430,615	431,093	431,571	432,049	432,527	433,005	433,482	433,960	434,438
910	434,916	435,394	435,872	436,350	436,828	437,306	437,784	438,262	438,740	439,218
920	439,696	440,173	440,651	441,129	441,607	442,085	442,563	443,041	443,519	443,997
930	444,475	444,953	445,431	445,909	446,387	446,864	447,342	447,820	448,298	448,776
940	449,254	449,732	450,210	450,688	451,166	451,644	452,122	452,600	453,078	453,555
950	454,033	454,511	454,989	455,467	455,945	456,423	456,901	457,379	457,857	458,335
960	458,813	459,291	459,769	460,247	460,724	461,202	461,680	462,158	462,636	463,114
970	463,592	464,070	464,548	465,026	465,504	465,982	466,460	466,938	467,415	467,893
980	468,371	468,849	469,327	469,805	470,283	470,761	471,239	471,717	472,195	472,673
990	473,151	473,629	474,106	474,584	475,062	475,540	476,018	476,496	476,974	477,452
1000	477,930	478,408	478,886	479,364	479,842	480,320	480,798	481,275	481,753	482,231

Nummer.	Streichung. *o.* Welg.	St. °	′	″	Sohle. *s.* Meter.		Vertikal-Winkel. *γ.* ±	°	′	Länge. *l.* Meter.		Seigerteufe. $\Delta t_n = l_n \sin \gamma_n$. + Meter.		— Meter.		Zeichen.	Instrument.	Bemerkungen und Handzeichnungen.

Observationen behufs ....

Geschehen zu Grube .... bei .... im Bergrevier ....

den .... ten .... 18 ...... Streichen der Orientirungslinie: ....

Grubenzug.

Flötz No. 13, 1ste Tiefbausohle. Grundstrecke westlich vom Querschlag No. 1.
Angehalten △ unt. Stofs, 1,10 m. über Sohle.

												1	100			△	Hängezeug.	über Sohle.
1	W	6	3	9	9	997	+	1	30	10	.	0	262					
2	W	7	0	0	9	994	—	2	0	10	.			0	349			
3	W	7	0	8	9	871	+	1	50	9	876	0	316					
4	O	9	1	11	3	197	—	2	32,5	3	2			0	142	△		1,16 m. über Sohle. Aus Ende 3.
5	W	8	2	0	7	000	±	0	0	7	.							
														1	160			von △ bis Sohle.
												1	678	1	651			
												1	651					
												0	027					Ansteigen der Strecke.

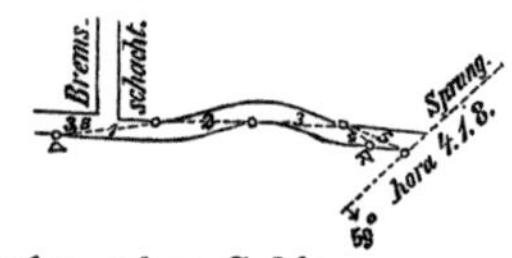

Durchschlags-Angabe. Nach Lindig'scher Manier.

Zug zur Angabe des Gegenorts zu dem 2ten östlichen Querschlag in der Stollensohle. Aus △ am oberen Stofs der östlichen Grundstrecke im Flötze Wilhelm aus dem ersten östlichen Querschlag 1,0 m über Sohle.

												1	000			△	Visir-Instrument.	über Sohle.
6	W	88	7	30	4	000	±	0	0	4	.							(V. bedeutet vorwärts und R. rückwärts).
	V	93	45															ohne Ablenkung.
7	R	93	17	30	19	991	+	1	45	20	.	0	611					0° 27′ 30″ Differenz.
	W	93	45															berichtigte Streichung.
	V	167	50															
8	R	168	30		19	997	—	1	0	20	.			0	349			0° 12′ 30″
	W	168	17	30														D. b. Str.
	V	94	55															
9	R	91	52	30	19	995	+	1	20	20	.	0	465					2° 50′
	O	94	42	30														D. b. Str.
	V	136	22	30														
10	R	138	57	30	4	976	—	5	35	5	.			0	486			ohne Ablenkung.
	O	139	12	30														0° 15′ Differenz (zu vertheilen).
11	O	136	10		1	000	—	0	30	1	.			0	009	△		1,21″ m über Sohle.
														1	210			von △ bis Sohle.
												2	076	2	054			
												2	054					
												0	022					Ansteigen der Strecke.

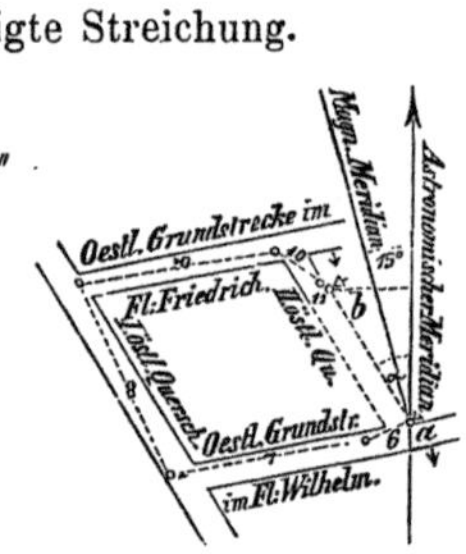

Nummer.	Observirte Streichung. o. Weltg.	St. °	′	″	Gröfse der Declination. δ. St. °	′	″	Auf den astronomischen Meridian reduzirtes Streichen. $\nu_n = o_n - \delta$. Weltg.	St. °	′	″	Sohle. s. Meter.	Streichsinus. $\Delta y_n = s_n \sin \nu_n$. + Meter.	Streichsinus. − Meter.	Streichcosinus. $\Delta x_n = s_n \cos \nu_n$. + Meter.	Streichcosinus. − Meter.	Coordinaten. Länge. $y_n = y_{n-1} + \Delta y_{n-1}$. ±	Länge. Meter.	Coordinaten. Breite. $x_n = x_{n-1} + \Delta x_{n-1}$. ±	Breite. Meter.
																	±	° °	±	° °
6	W	88	7	30	15	.	.	W	73	7	30	4 000		3 828		1 161	—	3 828	—	1 161
7	W	93	45					W	78	45		19 991		19 607		3 900	—	23 435	—	5 061
8	W	168	17	30				W	153	17	30	19 997		8 988	17 863		—	32 423	+	12 802
9	O	94	42	30				O	79	42	30	19 995	19 673		3 572		—	12 750	+	16 374
10	O	139	12	30				O	124	12	30	4 976	4 115			2 798	—	8 635	+	13 576
11	O	136	10					O	121	10		1 000	0 856			0 518	—	7 779	+	13 058
													24 644	32 423	21 435	8 377				
														24 644	8 377					
														7 779	13 058					

Constanten.

		Logarithmen.
Kreis-Umfang in Graden = ...	360	2,556 302 50
Kreis-Umfang in Minuten = ...	21 600	4,334 453 75
Kreis-Umfang in Sekunden = ...	1 296 000	6,112 605 00
Für den Radius r = 1 ist der halbe Umfang des Kreises (π) =	3,141 592 65	0,497 149 87
Kreisbogen, der die Länge des Radius hat,		
in Graden $= \frac{180}{\pi}$ = ...	57,295 780	1,758 122 63
in Minuten $= \frac{60 \cdot 180}{\pi}$ = ...	3 437,746 77	3,536 273 88
in Sekunden $= \frac{60 \cdot 60 \cdot 180}{\pi}$ = ...	206 264,806	5,314 425 13
Für den Radius r = 1 ist die Länge des Kreisbogens:		
für 1 Grad $= \frac{\pi}{180}$ = ...	0,017 453 3	8,241 877 37—10
für 1 Minute $= \frac{\pi}{60 \cdot 180}$ = ...	0,000 290 9	6,463 726 12—10
für 1 Sekunde $= \frac{\pi}{60 \cdot 60 \cdot 180}$ = ...	0,000 004 8	4,685 574 87—10

Auszug aus den Tabellen enthaltend die Verhältnisszahlen für die Umrechnung der in Preufsen bisher gültigen Landesmafse und Gewichte in die durch die Mafs- und Gewichts-Ordnung für den Norddeutschen Bund festgestellten neuen Mafse und Gewichte.

(Gesetz-Sammlung für die Königlichen Preufsischen Staaten pro 1869. No. 43.)

Ad A. Alte Mafse. Ad B. Neue Mafse.	I. Alte Provinzen.	II. Hohenzollernsche Lande.	III. Vormalige Herzogthümer Schleswig und Holstein.	IV. Vormaliges Königreich Hannover.	V. Vormaliges Kurfürstenthum Hessen.	VI. Vormaliges Herzogthum Nassau.	VII. Vormalige Freie Stadt Frankfurt a. M.	VIII. Vormalige Landgrafschaft Hessen-Homburg. a. Amt Homburg.	IX. Vormal. Landgrafschaft Hessen-Homb. b. Oberamt Meisenheim.	X. Vormalige Bayerische Gebietstheile.	XI. Vormalige Grofsherzogl. Hessische Gebietstheile.
A. Verhältniss der alten Mafse zu den neuen Mafsen.											
a. Längenmafse.											
1 Fufs (Für VI Werk-Fufs)	0,31385 m	0,28649 m	0,28657 m	0,29209 m	0,28770 m	0,3 m	0,28461 m	0,28461 m	0,33333 m	0,29186 m	0,25 m
1 Zoll (Für VI Werk-Zoll)	2,615 cm	2,865 cm	2,388 cm	2,434 cm	2,397 cm	3 cm	2,372 cm	2,372 cm	2,778 cm	2,432 cm	2,5 cm
1 Linie (Für VI Werk-Linie)	2,18 mm	2,86 mm	1,99 mm	2,03 mm	2,00 mm	3 mm	1,98 mm	1,98 mm	2,31 mm	2,03 mm	2,5 mm
1 Ruthe (Für VI Werk-Ruthe)	3,7662 m	2,8649 m	4,5851 m	4,6735 m	3,9888 m	3 m		3,4519 m	5 m	2,9186 m	
1 Meile	7,5325 km	7,4487 km	8,8035 km	7,4192 km	9,2064 km					7,4195 km	7,5 km
1 Meile	1,0043 Meilen	0,99317 Meile	1,1738 Meilen	0,98923 Meile	1,2275 Meilen					0,98927 Meile	1 Meile
1 Lachter	2,0924 m			1,9198 m		2,0924 m					
1 Feldruthe						5 m	3,5576 m				
1 Waldruthe							4,5108 m				
b. Flächenmafse.											
1 Qdr.-Fufs (Für VI Werk-)	0,098504 qm	0,082077 qm	0,082123 qm	0,085319 qm	0,082771 qm	0,09 qm	0,081003 qm	0,081003 qm	0,11111 qm	0,085182 qm	0,0625 qm
1 Qdr.-Zoll (Für VI Werk-)	6,8406 qcm	8,2077 qcm	5,7030 qcm	5,9250 qcm	5,7480 qcm	9 qcm	5,6252 qcm	5,6252 qcm	7,7160 qcm	5,9154 qcm	6,25 qcm
1 Qdr.-Linie (Für VI Werk-)	4,7504 qmm	8,2077 qmm	3,9604 qmm	4,1146 qmm	3,9916 qmm	9 qmm	3,9064 qmm	3,9064 qmm	5,3584 qmm	4,1079 qmm	6,25 qmm
1 Qdr.-Rthe (Für VI Werk-)	14,185 qm	8,2077 qm	21,024 qm	21,842 qm	15,910 qm	9 qm		11,915 qm	25 qm	8,5182 qm	
1 Morgen	25,532 Are	31,517 Are		26,210 Are		25 Are		19,064 Are	25 Are	34,073 Are	25 Are
1 Qdrt.-Meile	5673,8 Hektare	5548,4 Hektare	7750,1 Hektare	5504,5 Hektare	8475,7 Hektare					5504,9 Hektare	5625 Hektare
1 Qdrt.-Lachter	4,3780 qm			3,6856 qm		4,3780 qm					
1 Feldmorgen							20,251 Are				
1 Waldmorgen							32,555 Are				
B. Verhältniss der neuen Mafse zu den alten Mafsen.											
a. Längenmafse.											
1 m	3,1862 Fufs	3,4905 Fufs	3,4895 Fufs	3,4235 Fufs	3,4759 Fufs	3,3333 Werkfufs	3,5136 Fufs	3,5136 Fufs	3 Fufs	3,4263 Fufs	4 Fufs
1 cm	0,3823 Zoll	0,3491 Zoll	0,4187 Zoll	0,4108 Zoll	0,4171 Zoll	0,3333 Werkzoll	0,4216 Zoll	0,4216 Zoll	0,36 Zoll	0,4112 Zoll	0,4 Zoll
1 mm	0,459 Linie	0,349 Linie	0,502 Linie	0,493 Linie	0,501 Linie	0,333 Werklinie	0,506 Linie	0,506 Linie	0,432 Linie	0,493 Linie	0,4 Linie
1 m	0,26552 Ruthe	0,34905 Ruthe	0,21810 Ruthe	0,21397 Ruthe	0,25070 Ruthe	0,33333 Wkruthe		0,28970 Ruthe	0,2 Ruthe	0,34263 Ruthe	
1 km	0,13276 Meile	0,13425 Meile	0,11359 Meile	0,13479 Meile	0,10862 Meile					0,13478 Meile	0,13333 Meile
1 Meile	0,99569 Meile	1,0069 Meilen	0,85194 Meile	1,0109 Meilen	0,81465 Meile	2500 Wkruthen. 1500 Feldruthen			1500 Ruthen	1,0108 Meilen	1 Meile
1 Meter	0,47793 Lachter			0 52089 Lachter		0,47793 Lachter					
1 m						0,2 Feldruthe	0,28109 Feldrth.				
1 m							0,22169 Waldrth				
b. Flächenmafse											
1 qm	10,152 Qdr.-Fufs	12,184 Q.-Fufs	12,177 Q.-Fufs	11,721 Q.-Fufs	12,082 Q.-Fufs	11,111 Q.-Wkfufs.	12,345 Q.-Fufs	12,345 Q.-Fufs	9 Q.-Fufs	11,740 Q.-Fufs	16 Q.-Fufs
1 qcm	0,14619 Qdr.-Zoll	0,12184 Q.-Zoll	0,17535 Q.-Zoll	0,16878 Q.-Zoll	0,17397 Q.-Zoll	0,11111 Q. Wkzoll	0,17777 Q.-Zoll	0,17777 Q.-Zoll	0,1296 Q.-Zoll	0,16905 Q.-Zoll	0,16 Q.-Zoll
1 qmm	0,21051 Q.-Linie	0,12184 Q.-Linie	0,25230 Q.-Linie	0,24304 Q.-Linie	0,25052 Q.-Linie	0,11111 Q.-Wklin.	0,25599 Q.-Linie	0,25599 Q.-Linie	0,18662 Q.-Linie	0,24343 Q.-Linie	0,16 Q.-Linie
1 Ar	7,0499 Q.-Ruthen	12,184 Q.-Ruthen	4,7566 Q.-Ruthen	4,5784 Q.-Ruthen	6,2853 Q.-Ruthen			8,3926 Q.-Ruthen	4 Q.-Ruthen	11,740 Q.-Ruthen	
1 Hektar	3,9166 Morgen	3,1728 Morgen	1,8295 Ton. Land.	3,8153 Morgen	4,1902 Acker	4 Morgen	4,9381 Feldmorg. 3,0717 Waldmrg.	5,2454 Morgen	4 Morgen	2,9349 Morgen	4 Morgen
10000 Hektare	1,7625 Q.-Meilen	1,8023 Q.-Meilen	1,2903 Q.-Meilen	1,8167 Q.-Meilen	1,1798 Q.-Meilen					1,8166 Q.-Meilen	1,7778 Q.-Meilen.
1 Ar	22,842 Q.-Lachter			27,132 Q.-Lachter		22,842 Q.-Lachter	7,9009 Q.-Feldrth.				
1 Ar						4 Q.-Feldruthen	4,9147 Q. Waldrth.				

GPSR Compliance

The European Union's (EU) General Product Safety Regulation (GPSR) is a set of rules that requires consumer products to be safe and our obligations to ensure this.

If you have any concerns about our products, you can contact us on ProductSafety@springernature.com

In case Publisher is established outside the EU, the EU authorized representative is:

Springer Nature Customer Service Center GmbH
Europaplatz 3
69115 Heidelberg, Germany

Batch number: 10684220

Printed by Printforce, the Netherlands